Christian Veder

Rutschungen
und ihre Sanierung

Mit Beiträgen von Fritz Hilbert

Springer-Verlag
Wien New York

em. o. Univ.-Prof. Dipl.-Ing. Dr. techn. Dr. Ing. h. c. Christian Veder
Institut für Bodenmechanik, Felsmechanik und Grundbau
Technische Universität Graz, Österreich

Univ.-Doz. Dipl.-Ing. Dr. techn. F. Hilbert
Institut für Anorganisch-Chemische Technologie und Analytische Chemie
Technische Universität Graz, Österreich

IBM-Composersatz: Springer-Verlag Wien;
Umbruch und Offsetdruck: Ferdinand Berger & Söhne OHG,
A-3580 Horn, NÖ.

Mit 116 Abbildungen

CIP-Kurztitelaufnahme der Deutschen Bibliothek

Veder, Christian:
Rutschungen und ihre Sanierung / Christian Veder.
Mit Beiträgen von Fritz Hilbert. — Wien, New York:
Springer, 1979.
ISBN-13:978-3-7091-8533-9   e-ISBN-13:978-3-7091-8532-2
DOI: 10.1007/978-3-7091-8532-2

ISBN-13:978-3-7091-8533-9

Vorwort

Dieses Buch hat sich die Aufgabe gestellt, dem Tiefbauingenieur, der mit einer Rutschung konfrontiert ist, einerseits eine praktische Hilfe anzubieten, andererseits ihm die physikalischen Grundlagen und die wissenschaftliche Erklärung der Rutschungsphänomene auf ihrem heutigen Stand nahezubringen.

Das Werk stützt sich auf jahrzehntelange Erfahrungen auf den Baustellen des In- und Auslandes, von welchen auch laufend in meinen Vorlesungen an der Technischen Universität Graz zwischen 1964 und 1978 die Rede war.

Über die Methode der Rutschungssanierung mittels Kurzschlußleiter, von mir entwickelt und in Deutschland und Italien patentiert, liegt eine Anzahl von Veröffentlichungen vor (siehe Literaturverzeichnis), welche ich hier ebenfalls herangezogen habe.

Ich danke hier meinen Assistenten, den Herren J. Dalmatiner, K. Eigenberger, E. Garber, H. Kienberger, R. Pötscher und W. Prodinger, für ihre Mitarbeit sowohl an verschiedenen Projekten als auch an der Bearbeitung einzelner Kapitel, wie auch Herrn A. Trippl für die Ausfertigung der Abbildungen und meiner Frau für so manchen gemeinsam durcharbeiteten Sonntag.

Herr Univ.-Doz. Dipl.-Ing. Dr. techn. F. Hilbert hat in besonders dankenswerter Weise einige Beiträge aus dem Gebiet der physikalischen Chemie von Schluff- und Tonböden verfaßt, welche die physikalischen und chemischen Eigenschaften der Tonminerale und die Wirkung des Wassers beschreiben und zur Erklärung vieler Phänomene beitragen, wie sie beim Auftreten von Rutschungen zu beobachten sind.

Graz, im Januar 1979

Christian Veder

Inhaltsverzeichnis

1. Einleitung

Im vorliegenden Buch soll zunächst auf die wichtigsten Formen von
Rutschungen im Lockergestein, deren Ursachen und Auswirkungen eingegangen
werden, sodann kurz auf die theoretischen Grundlagen ihrer Stabilitätsberech-
nung und die nötigen Feld- und Laboruntersuchungen. Es soll dies eine Vorbereitung und Hinführung auf die im Kapitel 6 beschriebenen Methoden der
Rutschungssanierung sein.

Die Rutschungssanierung wird für die Projektanten immer wichtiger, weil
man sich in zunehmendem Maße genötigt sieht, Bauwerke zu errichten und
Verkehrswege anzulegen, in Gegenden, welche man bisher wegen ihrer Instabili-
tät gemieden hatte. Daraus ergibt sich auch die Notwendigkeit vorbeugender
Maßnahmen, um auf rutschungsgefährdeten Geländen spätere Hangbewegungen
und damit schwere Gefahren für Leben und Gut der Bevölkerung zu verhindern.

Vorauszuschicken ist noch, daß sich die Formelzeichen bzw. die zeich-
nerische Darstellung von Bodenaufschlüssen an die DIN-Normen halten. Siehe
hierzu insbesondere DIN 1080, Teil 6 und DIN 4023.

1.1. Begriffsbestimmung

Rutschungen, speziell Hangrutschungen, sind schwerkraftsbedingte,
manchmal durch die bodenverflüssigende Wirkung von Erdbeben hervorgerufene
und sowohl nach abwärts als nach außen gerichtete Bewegungen von Bodenmassen; charakteristisch ist, daß die quellfähigen Gesteine wie Ton, toniger
Schluff und Mergel häufig von Haarrissen durchzogen sind; besonders schädlich
kann sich das Auftreten eines Porenwasserdruckes auswirken. Die Rutschungen
können sich in nicht geschichteten und homogenen Böden bilden, oder aber
durch bestimmte Schichtlagerungen, also z. B. durch Sand- oder Tonzwischenlagen, herbeigeführt werden. Rutschungen können auch durch Überlastung des
Kopfes oder durch Unterschneiden des Fußes ausgelöst werden. Manchmal kann
auch die Bodenstruktur schrittweise durch chemische und physikalische Vorgänge
geschwächt werden.

In diesem Buch werden ausschließlich Sanierungsmaßnahmen von
Rutschungen im Lockergestein behandelt.

Ausdrücklich ausgeklammert von den nachfolgenden Betrachtungen sind
folgende Rutschungstypen:

1. Muren, auch Murgänge oder Murbrüche, d. h. ein in Gebirgsgegenden

nach Starkregen oder bei plötzlich einsetzender Schneeschmelze an Hängen und in Wildbächen sich talwärts wälzendes Gemisch aus Wasser, Erde und Gesteinsschutt mit oft verheerender Wirkung, sei es durch Flußabdämmung oder Zerstörung und Verschüttung von Siedlungen und Verkehrswegen. Die Vermeidung oder Sanierung von Muren fällt in das Fachgebiet Wildbachverbauung.

2. Felsrutschungen, wie z. B. die Bergstürze, wobei sich gewaltige, oft mehrere Millionen Kubikmeter betragende Felsmassen loslösen, abstürzen und sich nach dem Aufprall auf den tieferen Hangpartien als lawinenartige Gesteinsmassen weiterwälzen. Die Verhinderung und Sanierung solcher Bergstürze stellt ein eigenes Kapitel der Felsmechanik dar.

3. Es können auch Rutschungen im Felsgestein, wie z. B. Tonschiefern, Phylliten und Glimmerschiefern auftreten. Die Sanierung solcher Rutschungen soll nur dann besprochen werden, wenn das Felsgestein dem Lockergestein ähnlich ist. Rutschungen, die Felsgestein betreffen, wurden von Zaruba, Mencl (1969) und Müller (1964) eingehend behandelt.

1.2. Wirtschaftliche Bedeutung der Rutschungssanierung

Fast wöchentlich werden wir über Rutschungen mit mehr oder minder verheerenden Auswirkungen auf Leben und Gut der Bevölkerung informiert.

Die Sanierungsmaßnahmen müssen sich dem jeweiligen Rutschungstyp anpassen; die richtige Auswahl dieser oft sehr kostspieligen Bauwerke erfordert ein großes Maß an Erfahrung und Einfühlungsvermögen vom Projektanten und dem verantwortlichen Bauausführenden, da häufig das ursprüngliche Projekt, entsprechend den im Verlauf der Sanierungsmaßnahmen neu auftauchenden Erscheinungen, den neuen Erfordernissen sehr kurzfristig angepaßt werden muß. Bei der Wahl des Sicherheitskoeffizienten, welcher ja bei jedem Bauvorhaben von höchster Wichtigkeit ist, muß der Projektant bei Rutschungssanierungen ein anderes Maß anlegen als bei anderen Bauwerken, und die Abwägung des Quotienten zwischen bremsenden und treibenden Kräften erfordert ein besonders hohes Maß an Erfahrung und Können; manchmal gilt es auch, den Mut aufzubringen, sogar einen wesentlich geringeren Sicherheitskoeffizienten als sonst üblich zu akzeptieren, um nicht allzu teuer zu projektieren. Eine Realisierung des Baues könnte dann uninteressant erscheinen, und man könnte es vorziehen, die Rutschzone zu verlassen und das geplante Bauwerk überhaupt nicht oder anderswo zu errichten (z. B. Verlegung der Trasse einer Eisen- oder Autobahn in stabilere Zonen).

Ein gesundes Projekt kann sich nur auf eingehende Beobachtungen der eventuellen Geländeverschiebungen vor, während und, im Hinblick auf ähnliche Fälle, auch nach den Sanierungsmaßnahmen stützen.

Dazu dienen auch die unerläßlichen geologischen, hydrologischen und bodenmechanischen Untersuchungen im Feld und im Labor. Hinzu kommt der Umstand, daß heutzutage neben rein wirtschaftlichen Erwägungen, d. h. dem Vergleich zwischen Kosten und Nutzen, auch soziale und ökologische Überlegungen eine wichtige Rolle spielen.

Die Behörde, welche über Rettung oder Aufgabe eines durch Rutschung gefährdeten oder zerstörten Landstriches zu entscheiden hat, wird immer wieder mit der Tatsache konfrontiert, daß die bedrohte Bevölkerung, selbst nach schweren Einbußen an Gut und Leben, sich weigert, ihre Heimat und Angehörigen zu verlassen, um sofort nach der Katastrophe an Ort und Stelle mit dem Wiederaufbau zu beginnen, obwohl sie damit rechnen muß, daß sich solche Naturereignisse wiederholen können. Ganz ähnliches weiß man vom Verhalten der Bevölkerung, welche seit Generationen an den Hängen von immer wieder Feuer und Lava speienden Vulkanen wohnt und sich dort im wahrsten Sinn des Wortes an die Scholle klammert. In solchen Fällen sind also rein wirtschaftliche Erwägungen sinnlos und könnten nur zu schweren sozialen und politischen Spannungen führen.

Japan stellt, was Rutschungen betrifft, sozusagen einen Extremfall dar. Mit seinen etwa 7000 Rutschungen ist die Rutschungssanierung zu einem nationalen Anliegen geworden. Handelt es sich bei anderen Ländern um Lokalerscheinungen, eine Rutschung hier, eine Rutschung dort, welche meist auch von den jeweilig zuständigen Lokalstellen nach Möglichkeit aus der Welt geschafft werden, gilt es in Japan, dieser Bedrohung mit allen zur Verfügung stehenden Mitteln zu begegnen, will man sich nicht mit unabsehbaren und zunehmend überhandnehmenden Schäden abfinden.

Es ist bekannt, daß nur etwa 20% des Landes bewohn- und bebaubar sind, während etwa 80% aus dicht bewaldetem Gebirge bestehen, und dies bei einer Bevölkerung von mehr als 110 Millionen. Es ist also verständlich, daß jeder Quadratmeter bebaubaren Landes für die klassische Reiskultur intensiv ausgenützt werden muß. Nun sind aber gerade die infolge ihres Wasserreichtums besonders fruchtbaren Gegenden leider oft auch gleichzeitig jene, in welchen das für die Landwirtschaft segensreiche Wasser eine unheilvolle Wirkung auf die Bodenstabilität ausübt und nach bekannten Mechanismen Rutschungen hervorruft.

Mit primitiven Mitteln suchte man vergeblich, der gefährlichen Rutschungen durch oberflächliche Entwässerung etc. Herr zu werden. Neuerdings hat sich die Situation aber noch verschärft: Die Speicherung von Wasser für landwirtschaftliche Zwecke und zur Energieerzeugung, der Bau von Autostraßen, die nach neuesten Gesichtspunkten gepflegte Be- und Entwässerung großer Landstriche können durch ungünstige Wasserbewegungen Rutschungen auch dort hervorrufen, wo früher keine waren.

Man sucht nun in sorgfältiger Organisation die oben erwähnten etwa 7000 Rutschungen nach und nach unter Kontrolle zu bringen.

Folgende Institutionen beschäftigen sich mit der Forschung und Sanierung von Rutschungen:

1. Die Japanische Gesellschaft für Rutschungen.

Sie besteht aus folgenden Mitgliedern:

a) Forscher auf dem Gebiet der Geologie, Geographie und Geophysik, des Bauingenieurwesens und der Forst- und Landwirtschaft, welche für die Universitäten arbeiten.

b) Forscher und Ingenieure, welche mit Untersuchungs- und Sanierungs-

1*

arbeiten vom Bauten-, Land- und Forstwirtschaftsministerium sowie von den Japanischen Staatsbahnen und Landesregierungen betraut sind.

c) Ingenieure, welche für bedeutende private Gesellschaften, Bauunternehmungen und Hersteller von Meßinstrumenten für Rutschungen arbeiten.

Die Gesellschaft umfaßt 1200 Mitglieder, gibt vierteljährlich eine Schrift heraus und veranstaltet periodisch Versammlungen, Kurse, Studienreisen etc.

2. Die Nationalkonferenz für die Sanierung von Rutschungen.

Hier haben sich 44 Präfekturen (entspricht etwa unseren Ländern) zusammengeschlossen, um durch den gegenseitigen Austausch von Erfahrungen für die Entwicklung von Forschung und Stabilisierungsarbeiten, die Rutschungen betreffend, zu fördern.

3. Die Universitäten.

An den Universitäten arbeiten etwa 40 Forscher, welche folgende Aufgaben haben:

a) Das Studium jener physikalischen Parameter, welche es ermöglichen sollen, Rutschungen vorherzusagen und den Zusammenhang dieser Parameter mit dem Auftreten von Rutschungen zu klären.

b) Die Entwicklung einer Theorie, um Vorhersagen machen zu können, welche Veränderungen natürliche Böschungen erleiden, wenn die Topographie und der Wasserhaushalt künstlich durch Bauwerke aller Art verändert werden.

4. Die Behörden.

Folgende Stellen sind an der Erforschung und Sanierung von Rutschungen beteiligt:

a) Das Land- und Forstwirtschaftsministerium für die Sanierungsarbeiten, um Ackerland und Wald zu erhalten und zu schützen.

b) Das Bautenministerium für die Sanierungsarbeiten zum Schutz von Flüssen, Autostraßen, Dämmen, Wohngebieten und öffentlichen Einrichtungen.

c) Die Verwaltung der Japanischen Staatsbahnen, welche für den sicheren Betrieb der Bahnen verantwortlich ist.

5. Forschungsinstitute:

a) Das Nationale Forschungsinstitut für Land- und Forstwirtschaft (den Ministerien angegliedert).

b) Das Geologische Institut.

c) Das Institut für öffentliche Arbeiten (dem Bautenministerium angegliedert).

d) Das Geographische Institut (ebenfalls dem Bautenministerium angegliedert).

e) Das Nationale Forschungszentrum zur Vermeidung von Katastrophen.

f) Das Technische Forschungsinstitut der Japanischen Eisenbahnen.

g) Das Technische Forschungsinstitut der Elektrizitätswerke.

6. Angeschlossene Akademische Organisationen:

Die Japanische Gesellschaft für Wildbachverbauungen

die Japanische Gesellschaft der Bodenmechaniker

die Japanische Gesellschaft der Bauingenieure

die Japanische Geologische Gesellschaft

die Japanische Geographische Gesellschaft
die Japanische Gesellschaft für Forstwesen.

Folgende Summen wurden für die Rutschungsüberwachung und Sanierung vom Bautenministerium ausgegeben:

| 1952 | 389,0 Millionen Yen |
| 1972 | 5340,0 Millionen Yen |

und vom Ministerium für Land- und Forstwirtschaft:

| 1952 | 222,7 Millionen Yen |
| 1972 | 4972,0 Millionen Yen |

1976 waren 100 Yen = 6 österreichische Schilling.

Man sieht, welche Rolle das Rutschungsgeschehen in Japan spielt und daß nur eine entschlossene Mobilisierung aller wissenschaftlichen und finanziellen Möglichkeiten den lebensnotwendigen Erfolg bringen kann.

Immerhin könnte dieses gigantische Sanierungsprogramm auch anderen, weniger hart betroffenen Ländern eine Anregung zu manchen ratsamen Maßnahmen geben.

2. Charakteristische Formen von Rutschungen und ihre Sanierungsmöglichkeiten

Es gibt viele Möglichkeiten, Rutschungen nach verschiedenen Typen einzuteilen, wie aus der einschlägigen Literatur zu ersehen ist. Eine zielführende Einteilung, vor allem auch im Hinblick auf die Sanierungsmöglichkeiten, kann nur nach der Natur des sich bewegenden Untergrundes erfolgen.

Der Bodenmechaniker weiß, daß der Boden ein 2- oder 3-Phasensystem darstellt und daß außer den Festteilen des Bodens das in ihm enthaltene Wasser oder die Luft, zum Teil kombiniert, eine dominante Rolle spielen. Der erfahrene Fachmann untersucht bei allen Rutschungsphänomenen zuerst den Einfluß und die Wirkung des Wassers, welches entweder als Porenwasser, Schichtwasser oder grob mechanisch mit den Bodenteilchen vermischt die bevorstehende oder schon eingetretene Bodenbewegung bewirkt.

Der Boden ist ganz selten homogen oder besser gesagt „nicht geschichtet". Auch ein chemisch homogener Boden weist, vor allem wenn überkonsolidiert, Risse und Klüfte auf, welche Schwachstellen der Gesamtstruktur darstellen, also nicht mehr als „nicht geschichtet" angesehen werden können.

In der weitaus überwiegenden Mehrzahl der Fälle jedoch treten Rutschungen in geschichteten Böden auf.

Es kann sich hier handeln um:

A	sehr lockeren wasserführenden Sand	
A_1	ein locker gelagertes Gemisch aus Kies, Sand, Schluff auf steifem Ton	
B	weiche rissige Tone	Diese Tone können in Form von ausgedehnten Schichten auftreten, wobei die untere Schichtlage einen von der oberen Schicht verschiedenen chemischen Aufbau hat; häufig ist die obere Schicht durch Verwitterung der unteren entstanden. Zwischen beiden Schichten kann sich eine Wasserschicht befinden.
C	steife rissige Tone	
D	Tone mit ausgedehnten oder taschenförmigen Zwischenlagen von Sand oder Schluff	

An den Projektverfasser der Sanierungsarbeiten werden hohe Anforderungen gestellt: Er muß fähig sein, sich auf Grund der Beobachtung der Bodenoberfläche und der meist dürftigen Bodenaufschlüsse durch Bohrungen und Schürfungen über die oft sehr komplexe und schier endlose Vielfalt von kombinierten Boden- und hydraulischen Gegebenheiten Rechenschaft zu geben. Er muß auch die baulichen Schwierigkeiten der verschiedenen Sanierungsvarianten erfassen und abwägen sowie die notwendigen Bauzeiten und Kosten abschätzen, wobei er sich häufig auf seine persönliche Erfahrung besonders im Hinblick auf die örtlichen Gegebenheiten stützen muß. In den Kapiteln 3, 4 und 5 sind die wesentlichen Punkte angeführt, welche vom Projektverfasser berücksichtigt werden müssen, bevor er mit dem Entwurf der Sanierungsarbeiten beginnen kann.

Der Inhalt der folgenden Kapitel beschäftigt sich mit jenen Details, welche, wie der Titel sagt, für die Sanierung von Rutschungen wesentlich sind. Es fehlen vorerst also alle Erörterungen und Beschreibungen von Böden und Rutschungserscheinungen, deren Sanierung bisher, meiner Kenntnis nach, noch nicht unternommen wurde.

Ohne Anspruch auf Vollständigkeit ist in Kapitel 6 eine Reihe von Sanierungsmöglichkeiten zusammengestellt, die sich größtenteils auf Entwürfe des Verfassers stützen.

3. Die wichtigsten Ursachen von Rutschungen

3.1. Geologische Ursachen

Wie bereits in Kapitel 2. dargelegt, behandelt dieses Buch in erster Linie Rutschungen in geschichteten Böden, ohne den Anspruch auf Vollständigkeit erheben zu wollen. Mit wenigen Ausnahmen handelt es sich um Böden aus dem jüngeren Tertiär, und zwar häufig um Meeresablagerungen, welche dem Sarmat (oberstes Miozän) und dem Pont-Pannon (unterstes Pliozän) angehören.

Bei diesen Ablagerungen handelt es sich meist um schichtenweise aufgebaute Lagen von tonigem Schluff, sandigem Schluff und schluffigem Sand. Die Dicke dieser Lagen schwankt zwischen wenigen Dezimetern und mehreren Metern. Der schichtenweise Aufbau ist so zu erklären, daß einerseits die in das Meer mündenden Flüsse, je nach Intensität der Wasserführung, mehr oder weniger Feinteile mitführten, welche am Meeresboden abgelagert wurden; andererseits beeinflußten die ihre Richtung wechselnden Meeresströmungen die Sedimentation, die je nachdem gleichmäßig oder gestört vor sich ging.

Die Schichten waren häufig leicht geneigt (ca. 5 bis 10°), was teils auf eine schräge Ablagerung bei Deltabildungen, teils auf orogenetische Wirkungen zurückzuführen ist.

Die Schichten sind meist wasserführend und man kann beobachten, daß das Wasser häufig als sehr dünner Film an der Grenzfläche zwischen tonigem und sandigem Schluff auftritt oder sich in den relativ stärker durchlässigen Sandschichten laminar strömend bewegt und meist dort zur Bodenoberfläche tritt, wo die Sandschichten auskeilen, falls die Böschungsneigung steiler als die Schichtenneigung ist.

Bei relativ dünnen Sandzwischenlagen kann es in diesen Schichten zum Aufbau von beachtlichen Wasserdrücken kommen, wenn das Wasserangebot von oben stärker ist als der untere Wasserabfluß (siehe 6.1.4.1./II). Dieses Auftreten von meist gespanntem Schichtwasser ist eine der Hauptursachen von Rutschungen.

Dickere Sandschichten sättigen sich selten vollkommen mit Wasser und dienen dann unter Umständen als natürliche Entwässerung.

Die tektonischen Bewegungen haben unter Umständen dazu geführt, daß in den Schichten deutliche Harnischflächen auftreten (siehe 6.1.3.). Falls diese Harnischflächen ungünstig geneigt liegen, etwa gegen einen Baugrubenaushub, kann es, auch ohne Gegenwart von Wasser, zu plötzlichen Gleitbewegungen kommen; diese gehen oft auch quer durch alte Gleitflächen, und zwar meist mit einer deutlichen Neigung gegen die Schichtflächen.

Häufig, wie z. B. im näheren und weiteren Gebiet um Graz, wurden diese Schichten von mehreren 100 m hohen Schotter- und Sandmassen vorbelastet. Diese Vorbelastung bewirkte, daß sich die tonigen Schluffschichten weniger setzten als nach ihrer Konsistenz bzw. Plastizität zu erwarten gewesen wäre, und daß schluffige Sandschichten so zusammengepreßt sind, daß sie, wenn durch Baumaschinen nicht gestört, sehr fest gelagert und stabil sind, während sie sich bei Störungen und Vermischung mit Wasser schlagartig in einen grießartigen, völlig instabilen Brei verwandeln.

Eine deutliche Schichtung des Untergrundes kann, wie z. B. in Japan, zwischen marinen Ablagerungen, z. B. Mergel, und Böden vulkanischen Ursprungs wie Tuffen beobachtet werden. Diese stammen aus dem Miozän (siehe 6.3.). Auch dort ist meist an den Grenzflächen zwischen den Schichten ein oft nur hauchdünner, aber Gleitbewegungen sehr fördernder Wasserfilm zu beobachten. Eine Schichtung besonderer Art ist in 3.5.4. (Solifluktion) genau beschrieben.

3.2. Morphologische Ursachen

Für die Stabilität eines Rutschungsgeländes spielen die Geländeform und ihre Neigung eine wichtige Rolle. Erfahrungsgemäß sind im allgemeinen Böschungen von 2 : 3 stabil. Diese Böschungsneigung wird in den meisten Fällen bei der grundsätzlichen Projektierung schon seit über hundert Jahren für den Eisenbahn- und Straßenbau etc. angenommen.

In der Regel ist es der Eingriff des Menschen, der das Gleichgewicht von Böschungen stört, etwa durch Errichtung von Bauwerken wie Einschnitten, Dämmen und Brücken für Eisenbahnen und Autobahnen.

Es können aber auch Rutschungen ohne Mitwirkung des Menschen, durch Erosion (Unterschneiden des Fußes) infolge nicht regulierter Flußläufe oder Aufschüttung infolge von Murgängen erfolgen (Belastung des Kopfes).

3.2.1. Übersteilung der Böschungsneigung

Über eine Rutschung an der Grenzfläche zwischen hangendem braunen und liegendem blauen Ton bringt Skempton (1977 a) unter anderem das Beispiel des 23 m tiefen Einschnittes New Cross Cutting bei London, wo eine Böschung mit der Neigung 2 : 3 drei Jahre nach Fertigstellung ohne Vorwarnung mit einem Umfang von ca. 40.000 m³ plötzlich abrutschte. Die Böschungsneigung wurde auf 1 : 2 verringert, wobei 200.000 m³ Boden entfernt werden mußten. Die Rutschung erfolgte an der Grenzfläche zwischen hangendem braunen und liegendem blauen London-Ton.

Ebenfalls Skempton (1977 b) bringt ein weiteres Beispiel, das des Einschnittes von Potters Bar zwischen London und York, bei welchem die Böschungsneigung im Jahre 1850 mit 1 : 3 und bei einer Erweiterung im Jahre 1956 aus Sicherheitsgründen mit 1 : 4 am Fuß und 1 : 3 am Kopf der Böschung gewählt wurde. Skempton und Hutchinson (1969 a) beschreiben auch drei Rutschungen eines Einschnittes bei Bradwell, Essex, dessen Böschungen (von unten nach oben) 2 : 1, 1 : 1, 1 : 1 mit Zwischenbermen von 2 und 4 m Breite waren. Der Fuß der Rutschungen lag sehr nahe der Grenze zwischen blauen und braunen horizontalen Tonschichten. Die charakteristischen bodenmechanischen Werte waren w = 33%, w_L = 95%, w_P = 30%. Der Ton war 170 m hoch mit Sedimenten vorbelastet.

Diese Rutschung begann 5 bis 19 Tage nach fertigem Aushub. Es sind Rutschungen bekannt, welche 15 bis 40 Jahre nach Fertigstellung der Einschnitte erfolgten. Der Grund dafür ist nach Skempton (1977c) in der Tatsache zu sehen, daß sich der Wert[1] $\bar{r}_u = \dfrac{\gamma_w \cdot h}{\gamma \cdot z}$ über viele Jahre (40 bis 60 Jahre) langsam aufbaut.

Als Sanierungsmaßnahmen kommen wohl nur die Verflachung der Böschung oder die Errichtung einer Ankerwand (siehe 6.2.9.4.) in Frage.

3.2.2. Überbelastung des Kopfes einer Böschung

Eine Überbelastung des oberen Abschnittes (des Kopfes) einer Böschung kann zu Rutschungen führen.

In 6.2.1.2. ist das Beispiel eines überlasteten Brückenwiderlagers als ungeeignete Stützung einer größeren Dammschüttung gezeigt. Es kam zu starken Bodenbewegungen und zur Zerstörung des Widerlagers, so daß die Schüttung verflacht und das Widerlager zurückversetzt werden mußte.

In 6.1.2./II ist das Beispiel der Bewegung eines nur 5 bis 8° geneigten Hanges, welche durch eine Autobahndammschüttung ausgelöst wurde. Hier konnte die Bewegung durch den Einbau von etwa 28 Brunnen mit einem Durchmesser von 3 m, einem Achsabstand von 9 m und ca. 20 m Tiefe aufgehalten werden.

3.2.3. Schwächung des Fußes einer Böschung

Die Schwächung des Fußes einer Böschung kann verschiedene Ursachen haben.

1. Der Fuß der Böschung kann durch ein strömendes Gewässer angeschnitten und unterwaschen werden (siehe auch 3.5.3.3.). In diesem Fall muß, als definitive Maßnahme, der Fuß durch eine sorgfältig ausgeführte Steinschüttung oder besser durch eine Mauer geschützt werden, wenn es nicht möglich ist, den Fluß umzuleiten.

Als provisorische Maßnahme kann bis zur Herstellung einer definitiven Sanierung ein am Hang liegendes Gebäude durch eine Stützkonstruktion geschützt werden, wie dies z. B. in 6.1.1./I dargestellt ist. Diese Maßnahme ist allerdings nur für eine beschränkte Zeit wirksam, da die Böschung flußseitig der Stützmaßnahme bei fortschreitender Unterwaschung stets steiler wird und der labile Zustand eintreten muß. In diesem Fall rutscht die Böschung ab und legt die Stütze frei, was für das Gebäude katastrophal sein kann.

2. Der Fuß der Böschung wird durch im Untergrund strömendes Wasser talwärts bewegt (siehe auch 3.5.2.2.). Aus den theoretischen Erläuterungen 4.1., Beispiel 3 erkennt man, daß im Regelfall die Böschungsstabilität durch einen böschungsparallelen Grundwasserstrom im Vergleich zu einer Böschung ohne Grundwasserstrom etwa auf die Hälfte reduziert wird.

---

[1] γ_w = Wichte des Wassers, γ = Wichte des Bodens, h = piezometrischer Wasserstand über der Rutschungsfläche, z = Bodenhöhe über der Rutschungsfläche.

Ein Fall dieser Art ist in 6.2.3. dargestellt. Zur Stabilisierung des Hanges wurde das Locker-Material des Böschungsfußes durch einen Steinkeil ersetzt, wodurch der Grundwasserspiegel gesenkt und gleichzeitig der Scherwiderstand des Böschungsfußes bedeutend erhöht wurde.

3. Der moderne Straßenbau verlangt bei einer zügigen Linienführung häufig den Anschnitt steiler, nahe dem labilen Gleichgewicht befindlicher Böschungen. Vor Einführung der im folgenden beschriebenen modernen Baumethoden wurde ein Anschnitt mittels einer Futtermauer gestützt. In diesem Falle mußte zunächst ein Aushub gemacht werden, der wegen des Lockergesteines sorgfältig gepölzt werden mußte, um Bodenbewegungen des oben liegenden, oft steilen bewachsenen oder bebauten Hanges zu vermeiden. Diese Pölzung war bei hohen Anschnitten sehr teuer und oft fehlte der nötige stabile Fuß, um die Horizontalkräfte des Erddruckes aufnehmen zu können.

Sodann wurde die Futtermauer entweder als Schwergewichts- oder Winkelstützmauer aufgeführt und die Pölzung gleichzeitig entfernt. Die Abmessungen, vor allem des Fußes dieser Mauern, waren im Verhältnis zur Höhe bedeutend und erforderten einen gewaltigen Mehraushub im Vergleich zu den modernen Methoden.

Hierzu kam, daß es beim Einbau der Verpölzung, deren sukzessiven Entfernung beim Hochziehen der Mauer sowie beim Anschluß der Mauer an den gewachsenen, oft sehr wenig dicht gelagerten Boden zwangsläufig zu oft sehr tiefen Auflockerungserscheinungen im Hange kam, was zu Rißbildungen im Gelände oder an Gebäuden führte (bzw. führen konnte).

Ein ähnlicher Platzbedarf ist auch für die heute, aus Gründen der Ersparnis an Mauerwerk, viel verwendete Methode der Krainerwände, der Gabbionate, der bewehrten Erde und der neuen Ebenseer Wand vorhanden. Diese Methoden haben den entschiedenen Vorteil der Flexibilität bei ungleichmäßigen Setzungen und der stets gesicherten Entwässerung der Mauerrückseite. Siehe 6.2.9.5./I–IV.

Wenn wenig Platz zur Verfügung steht, sind die heute fast durchwegs angewandten Methoden folgende:

— Das Stahlbetonbauwerk wird vor Erstellung des Aushubes für die Straße oder Eisenbahn in den gewachsenen Boden eingefügt, ohne diesen zu entspannen. Die Wand wird, wenn nicht verankert, derart biegesteif ausgeführt, daß sie nach dem Aushub, im Boden eingespannt, frei stehen bleibt. Dies kann dadurch erreicht werden, daß die Wand als Schlitzwand entweder in Form von *T*-Elementen (Beispiel 6.2.9.2.) oder mit senkrechter Vorspannung erstellt wird.

— Wird eine Verankerung vorgesehen, können entweder Pfahl- oder Schlitzwandscheiben vor dem Aushub in den Boden eingefügt werden; diese werden im Zuge des Aushubes entweder mit einer oder mehreren Ankerreihen so in den Boden verankert, daß sie praktisch verformungslos die Funktion einer Futtermauer übernehmen (Beispiel 6.2.9.3.).

— Können Pfahl- oder Schlitzwandscheiben entweder aus Gründen des Platzbedarfes für das oft schwere Gerät oder infolge der Anwesenheit von großen harten, schwer zu durchschlagenden Findlingen nicht angewandt werden, dann bietet sich die Ankerwand als wirtschaftliche und technisch einwandfreie, sehr häufig verwendete Lösung an (Beispiel 6.2.9.4.).

Bei dieser Bauweise werden Wandelemente von oben nach unten fortschreitend gegen den jeweils abschnittweise ca. 2,5 m tief ausgehobenen Boden betoniert und mittels der vorher eingebauten Anker gegen den Boden gespannt. Der Boden wird nicht entspannt und der Hang bleibt völlig in Ruhe. Der Bau erfordert geringsten Platz und es sind keinerlei schwere Maschinen nötig.

Eine noch im Versuchsstadium befindliche Variante ist die sogenannte Bodenvernagelung 6.2.9.5./V.

3.3. Physikalische Ursachen

3.3.1. Versagen der Kohäsion im Laufe der Zeit

Zu Beginn dieses Kapitels sei kurz auf die scheinbare Kohäsion hingewiesen, wie sie zum Beispiel bei feuchten Sanden infolge der Oberflächenspannung des Porenwinkelwassers (Meniskenbildung) auftritt und sofort bei Durchnässung oder Austrocknung des Bodens verlorengeht.

In diesem Abschnitt soll jedoch hauptsächlich von der Kohäsion c' des drainierten Bodens (siehe Kapitel 3.3.3., Abb. 1 b), wie sie bei überkonsolidierten bindigen Böden auftritt, gesprochen werden.

Im Laufe der Erdgeschichte wurde beispielsweise Tonschlamm sedimentiert und unter einer immer höher werdenden Überlagerung konsolidiert. In der Folge wurde das Überlagerungsmaterial wieder abgebaut und man findet nunmehr einen überkonsolidierten Ton vor, welcher eine bestimmte Kohäsion aufweist. Überbelastete Tone zeichnen sich ferner durch ein rückgewinnbares Verformungsvermögen aus, welches vom Konsolidierungsdruck abhängt und um so größer ist, je plastischer der Ton ist. Nach Entfernen der Überlagerung neigt der Ton infolge seines rückgewinnbaren Verformungsvermögens zur Volumenvergrößerung. Während eine Ausdehnung normal zur Bodenoberfläche möglich ist, wird sie parallel zur Oberfläche verhindert, und das führt zu Spannungskonzentrationen in dieser Richtung. Der Ruhedruckbeiwert k_0 kann dadurch Werte größer als 1,0 erreichen (Skempton, 1961). Durch diese Spannungsverhältnisse kann örtlich die Scherfestigkeit des Tones überschritten werden und somit zur Bildung von Rissen führen, welche die erste Störung der Kohäsion bedeuten. Durch die einmal gebildeten Risse hat Niederschlagswasser Zutritt, d. h. der Wassergehalt steigt und der die Risse umgebende Boden wird aufgeweicht. Dies zieht eine weitere Herabsetzung der Scherfestigkeit nach sich. Weiters werden durch Schwellvorgänge neue Spannungskonzentrationen geschaffen, wodurch weitere Risse entstehen können. Auf diesen Mechanismus soll aber in Kapitel 3.3.4. noch genauer eingegangen werden.

Die oberste Bodenschicht ist der Verwitterung besonders stark ausgesetzt. Hier wird der Boden durch Frost und Temperaturwechsel sowie durch wechselweises Austrocknen und Durchnässen derart durchbewegt, daß der Boden über kurz oder lang seine Kohäsion verliert. Hinzu kommen noch chemische Prozesse, wie zum Beispiel Oxidation und Zersetzungserscheinungen. Auch in den darunterliegenden Bereichen wird der Boden noch beeinflußt, und zwar durch jahreszeitliche Grundwasserschwankungen (Porenwasserdruck) und Temperaturänderungen. Diese Einwirkungen können, gemeinsam mit der Schwerkraft und mit den oberflächenparallelen Entspannungstendenzen, Hangbewegungen hervorrufen, durch welche die Scherfestigkeit, also vor allem die Kohäsion c', aber auch der innere Reibungswinkel φ' herabgesetzt werden kann. In diesem Zusammenhang sei auch auf Abschnitt 3.3.3. (progressiver Bruch) hingewiesen.

Besonders verwitterungsanfällig sind geschichtete Böden, wenn die Schichten mit mehr oder minder großer Neigung an der Oberfläche ausbeißen. In diesem Fall kann meteorisches Wasser in Risse zwischen den Schichtpaketen eindringen, diese durch Frosteinwirkung aufspalten, den Boden aufweichen und so das Gefüge der Gesamtmasse stören bzw. die Festigkeit vermindern. Dies gilt auch für felsartige Böden wie Sandstein, Mergel, Schieferton etc. Ein Sanierungsbeispiel hierzu ist in Kapitel 6.1.4.1./I gegeben. Handelt es sich um mehr schluffige Böden, kann versucht werden, das Material der Böschung durch Kalk zu stabilisieren (siehe Kapitel 6.1.5.3.). Bei tonigen Böden ist es möglich, dem Boden mittels des Elektroosmose-Verfahrens nach Casagrande (Kapitel 6.1.5.2.) Wasser zu entziehen, gleichzeitig durch Einführen von Al-Ionen von der Anode aus den inneren Reibungswinkel zu erhöhen und so das Bodengefüge zu stabilisieren (elektroosmotische Injektion).

Es wäre hier nur noch darauf hinzuweisen, daß oft lange Zeit vergehen kann, bis die Kohäsion derart verringert ist, daß eine Rutschung oder eine Felsgleitung eintritt. Durch eine solche Felsgleitung wurde beispielsweise im Jahre 1805 die Ortschaft Goldau in der Schweiz zerstört. Die auf einer Schichtfläche abgleitende Gesteinsplatte aus Nagelfluh hatte einen Rauminhalt von ca. 15 Millionen Kubikmeter (Redlich, Terzaghi, Kampe, 1929). Die Ursache hierfür ist in einem Zusammenwirken von im wesentlichen zwei Faktoren zu sehen: erstens in der Verringerung der Kohäsion durch Verwitterung (Frost, Lösung) in der Schichtfläche sowie durch Entspannungsvorgänge in den Talflanken, und zweitens in einem sich in der Schichtfläche aufbauenden Wasserdruck.

Gerade Felsgleitungen oder auch Erdrutsche dieses Ausmaßes sind praktisch nicht zu verhindern und eine Vorhersage des Zeitpunktes einer Katastrophe ist nur schwer möglich, da es vielfach über die jeweils verfügbaren Kapazitäten hinausgeht, größere Bereiche ständig zu überwachen, sei es durch Verformungsgeber oder geodätische Beobachtungen und dergleichen.

3.3.2. Einfluß der diagenetischen Bindekräfte und ihres Versagens auf die Rutschungsgefahr

Zu Beginn dieses Kapitels seien kurz die wichtigsten Kennzeichen der Diagenese erläutert. Unter Diagenese versteht man eine über die normale Konsolidierung, die einer bestimmten Überlagerungshöhe entspricht, hinausgehende Entwässerung und Verfestigung des Bodens. Die Verfestigung kann durch Verkittung und leichte chemische Reaktionen erfolgen. Die Diagenese umfaßt die Verfestigung von Ton beispielsweise zu Tonstein, bis hin zur Bildung von Sandstein und Konglomeraten bzw. Brekzien. Der Bereich der Diagenese umfaßt Temperaturen bis zu 260 bis 270°C. Bei darüber hinausgehenden Temperaturen spricht man von Metamorphose. Unter dem Druck der Überlagerung kann es im diagenetischen Bereich zu Sammelkristallisation, Umkristallisation, Austausch von Stoffen (metasomatische Reaktion) und Mineralneubildungen, soweit diese im sedimentären Bereich möglich sind, kommen.

Als Beispiel für eine Konsolidierung und diagenetische Verfestigung beschränken wir uns in der Folge im wesentlichen auf die aus Tonschlamm entstandenen verfestigten Sedimentgesteine. Nach seiner Ablagerung entsteht aus diesem, unter wachsendem Überlagerungsdruck und durch diagenetische Verfestigung, Ton und Tonstein. Im Spätstadium der Diagenese kann die ursprünglich bei der Sedimentation entstandene Schichtung einer Schieferung ähnlich werden, weshalb man dann von Schieferton und Tonschiefer spricht.

Die Eigenschaften diagenetisch verfestigter Tone wurden von Bjerrum (1967) sehr ausführlich behandelt und es sollen hier nur die wesentlichen Merkmale hervorgehoben werden. In Kapitel 3.3.1. wurde schon auf das wiedergewinnbare Verformungsvermögen überkonsolidierter Tone hingewiesen. Bei diagenetisch verfestigten Tonen ist das wiedergewinnbare Verformungsvermögen je nach der Größe der diagenetischen Bindekräfte (abhängig vom Mineralbestand) mehr oder weniger blockiert. Tone mit starken diagenetischen Bindungen zeigen demnach bei Entlastung eine nur sehr geringe Tendenz zur Volumenvergrößerung und damit eine nur geringe Zunahme des Seitendruckes. Aber auch bei einer Laststeigerung über den ursprünglichen Konsolidierungsdruck hinaus werden innerhalb eines bestimmten Bereiches die Verformungen durch die diagenetischen Bindungen klein gehalten. Im Gegensatz zu einem normal überkonsolidierten Ton kann man also aus dem Druck-Verformungsdiagramm nicht genau auf den Überkonsolidierungsdruck schließen.

Werden nun diagenetisch verfestigte Tone durch Entfernen der Überlagerung entlastet und der Verwitterung ausgesetzt, so tritt hier infolge der diagenetischen Bindekräfte gegenüber normal überkonsolidierten Tonen ein Verzögerungseffekt ein. Jedoch können diese Bindungen im Laufe der Zeit durch Verwitterung und Entspannung verlorengehen, so daß letzten Endes diese Tone in ihren Eigenschaften normal überkonsolidierten Tonen ähneln. Bei Tonen mit diagenetischen Bindungen liegt also die Gefahr in diesem Verzögerungseffekt, der ein Einschätzen der Gefahr schwer macht. Es können Böschungen jahrzehntelang und länger in Ruhe sein, um dann plötzlich ihre Stabilität zu verlieren. Auf diesen Punkt wird noch in Kapitel 3.3.3. zurückgekommen werden.

3.3.3. Progressiver Bruch — Ingenieurgeologie der überkonsolidierten plastischen Tone

In vielen Fällen tritt das Phänomen auf, daß es zu Rutschungen kommt, auch wenn die für die Stabilität eines Hanges erforderliche Scherfestigkeit kleiner als die Bruchscherfestigkeit ist. Dies läßt sich dadurch erklären, daß örtlich eine Schwächungszone in der Böschung vorhanden ist und daß dort durch Bewegungen die Bruchscherfestigkeit überschritten wurde, so daß nur mehr ein kleinerer Wert als die Bruchscherfestigkeit, im Extremfall die Restscherfestigkeit, vorhanden ist. Von einer solchen Schwächungszone kann ein progressiver Bruch seinen Ausgang nehmen, wobei sich die Gleitfläche nach und nach entgegen der Rutschungsrichtung (hangaufwärts) bildet.

Es sollen nun die zur Bildung eines progressiven Bruches erforderlichen Grundvoraussetzungen behandelt werden:

A) Ein progressiver Bruch ist nur dann möglich, wenn der Boden einen ausgeprägten Unterschied zwischen der Bruchscherfestigkeit (τ_f, ,,peak strength'') und der Restscherfestigkeit (τ_r, ,,residual strength'') aufweist, und wenn die für die Gesamtstabilität des Hanges oder der Böschung erforderliche mittlere Scherfestigkeit größer oder nur geringfügig kleiner als τ_r ist. Siehe Abb. 1a und b. Ferner ist es auch leicht einzusehen, daß die Neigung zu progressivem Bruch um so größer wird, je kleiner die erforderliche Verschiebung v ist, um die Scherfestigkeit von τ_f auf τ_r zu verringern.

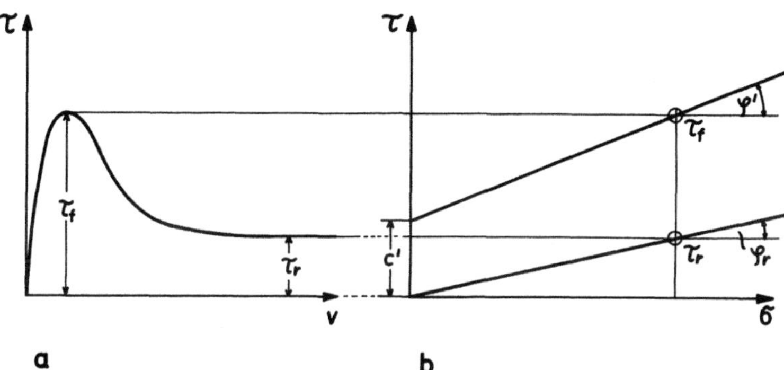

Abb. 1. Scherfestigkeit eines überkonsolidierten Tones a) in Abhängigkeit von der Verschiebung v und b) in Abhängigkeit von der Normalspannung σ

Wegen des erforderlichen großen Unterschiedes zwischen τ_f und τ_r kommen für die Entstehung eines progressiven Bruches praktisch nur stark überkonsolidierte Böden, und zwar vor allem Tone bis tonige Schluffe, weiters Schieferton und Tonschiefer in Betracht.

Bishop führte 1967 in Oslo einen Sprödigkeitsindex, $I_B = (\tau_f - \tau_r)/\tau_f$, ein. Je größer die Sprödigkeit eines Bodens, desto größer ist auch die Tendenz zur Bildung eines progressiven Bruches.

B) Eine weitere Voraussetzung ist das Vorhandensein einer Schwächungszone in der untersuchten Böschung, wie es schon am Beginn dieses Kapitels erwähnt wurde. Als Folge dieser Schwächungszone tritt eine Schubspannungskonzentration auf. Schließlich muß auch noch eine differentielle Verformungsmöglichkeit gegeben sein.

Es gibt verschiedene Möglichkeiten der Bildung einer Schwächungszone. Es kann sich hier um einen künstlichen Einschnitt handeln oder auch einfach um das Unterschneiden eines Hangfußes infolge der Erosionswirkung eines Wasserlaufes; es kann der Scherwiderstand des Bodens örtlich durch Verwitterung und damit verbundene Aufweichung herabgesetzt werden (siehe Kapitel 3.3.1.), oder es können, ebenfalls durch Verwitterung, die Bindekräfte zufolge Diagenese verringert werden (siehe Kapitel 3.3.2.). Durch die herabgesetzten diagenetischen Bindekräfte versucht sich der Boden auszudehnen, was jedoch nur normal zur Hangoberfläche möglich ist, während die seitliche Ausdehnung behindert wird. Die Folge davon sind hangparallele Spannungen, die ein örtliches Versagen hervorrufen können.

Es sollen nun in vereinfachter Form die bei einem progressiven Bruch auftretenden Vorgänge erklärt werden. Für ein genaueres Studium sei als Literatur Bjerrum (1967) empfohlen.

Wenn wir als einen vereinfachten Fall einen gleichförmigen, stabilen Hang mit einer bestimmten Neigung β betrachten (vgl. Kapitel 4.1., Beispiel 5), so ergibt sich die in einer böschungsparallelen Ebene in der Tiefe h wirkende Schubspannung τ_0, welche kleiner als die Bruchscherfestigkeit τ_f ist, einzig und allein aus der Schwerkraft. Die an einer gedachten Lamelle angreifenden Erddrücke sind entgegengesetzt und gleich groß.

Damit nun ein progressiver Bruch eingeleitet werden kann, muß, wie schon oben ausgeführt, eine Schwachstelle vorhanden sein, welche in Abb. 2a beispielsweise als ein vertikaler Aushub auf die Tiefe h angenommen wurde. Hierdurch wird der Gleichgewichtszustand gestört, so daß der in entsprechender Entfernung vom Aushub unverändert vorhandene seitliche Druck (Erddruck) durch eine Erhöhung der Scherspannungen in der böschungsparallelen Ebene durch A aufgenommen werden muß. Diese erforderliche Schubspannungsverteilung, deren Maximalwert bei Punkt A auftreten wird, wird etwa den in Abb. 2b angegebenen Verlauf aufweisen. Übersteigt nun aber, wie in Abb. 2b angedeutet, dieser Maximalwert die Bruch-

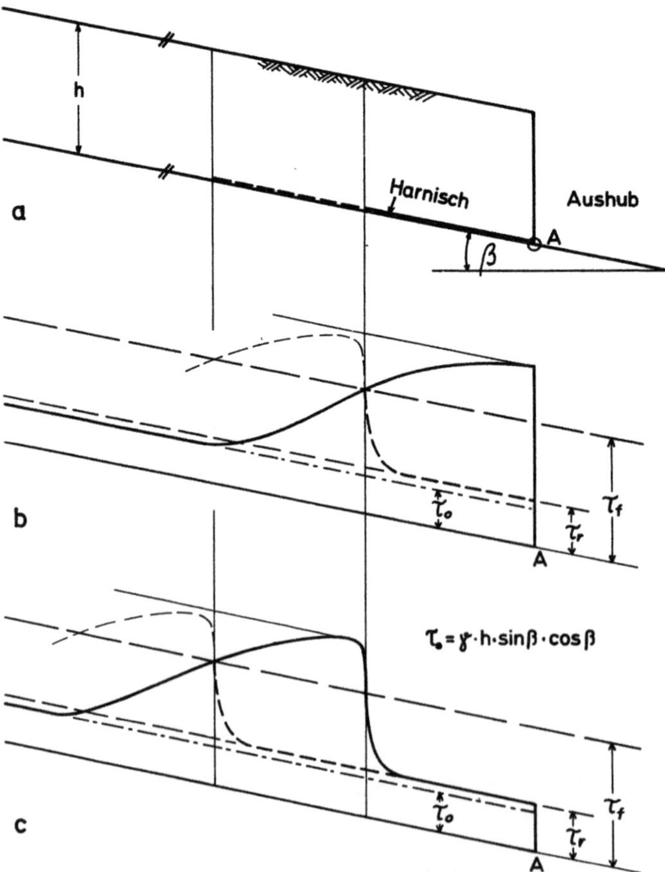

Abb. 2. Ausbildung eines progressiven Bruches bei dem in a) dargestellten Hang. In b) und c) sieht man die erste bzw. zweite Phase des Bruchvorganges

scherfestigkeit des Bodens, so treten Bewegungen auf, welche die Scherfestigkeit entsprechend Abb. 1a herabsetzen, und zwar, wie im hier angenommenen Fall ausreichend großer Verformungen, bis auf die Restscherfestigkeit τ_r. Durch diese verringerte Scherfestigkeit im Anschluß an den Aushub verlagert sich die Spannungskonzentration in der in Abb. 2c skizzierten Weise hangaufwärts und führt ihrerseits wieder zu einem Überschreiten der Bruchscherfestigkeit und folglich zu einem Absinken auf die Restscherfestigkeit usw.

In Abhängigkeit von den Neigungsverhältnissen eines Hanges und der aus der Schwerkraft resultierenden Schubspannung $\tau_0 = \gamma \cdot h \cdot \sin\beta \cdot \cos\beta$ im Verhältnis zur Restscherfestigkeit τ_r kann man drei Fälle unterscheiden.

1. $\tau_0 < \tau_r$: Dadurch, daß die Restscherfestigkeit τ_r größer als τ_0 ist, wird die Spannungskonzentration mit zunehmender Entfernung von der ursprünglichen Störungsstelle immer kleiner. Die Ursache dafür ist, daß sich ein immer größerer Teil des im ungestörten Bereich vorhandenen seitlichen Druckes (Erddruck) auf den darunterliegenden Bereich abstützen kann. Dort, wo der Maximalwert der erforderlichen Scherspannung den Wert τ_f (Bruchscherfestigkeit) nicht mehr überschreitet, erfolgt keine weitere Gleitflächenbildung, d. h. daß der progressive Bruch zum Stillstand kommt.

2. $\tau_0 \simeq \tau_r$: Hier geht der Vorgang des progressiven Bruches praktisch unaufhaltsam weiter; er kommt von sich aus nicht zum Stillstand. Darüber hinaus kann eine kleine zusätzliche Störung ein Abgleiten des ganzen Hanges bewirken.

3. $\tau_0 > \tau_r$: In diesem Fall kommt es sofort zum Abgleiten der Schollen, bei denen sich die Scherfestigkeit auf τ_r verringert. Es kann hier bei einem gleichförmigen Hang keinen Ruhezustand, d. h. kein Ende des progressiven Bruchvorganges geben. Die Schollengröße wird durch die im Boden vorhandenen Kohäsionskräfte bestimmt.

Es soll hier noch kurz auf den möglichen Verzögerungseffekt eingegangen werden, der bei der Bildung eines progressiven Bruches auftreten kann, und der ein Einschätzen der Gefahr eines plötzlichen Abgleitens von großen Bodenmassen sehr schwierig macht (Unvorhersehbarkeit).

Am gefährlichsten sind in dieser Hinsicht Böden mit starken diagenetischen Bindekräften. Überkonsolidierte Tonböden neigen dazu, sich bei Entlastung infolge des wiedergewinnbaren Verformungsvermögens auszudehnen. Da dies ohne Behinderung nur normal zur Bodenoberfläche möglich ist, weisen solche Böden im natürlichen Zustand oftmals größere Horizontal- als Vertikalspannungen auf. Beispielsweise gab Skempton (1961) für London Clay an, daß der Ruhedruckbeiwert in den obersten 15 m den Wert von 2,0 übersteigt. Die Überkonsolidierung des London Clay erfolgte durch eine ehemalige Überlagerung von mindestens 150 m Mächtigkeit (Skempton, 1961 und 1977 a). Bei Böden mit starken diagenetischen Bindungen ist dieses wiedergewinnbare Verformungsvermögen aber gleichsam gespeichert, es kann jedoch im Laufe der Jahre und Jahrzehnte durch Verwitterung frei werden (vgl. Kapitel 3.3.2.). Dadurch kommt es dann zu einer starken Vergrößerung der seitlichen Spannungen, welche an einem vormals stabilen Hang oder einer Böschung einen progressiven Bruch einleiten können (Maugeri, 1978; Janbu, Kjekstad, Senneset, 1977; Morgenstern, 1977).

Bei Einschnitten kann es durch einen anfänglich vorhandenen Porenwasserunterdruck bis zum Einstellen des den neuen Verhältnissen angepaßten Porenwasserdruckes ebenfalls zu einem Verzögerungseffekt kommen, der aber nicht mit dem vorhin erwähnten verwechselt werden sollte.

3.3.4. Rutschungen in steifen, rissigen Tonen

Wie es zur Rissebildung kommen kann, wurde schon in Kapitel 3.3.1. kurz gestreift. Die Hauptursache liegt wohl in der Entlastung durch Entfernen von Überlagerungsmaterial (Gletscher, Moränen, Alluvionen und sonstige Sedimente). Infolge des wiedergewinnbaren Verformungsvermögens versucht sich der Ton auszudehnen, was aber parallel zur Oberfläche verhindert wird. Durch diese Verformungsbehinderung steigt der Seitendruck derart, daß, vielleicht noch verstärkt durch Spannungen aus der Hangneigung, die Scherfestigkeit des Tones örtlich überschritten wird und kleine Bewegungen stattfinden. Als Folge davon ist praktisch jeder steife Ton in seiner Struktur durch ein Netz von Haarrissen und Harnischen geschwächt.

Liegt der Rißabstand im Zentimeterbereich, so kann eine Böschung schon während des Aushubes oder sehr bald nach dessen Fertigstellung instabil werden und abgleiten. Solche Rutschungen in engklüftigen Tonen treten auf, sobald die Scherbeanspruchung die durchschnittliche Scherfestigkeit des rissigen Tones übersteigt. Es können auch bei künstlichen Böschungen mit einer Neigung von nur 1 : 3 solche Rutschungen auftreten und viele Jahre andauern.

Liegt der Abstand der Risse und Klüfte im Dezimeterbereich, so kann eine Böschung viele Jahre oder auch Jahrzehnte nach ihrer Herstellung stabil bleiben. Es sind zum Beispiel Fälle bekannt, wo die Rutschung erst 80 Jahre nach dem Aushub einer Böschung mit der Neigung von 1 : 2,5 erfolgte, wobei keine Anzeichen von strömendem Wasser oder von Quellen zu beobachten waren. In der Zeit nach der Herstellung einer Böschung verliert der Boden durch das Angreifen der Verwitterung seine Scherfestigkeit. In die vorhandenen Klüfte, die durch die Entlastung infolge der Herstellung des Einschnittes oder Anschnittes noch zusätzlich geöffnet werden, kann Oberflächenwasser eindringen und den Ton im die Risse umgebenden Bereich aufweichen. Weiters können in Abhängigkeit von der Durchfeuchtung und dem Mineralbestand ungleichmäßige Schwelldrücke auftreten; diese brechen die Tonmasse in einzelne unregelmäßig begrenzte Blöcke auf, die ihrerseits auch zunehmend zerfallen, bis in einer weichen Matrix nur mehr einzelne härtere Stücke verbleiben, welche aber keinen Einfluß mehr auf die Gesamtstabilität ausüben. Solche Massen können Kriechbewegungen ähnlich einer zähen Flüssigkeit ausführen (Blight, 1977; Gudehus, Kolymbas, Leinenkugel, 1976; Ter-Stepanian, 1974).

Eine Rutschung wird am Fuß einer Böschung entstehen, sobald die treibenden Kräfte die rückhaltenden mit dem durchschnittlichen Scherwiderstand übersteigen. In Terzaghi, Peck (1967) wird von Fällen berichtet, bei denen die durchschnittliche Scherfestigkeit von hohen Werten zum Zeitpunkt des Herstellens eines Einschnittes auf Werte zwischen 0,02 und 0,035 MPa absank. Unter der Oberfläche wird der Ton jedoch rasch widerstandsfähiger.

Die Wirkung des Wassers scheint in steifen, rissigen Tonen hauptsächlich in einer Verschlechterung der Tonstruktur und damit des Scherwiderstandes zu liegen, während der Einfluß einer Wasserströmung auf die Stabilität nur selten beobachtet werden konnte (Kapitel 3.4.).

Als Sanierungsmaßnahmen kommen folgende in Betracht:

1. Wurde beispielsweise an Hand der Beobachtung eines gefährdeten Hanges mit Hilfe von Fixpunkten an der Böschungsoberfläche eine beschleunigte Zunahme der Hangbewegungen festgestellt, so ist der Hang sofort so weit wie möglich zu verflachen.

2. Die Zone am Kopf der Rutschung ist durch Oberflächen- und/oder Tiefdrainagen möglichst weitgehend zu entwässern (siehe Kapitel 6.1.4.1./I).

3. Die Hangoberfläche ist durch Verfüllen der gröbsten Klüfte, durch Humusierung und Begrünung möglichst wasserundurchlässig zu gestalten.

4. Manchmal wird eine Bodenverfestigung mittels Zementinjektionen, das sogenannte Claquage-Verfahren, zweckmäßig sein (siehe Kapitel 6.1.5.1.).

5. Manchmal sind auch Steinkeile oder Steinrippen für die Stabilisierung eines Hanges sinnvoll, wenn diese bis in den unverwitterten Ton reichen und sich auf eine Fußmauer aus Steinen oder Beton stützen. Hierbei ist darauf zu achten, daß keine Tonteile in die Grobporen der Steinrippen eindringen, was zum Beispiel durch einen geeigneten Vliesmantel verhindert werden kann (Kapitel 6.2.3.). Bei Anwesenheit von meist nur in geringem Maße vorhandenem Grundwasser dienen die Steinkeile gleichzeitig als Entwässerungsmaßnahme. Manchmal sind jedoch mit Filterrohren versehene Sickerschlitze erforderlich (siehe Beispiele 6.2.3. und 6.2.7.).

Bei Böden mit versagenden diagenetischen Bindungen oder mit einer Neigung zu progressivem Bruch sind ähnliche Maßnahmen wie die oben angegebenen zielführend.

3.3.5. Wirkung von Erdbeben

Erdbeben können infolge der Erdbebenbeschleunigung verheerende Rutschungen, aber auch Bergstürze und dergleichen auslösen. Cotecchia und Melidoro (1974) beschrieben, wie in Calabrien durch ein Erdbeben eine Reihe von Rutschungen ausgelöst wurde, die ihrerseits Flüsse abgesperrt und zu Seen aufgestaut hatten. Es soll jedoch hier hauptsächlich über eine andere Wirkung von Erdbeben gesprochen werden, die sogenannte Liquifaktion (Casagrande, A., 1976).

Locker gelagerter, völlig wassergesättigter Sand (Porenziffer größer als die kritische Porenziffer) kann durch Erdstöße so verdichtet werden (kontraktante Verformung), daß der sich aufbauende Porenwasserdruck die effektive Spannung praktisch zum Verschwinden bringt und der Boden sich verflüssigt. Es können schwerste Schäden entstehen; Bauwerke wie Gebäude, Dämme etc. können buchstäblich in den Boden versinken; Rohrleitungen können bersten etc. Als Sanierung kommt eventuell die präventive Behandlung des Bodens mit Vibroflotation in Frage, d. h. durch die Erschütterung des Vibrationsgerätes sackt der Boden so zusammen, daß die kritische Porenziffer unterschritten wird und sich im Boden bei eventuellen Erdstößen keine schädlichen Porenwasserdrücke mehr aufbauen können. Lößböden, bei welchen die Poren statt mit Wasser mit Luft gefüllt sind, können sich ebenfalls durch Erdstöße verflüssigen, wobei statt des Porenwasserüberdruckes ein Porenluftüberdruck entsteht.

Casagrande, A. und Shannon (1947–1948) berichten über ungeheure Löß-rutschungen, welche am 16. Dezember 1920 durch ein Erdbeben in der Kansu-Provinz in China ausgelöst wurden und 100.000 Menschenleben forderten.

Die Berichte von Close und McCormick (siehe Casagrande, A. und Shannon, 1947–1948) müssen jeden Fachmann davon überzeugen, daß solche plötzlichen Bewegungen von riesigen Massen von Löß nur durch eine vorübergehende, sehr radikale Verminderung der Scherfestigkeit des Bodens im Vergleich zu seiner ur-sprünglichen Festigkeit (vor der Erschütterung durch das Beben) zu erklären sind.

Es erhebt sich die Frage, ob die Poren in den unteren Schichten des Löß so gesättigt waren, daß sie eine Verflüssigung ermöglichten, oder ob während des Zusammenbruches der Lößstruktur die Spannungen vorübergehend durch das in den Poren eingeschlossene große Luftvolumen getragen wurden. Casagrande, A. glaubt, daß die Verflüssigung auf den Aufbau von Drücken in der die Poren füllenden Luft zurückzuführen war. Daß die in den Poren von pulverförmigem Material eingeschlossene Luft fließende Rutschungen hervorruft, kann selbst bei Erscheinungen von kleinerem Maßstab beobachtet werden, wenn z. B. Mehl oder Zement rasch aus einem Sack geschüttet wird. Wenn jedoch eine mächtige, mehrere hundert Meter dicke Löß-Schicht so stark erschüttert wird, daß ihre Struktur zusammenbricht, erscheint es um so eher verständlich, daß es längere Zeit in Anspruch nimmt, bis sich der Überdruck der Luft in den Poren abbauen kann. Während dieser Zeit wird die Scherfestigkeit des Materials auf einen sehr kleinen Wert reduziert. Das könnte, wenn man den Berichten Glauben schenken darf, die große Geschwindigkeit erklären, mit welcher sich ein ganzer Lößberg-hang über viele Quadratkilometer des Tales ausbreitete, wobei in „wenigen Sekunden" Dörfer verschüttet und Flüsse aufgestaut worden waren.

Was die Vorhersage solcher Lößrutschungen betrifft, so kann gesagt werden, daß entweder am Kopf der potentiellen Gleitungen Risse entstehen oder am Fuß Brucherscheinungen festzustellen sein müßten; es kann aber auch eine starke Erschütterung den plötzlichen Zusammenbruch der relativ schwachen Lößstruktur und damit die Verflüssigung hervorrufen.

Als Sanierungsmaßnahme wurde vorgeschlagen, das gefährdete Gebiet intensiv mit Wasser zu durchtränken, so daß das vorher lockere Bodengerüst durch die Wirkung des Wassers zu einem stabilen, festen Gerüst zusammenbricht, wobei natürlich während dieser Behandlung der Aufbau des Porenluftüberdruckes vermieden werden muß. Es kann dies also nur sektionsweise und lokalisiert durch-geführt werden.

3.4. Chemisch-physikalische Strukturveränderung von Schluff- und Tonböden

Von F. Hilbert

Die wichtigsten auftretenden Veränderungen in der Struktur von Tonmine-ralen werden in den Kapiteln 7.2.2.1. bis 7.2.2.5. eingehend erörtert. In diesem Abschnitt soll hauptsächlich für an der Theorie nicht interessierte Leser eine

Zusammenfassung der häufigsten Ursachen für Rutschungen in bindigen Böden gegeben werden, soweit sie durch solche Strukturveränderungen bedingt sind.

Zu einer oft sehr bedeutenden Verringerung der Scherfestigkeit von Tonböden führen zwei wesentliche Ursachen: einerseits eine *Wasseraufnahme* und die damit verbundene *Quellung*, andererseits (und oft gleichzeitig) ein *Ionenaustausch*, bei dem in den Tonmineralen nur locker gebundene Ionen durch andere ersetzt werden. Die beiden Vorgänge sind oft miteinander gekoppelt und können sich gegenseitig verstärken.

Sowohl die Wasseraufnahme als auch der Ionenaustausch sind selbstverständlich nur möglich, wenn Wasser bzw. beim Ionenaustausch in Wasser gelöste Salze in den Tonboden eindringen und dort strukturverändernd wirken können. Man kann daher im mehr empirischen Sinn alles, was dieses Eindringen von Wasser oder bestimmten Salzlösungen in Lehm- und Tonböden ermöglicht oder fördert, als auslösende Ursache von Festigkeitsverlusten und gegebenenfalls von Rutschungen betrachten. In diesem Sinn gibt es eine große Zahl von Ursachen, die teils natürlich vorgegeben sind, in vielen Fällen aber auch erst durch menschliche Einwirkung geschaffen werden. Die wichtigsten dieser Ursachen sollen im folgenden aufgezählt werden (ohne daß Anspruch auf Vollständigkeit erhoben wird), um dem praktischen Ingenieurgeologen eine Übersicht über die Rutschungsgefahr in Ton- und Lehmböden und die mögliche Auslösung von Rutschungen durch Baumaßnahmen, Bewässerung, Abwässer, außergewöhnliche Witterungsbedingungen usw. zu geben. Besonderes Gewicht wird auf die unbeabsichtigte Auslösung von Rutschungen durch menschliche Eingriffe gelegt, da häufig beim Straßenbau, beim Bau von Wasser- und Abwasseranlagen usw. aus ungenügender Kenntnis oder Unachtsamkeit leicht vermeidbare Fehler begangen werden, die später hohe Kosten für Sanierungsmaßnahmen erfordern oder zu nicht wiedergutzumachenden Zerstörungen führen.

3.4.1. Druckentlastung und dadurch bedingte Wasseraufnahme

Konsolidierter Lehm oder Ton wird durch Druckentlastung wieder fähig, Wasser aufzunehmen und zu quellen, wobei die Festigkeit entsprechend absinkt (siehe Kapitel 7.2.2.2.). Diese Wasseraufnahme ist an sich ein sehr langsamer Vorgang, weil Wasser in den bindigen Boden nur schwer eindringen kann; wie jedoch in Kapitel 3.3.4. ausführlich dargestellt, führt die Quellung zur Entstehung von Spalten und Klüften, in denen das Wasser vordringen kann, so daß diese Aufweichung unter Umständen sehr rasch vor sich geht.

3.4.2. Erhöhung des Wasserdruckes im Boden

Eine Erhöhung des Wasserdruckes im Boden bewirkt ebenso eine Wasseraufnahme wie eine Druckentlastung: entscheidend für die Wasseraufnahme (und den entsprechenden Festigkeitsverlust) ist die Druckdifferenz zwischen dem wirksamen auflastenden Konsolidierungsdruck und dem Druck des mit dem Lehm- oder Tonboden in Berührung stehenden Wassers. Daher kann konsolidierter Boden bei einer Erhöhung des hydrostatischen Druckes auch bei unverändertem Erddruck quellen und Festigkeit verlieren.

Es genügt daher oft nicht, wie in Kapitel 4.1., Beispiele 3 und 4, bei der Berechnung der Stabilität eines rutschgefährdeten Hanges einen erhöhten Porenwasserdruck lediglich als solchen in das Kräftediagramm einzusetzen; es muß auch berücksichtigt werden, daß die Festigkeitswerte des Bodens sich gleichzeitig beträchtlich verschlechtern können. Welche Rolle der Festigkeitsverlust des Bodens bei einer eventuell auftretenden Rutschung spielt, ist eine Frage der Einwirkungszeit und der relativen Höhe des Porenwasserdruckes. Steigt der Druck schnell auf eine dem Erddruck vergleichbare Höhe an, so kann er allein schon Rutschungen auslösen, wie es z. B. im Beispiel 6.1.4.1./II geschehen ist. Genügt der erhöhte Wasserdruck allein nicht, um die Stabilität zu gefährden, kann er aber längere Zeit einwirken, so kann durch den Festigkeitsverlust des Bodenmaterials trotzdem eine Rutschung verursacht werden.

Da also eine Erhöhung des hydrostatischen Druckes im Boden in jedem Fall schädlich ist, kann jede Baumaßnahme bzw. jedes natürliche Vorkommnis, das zu einer Druckerhöhung führt, in weiterer Folge eine Rutschung auslösen. Solche Druckerhöhungen werden z. B. ausgelöst durch:

3.4.2.1. Erhöhung des Wasserzuflusses zu wasserführenden Schichten

Wenn die Kapazität eines vorhandenen natürlichen Abflusses überschritten wird, steigt durch Aufstauung der hydrostatische Druck. Viele Baumaßnahmen und auch natürliche Ereignisse können eine solche Erhöhung des Wasserzuflusses bewirken:

Eisenbahnbau
Straßenbau
Planierungsarbeiten
Baugrubenaushub usw.,

wobei das von oft sehr großen Oberflächen abfließende Niederschlagswasser an bestimmten Stellen zusammengeführt wird,

Fluß- und Bachregulierungen, Verbauungen
Staudammbauten
Wasserleitungsbauten usw.,

bei denen sehr große Wassermengen an Stellen gelangen können, an denen vorher nur geringe Mengen an Regenwasser zufließen konnten,

Rodung
Umwandlung in Ackerland,

wodurch die in den Boden einsickernde Regenwassermenge stark ansteigt, während die Wasserverdunstung absinkt; besonders gefährlich kann eine Rodung werden, wenn der zurückbleibende Boden stark durch abfließendes Wasser erodiert wird, und schließlich

extreme Regenfälle,

die bekanntlich sehr oft Rutschungen auslösen, manchmal mit beträchtlicher Verzögerung (was auf eine Beteiligung des Festigkeitsverlustes des Bodenmaterials durch Quellung hinweist, siehe oben).

3.4.2.2. Verschließen natürlicher Drainagen (Quellen, Wasseraustritte)

Dieselbe Wirkung wie ein erhöhter Wasserzufluß hat eine Schließung oder Verengung natürlich vorhandener Drainagen, was unbeabsichtigt oder beabsichtigt bei Baumaßnahmen geschehen kann.

3.4.3. Entstehung neuer Spalten und Klüfte oder Öffnung bisher durch wasserundurchlässiges Material verschlossener Wasserwege

Auch auf diese Art kann selbstverständlich ein erhöhter hydrostatischer Druck im Boden entstehen bzw. Wasser schnell und in größeren Mengen an Stellen gelangen, an denen es eine Quellung und Erweichung verursachen kann. Hauptursachen sind

Baumaßnahmen
Erosion durch Wasser
extreme Trockenheit.

Bei Erdbauten wird z. B. manchmal ein zu geringer Sicherheitsfaktor für Böschungen verwendet. Dadurch wird indirekt ein Abrutschen verursacht: bei einem Sicherheitsfaktor kleiner als 1,5 rutscht die Böschung zwar nicht sofort ab, aber wenn sie aus tonigem Material besteht, entstehen Risse. In diese Risse dringt dann Wasser, weicht das Material auf und nach einiger Zeit rutscht die Böschung ab. Aus demselben Grund sind einmal in Gang gekommene Rutschungen schwer zu sanieren: die Rutschung erzeugt Spalten und Klüfte, in die Wasser eindringen kann und ist so ein sich selbst beschleunigender Vorgang. Extreme Trockenperioden können ebenfalls auslösend wirken. Bestimmte Bodenarten vermindern bei Wasserentzug ihr Volumen sehr stark, so daß Risse von beträchtlicher Tiefe entstehen können, wenn der Boden völlig austrocknet. Regnet es dann wieder stark, kann Wasser tief eindringen, bevor sich die Spalten schließen.

3.4.4. Salzstreuung und Abwässer. Ionenaustausch

Ein Austausch von mehrwertigen Ionen (insbesondere Kalziumionen) gegen einwertige (Natrium-, Ammonium-, Kaliumionen) erhöht die Wasseraufnahmefähigkeit und vermindert die Festigkeit von Tonmineralen (siehe Kapitel 7.2.2.3.). Dieser Festigkeitsverlust kann gegen einen vorhandenen Konsolidierungsdruck vor sich gehen, auch wenn das Porenwasser drucklos ist oder nur unter geringem Druck steht; daher ist das Eindringen von Salzlösungen und Abwässern in bindige Böden besonders gefährlich. Dazu kommt, daß Salzlösungen mit höherer Leitfähigkeit die Durchlässigkeit des Bodens erhöhen, so daß sie weit schneller eindringen als reines Wasser. Diese Erscheinung hängt damit zusammen, daß bei höherer Leitfähigkeit die Dicke der elektrolytischen Doppelschicht (Kapitel 7.2.2.4.1.) an der Innenwand der Bodenkapillaren abnimmt und dadurch die für eine unbehinderte hydrostatische Strömung zur Verfügung stehende freie Querschnittsfläche ansteigt.

Die häufigsten Quellen für solche, einen schädlichen Ionenaustausch bewirkenden Wässer sind

Stallabwässer
undichte Jauchengruben und Fäkalsammelgruben
Versickerung und Verrieselung von Fäkalabwässern und Industrieabwässern
undichte Abwasserkanäle bzw. freie Gerinne
Salzstreuung auf Straßen
Überdüngung mit Kali- und Ammoniumdünger
Verwitterung von natrium- und kaliumreichen Gesteinen oder Böden.

3.4.5. Aneinandergrenzen reduzierender und oxidierender Bodenschichten (blauer Ton — brauner Ton) —natürliche Elektroosmose

Wie in Kapitel 7.2.2.5. ausgeführt, kann durch natürliche Elektroosmose an der Grenzschicht reduzierender Boden — oxidierender Boden Wasser zuströmen und so ein elektroosmotischer Überdruck des Porenwassers entstehen, der eine Quellung und damit einen Festigkeitsverlust hervorruft. Auf diese Weise können scharf abgegrenzte, manchmal nur wenige Millimeter oder Zentimeter dicke Gleitschichten, z. B. zwischen blauem (dunklem) und braunem (hell- bis rotbraunem) Lehm bzw. Ton, entstehen, in denen das Material eine schmierseifenähnliche Beschaffenheit hat. Es ist einzusehen, daß bei größerer Ausdehnung solcher Schmierschichten gefährliche Abrutschungen der oberhalb liegenden Bodenschichten entstehen können. Häufig tritt die Erscheinung auf, wenn dunkler bis blauer Tonstein (Opok) von einer oxidierenden Schicht gelben bis braunen Lehms überlagert ist.

Prinzipiell die gleiche Erscheinung kann durch Erdströme von Gleichstromanlagen verursacht werden.

3.4.6. Quicktone

In bestimmten Gegenden von Norwegen, Schweden und Kanada (Provinz Quebec) ist das Phänomen des „Quicktons"zu beobachten. Es handelt sich hier um im Meer abgelagerte Tone mit außerordentlich hoher Sensitivität (bis zu 40), Tongehalt 40%, $w_L \cong 26\%$, $w_P \cong 7\%$. Diese Tone fließen, wenn gestört, wie eine viskose Flüssigkeit auch über große Distanzen.

Die Ursache für dieses Verhalten wird von Bjerrum (1954) so erklärt, daß Salz aus den Poren des Tones, nach Aufsteigen der Bodenschichten aus dem Meer, durch Süßwasser ausgelaugt und dadurch die Stabilität des Bodengerüstes beeinträchtigt wurde.

Eine andere Erklärung wird in Kapitel 7.2.2.3.3. gegeben. Es handelt sich hierbei um ein typisches thixotropes Verhalten einer Masse, welche aus kolloidalen Teilchen besteht, die relativ schwach aneinander gebunden sind. Die Tonteilchen wurden locker im Meer abgelagert, so daß sich zwischen den Teilchen relativ viel Wasser befindet.

Es ist verständlich, daß diese Masse rezenten Ursprungs, wenn sie, ohne Konsolidierung durch Belastung, aus dem Meer gehoben wird, zur Verflüssigung neigt, was sehr plötzlich erfolgen kann. In der Provinz Quebec floß innerhalb einer halben Stunde eine Masse von Quickton, 5 bis 10 m tief mit einer Fläche von 550 × 1000 m, in das Tal eines Nebenflusses des St. Lorenz-Stromes.

Broms (1978) berichtet von ähnlichen Fällen, welche er am Göta-River in Schweden beobachtete, und wo durch das Schlagen von Rammpfählen heftige Rutschungen im Quickton ausgelöst wurden.

Für diese besonderen Fälle ist noch keine Sanierungsmaßnahme gefunden worden, außer ständiger Beobachtung der zu plötzlicher Rutschung neigenden Zonen und der möglichsten Vermeidung von Erschütterungen in diesen Gebieten.

3.5. Wirkung des Wassers im Boden

Wohl zum überwiegenden Teil trägt das Wasser im Boden Schuld an den Rutschungen. Die Wirkung kann vielfältig sein und wird in den folgenden Kapiteln

besprochen. Merkwürdigerweise wird bei Bodenuntersuchungen und Stabilitäts-
berechnungen so oft die Anwesenheit und Wirkung des Wassers übersehen. Die
momentane Abwesenheit des Wassers schließt nicht aus, daß es nach einiger Zeit,
z. B. nach größeren Niederschlägen, in äußerst schädlicher Form auftreten kann.
Dabei kann das Auftreten des Wassers, z. B. beim Aufbau des Porenwasserdruckes
hinter künstlich geschaffenen Einschnitten, oft sehr viele Jahre dauern und es
erfordert viel Erfahrung und Studium der einschlägigen Literatur, um solche
Ereignisse vorherzusehen und rechtzeitig entsprechende Maßnahmen zu ergreifen.

Im folgenden sollen nun die rutschungsfördernden Wirkungsweisen des
Wassers besprochen und einige Beispiele zur Sanierung gegeben werden, wobei
kein Anspruch auf Vollständigkeit erhoben wird; es sollen nur einige charakteristische Fälle gebracht werden.

3.5.1. Wirkung des Porenwassers

Das Porenwasser kann auf verschiedene Art und Weise im Boden schädlich
wirksam sein:

3.5.1.1. Das Porenwasser wirkt konzentriert an einer potentiellen oder tatsächlichen Gleitfläche oder Kluftfläche im tonig-schluffigen „homogenen" Boden

Dieser Fall ist charakteristisch für die Verhältnisse, welche im braunen
London Clay zu beobachten sind. Sie wurden eingehend von Skempton (1977)
beschrieben. Interessant sind seine Beobachtungen über den Aufbau des Porenwasserdruckes an einer Gleitfläche in scheinbar homogenem braunen Ton. Der
Porenwasserdruck steigt über viele Jahre an und führt schließlich zu oft jahrelang
verzögerten Rutschungen (z. B. Skempton, 1977). Es ist nicht klar, woher dieses
Wasser kommt. Es könnte unter hydrostatischem Druck von einem höher
gelegenen Wasserspeicher kommen. Es ist fraglich, ob in solchen Fällen der Einbau
von leicht steigenden Entwässerungsrohren zur Stabilisierung führen könnte.

3.5.1.2. Das Porenwasser wirkt konzentriert an der Grenzfläche zweier tonig-
schluffiger Bodenschichten verschiedener Natur. (Bei 3.5.1.1. und 3.5.1.2.
sind die Grenzschichten, in denen sich der Porenwasserdruck aufbaut, sehr
dünn (oft nur wenige Millimeter).)

Dieser Fall tritt sehr häufig auf; der Verfasser konnte solche Fälle in Süd-
und Mittelitalien, in vielen Teilen Österreichs und in Japan studieren. Der sich
zwischen den Bodenschichten verschiedener chemischer und physikalischer
Natur aufbauende Porenwasserdruck führt zu oft plötzlich eintretenden
Rutschungen. Der hydrostatische Druck kann infolge einer Verbindung mit einem
höher gelegenen wasserspendenden Einzugsgebiet aufgebaut werden. Er kann aber
auch durch elektroosmotische Phänomene erklärt werden. Diese Grenzflächenerscheinungen, ihre Auswirkung und Sanierung sind im Kapitel 7 von F. Hilbert
genau beschrieben.

3.5.1.3. Das Porenwasser wirkt in einer mehrere Dezimeter dicken, relativ durchlässigen schluffigen Sandschicht zwischen zwei relativ undurchlässigen, schluffig-tonigen Bodenschichten

Die geschichteten Ablagerungen des Sarmat und des Pannon, z. B. in der Nähe von Graz, sind häufig so aufgebaut, daß zwischen zwei relativ undurchlässigen Schluff-Schichten eine relativ stärker durchlässige Schicht von schluffigem Sand eingelagert ist. Diese Schichten verlaufen meist hangparallel, ca. 9 bis 11° geneigt oder flacher; häufig keilt die Sandschicht an die Geländeoberfläche aus und zeigt dort deutliche Naßstellen. Die Wasserführung der Sandschicht kann in niederschlagsreichen Zeiten so stark sein, daß sich in ihr ein Überdruck aufbaut, welcher die obere, undurchlässigere Schicht infolge Verminderung der effektiven Spannung zum Abgleiten bringt (siehe Kapitel 4.1.). Es können plötzliche Gleitungen der Geländeoberfläche von mehreren Metern in wenigen Tagen erfolgen. Als Beispiel sei auf 6.1.4.1./II verwiesen.

3.5.1.4. Das Porenwasser wirkt über die ganze Höhe der oft viele Meter dicken tonig-schluffigen Schicht mehr oder weniger gleichförmig verteilt. Bei relativ kleiner Wassermenge je Zeiteinheit (*kein kontinuierlich intensiver Wasserspender*) setzt das strömende Porenwasser den ganzen Hang in Bewegung. Dieser Fall ist ähnlich dem unter 3.5.2.2. beschriebenen, unterscheidet sich aber durch die Wassermenge je Zeiteinheit.

Wenn kein kontinuierlich intensiver Wasserspender vorhanden ist, können Hänge aus Ton, tonigem Schluff und Sand durch eine Wasserströmung (siehe Kapitel 4.1., Beispiel 3) instabil werden; ist die böschungsparallele Strömung kontinuierlich, sinkt die Sicherheit η vom nicht durchströmten Boden von $\dfrac{\text{tg } \varphi'}{\text{tg } \beta}$ auf $\dfrac{\text{tg } \varphi'}{2 \text{ tg } \beta}$ (bei $\gamma' = \gamma_w$; $c' = 0$) ab. Wenn ein ausgesprochen intensiver Wasserspender fehlt, so daß zeitweise der Wassernachschub unterbrochen wird, stabilisiert sich die Böschung zeitweise, um aber wieder in Bewegung zu geraten, wenn das Wasser in seiner vollen Stärke wirkt. Der Kornaufbau des Bodens verhindert jedoch eine innere Erosion, so daß kein Auswaschen einzelner Korngruppen erfolgt und sich das Gelände als eine steife zähe bis breiige Masse darstellt, die sich aber im Gegensatz zu 3.5.2.2., entsprechend dem Wasserdargebot, nur intermittierend fortbewegt. Ein in diese Masse gezogener Graben schließt sich nach kurzer Zeit. Wenn dieser Boden nicht entwässert wird, so kriecht er unaufhaltsam weiter und gefährdet Bauwerke, welche auf ihm oder in seinem Einflußgebiet errichtet wurden (siehe Anmerkungen in Kapitel 3.5.2.2.).

Als Sanierungsmaßnahmen wurden bei 6.1.1./IV Pfeiler errichtet, die die gleitende Masse durchörterten, wobei die gleitende Masse die Pfeiler nach deren Errichtung umfloß, sich also noch weiterhin bewegte, während die Brunnen bei 6.1.2./II die gleitende Masse aufhielten. In den Beispielen 6.1.4.2./I, 6.1.4.3. und 6.2.9.3. (in Kombination mit Pfahlwänden) wurde der Rutschhang durch leicht steigend eingebaute Drainagerohre entwässert und völlig zur Ruhe gebracht. Die Wahl der Sanierung hängt vom wirtschaftlichen Aufwand ab, den man sich leistet, um eine völlige Stabilisierung zu erreichen, welche ja in der Umgebung von bedeutenden Bauwerken stets erforderlich ist.

3.5.2. Wirkung des strömenden Wassers im Boden durch einen intensiven kontinuierlichen Wasserspender

3.5.2.1. Bei sandigen Böden

Das in und aus der Böschung strömende Wasser kann in gleichförmigen schluffigen Sandböden eine rückschreitende Erosion bewirken. Im Beispiel 6.2.4. ist beschrieben, wie eine starke Wasserbewegung den Sand so in Bewegung setzte, daß er wie eine dünne Flüssigkeit ausfloß.Dieses Material, auch Fließsand genannt, mit einem Böschungswinkel von manchmal nur 1 bis 2°, wirkt wegen seines plötzlichen Auftretens verheerend. Fließsand ist mit Recht gefürchtet, und sein mögliches Auftreten muß vom Projektverfasser schon vor der Planung erkannt werden.

Als Sanierung nach Schäden am Bauwerk kommt in Frage:

1. Eventuell weitgehende Boden-Auswechslung des Fließsandes,
2. Verfestigung der Fließsandzone durch chemische Injektionen,
3. Entwässerung durch leicht steigende Drainagerohre. Zusätzlich ist meist eine Sicherung der Austrittstelle der Schwimmsandschicht am Dammfuß mittels eines Terzaghi-Filters notwendig.

Als weiteres Beispiel sei 6.1.4.2./II gebracht. Hier bewirkte das Ausfließen des Sandes die Setzung eines Industriebetriebes um 20 m. Hier wäre die Anordnung von leicht steigenden Drainagerohren und Sicherung des Böschungsfußes durch einen Terzaghi-Filter nötig gewesen.

3.5.2.2. Bei tonig-sandigen Schluffböden

Das in und aus der Böschung strömende Wasser bewirkt bei tonigen und sandigen Schluffböden erst bei Vorhandensein eines kontinuierlichen intensiven Wasserspenders eine Bewegung des Bodens, wobei zwar Feinteile nicht ausgewaschen werden und auch keine Fließsanderscheinung auftritt, aber die ganze Masse zähbreiig hangabwärts fließt. Im Gegensatz zu 3.5.1.4. bewegt sich die Masse kontinuierlich vorwärts (z. B. mehrere Millimeter pro Tag) und schiebt sich unaufhaltsam über darunterliegende Bauwerke, Straßen, Kanäle etc. Ein in Bewegung befindlicher Dammfuß führt zum Einsturz des Dammes. Als Sanierungsmaßnahme sei Beispiel 6.2.3. gebracht, wo durch eine Wasserströmung aus dem liegenden durchlässigen Kalkgebirge der Dammfuß so bewegt wurde, daß die Straße abstürzte. Ein Steinkeil ersetzte den breiigen Boden und sorgte für die nötige Entwässerung wie auch für eine Erhöhung der Reibungskräfte in dieser kritischen Zone.

Ein weiteres Beispiel für die Sanierung von kontinuierlich intensiv durchströmten tonigen, feinsandigen Schluffschichten ist Beispiel 6.1.4.1./III. Man entschloß sich zur Errichtung von tiefreichenden (bis 5 m tiefen) Drainagegräben, in welche, ähnlich wie dies in Beispiel 6.1.4.1./II beschrieben ist, vlies- und kiesummantelte Plastikrohre eingelegt wurden. Der Einbau von leicht steigend gebohrten Drainagerohren kam wegen der Größe des zu behandelnden Gebietes nicht in Frage.

Zusammenfassend kann betreffend der Rutschungssanierung durch Drainagen folgendes gesagt werden: Die grundsätzliche Möglichkeit, aktive Rutschungen durch Anlegen von Drainagen zu stabilisieren, ist unumstritten —

sie wurde in letzter Zeit bei einer beachtlichen Anzahl von Rutschungen mit bestem Erfolg unter Beweis gestellt.

Der Entwurf von Hangentwässerungen durch Drainagen erfordert genaue und mitunter umfangreiche bodenmechanische Untersuchungen und Studien über die hydrologischen Verhältnisse. Erstere sind durchzuführen, um die Ursachen der Rutschungen einwandfrei erkennen zu können; nur wenn die Ursachen der Rutschung mit Schichtwasserführungen zusammenhängen, können Drainagen in entsprechender Tiefe als Sanierungsmaßnahme in Betracht kommen. Die hydrologischen Verhältnisse sind für die Festlegung der Tiefe der Drainagen sowie deren lagemäßige Anordnung von ausschlaggebender Bedeutung. Treffen die Voraussetzungen für die Möglichkeit einer Rutschungssanierung durch Drainagen zu, können derartige Sanierungen technisch einwandfrei, bei wirtschaftlich vertretbaren Kosten, ausgeführt werden.

Sanierungen bedingen dauerwirksame, verschlämmungssichere Drainagen. In Befolgung dieses Grundsatzes wäre es, dem heutigen Stand der Technik entsprechend, höchste Zeit, sich von der zwar arbeitsmäßig einfachen Methode der Verlegung von Ton- oder Zementrohren im Untergrund abzuwenden, da diesem Verfahren erfahrungsgemäß nur eine sehr begrenzte, kurzfristig anhaltende Wirksamkeit zugestanden werden kann. Bei Verlegung im rutschgefährdeten Untergrund wurden derartige Drainagen mitunter durch Achsverschiebungen der Rohre, zufolge nicht abgeklungener Hangbewegungen, bereits unmittelbar nach deren Einbau unwirksam. Dadurch bedingte, örtlich konzentrierte Wasserstauungen können sogar eine Verschlechterung der örtlichen Verhältnisse zur Folge haben.

Dauerwirksame Drainagen setzen voraus, daß der Drainage- oder Entwässerungskörper aus Kies vor Verschlämmung mit Feinteilen aus dem umgebenden zu entwässernden Boden geschützt wird. Diese Bedingung kann beispielsweise durch Verwendung von Filtervlies erfüllt werden. Die Ableitung der durch Drainagen erfaßten Schichtwässer erfolgt zweckmäßigerweise mittels Kunststoffrohren. Die Arbeitsweise hat sich vom ursprünglich händischen Aushub der Drainagegräben auf praktisch ausschließlich maschinelle Durchführung verlagert. Auch hier gilt der Grundsatz, wasserführenden Schichten so weit wie möglich zu folgen. Die breite Palette der im Erdbau einsetzbaren Baumaschinen ermöglicht auch in schwierigen, versumpften Geländeverhältnissen und bei praktisch nicht tragfähigem Boden bei entsprechender Erfahrung einen zielführenden Maschineneinsatz. Arbeitstiefen von 5 bis 6 m sind durchaus möglich, größere bedingen allerdings einen entsprechenden Voraushub. Unter Befolgung diverser Arbeitnehmerschutzverordnungen sind die Drainagegräben zu pölzen oder, der Standfestigkeit des Materials entsprechend, frei zu böschen. Die Länge eines Arbeitsabschnittes wird im allgemeinen bei Pölzungen des Drainagegrabens länger sein können als bei freier Böschung.

Ein Hauptvorteil der mechanisierten Arbeitsweise beim Aushub liegt im raschen Arbeitsfortschritt. Diese bedingt, daß die meist vorhandene Kohäsion des Bodens zumindest kurzfristig wirksam bleibt, was sich auf die Standsicherheit der Aushubböschung sehr positiv auswirkt. Eine analoge Wirkung hat der Abbau eines Porenwasserdruckes zufolge der Expansion des Bodens während des Aushubes.

Was den zeitlichen Verlauf von Wasserführungen der Drainagen betrifft, zeigt sich, daß diese gegenüber der Anfangsschüttung stark zurückgehen; mitunter beträgt die Schüttung nach längerer Zeit nur mehr wenige Prozent des Anfangswertes. Diese Tatsache beweist nicht nur die Wirksamkeit der Drainagierung, sondern bewirkt auch eine rasch fortschreitende Konsolidierung des ursprünglichen Rutschgeländes.

Abschließend wird noch darauf hingewiesen, daß auch nach gründlichsten Bodenuntersuchungen verfaßte Drainagierungspläne kein starres Ausführungsschema darstellen sollten. Zur Optimierung des Sanierungserfolges ist die endgültige Fixierung von Lage und Tiefe der einzelnen Stränge im Zuge des Baugeschehens vorzunehmen. Dies erfordert allerdings eine umfangreiche Erfahrung und Sachkenntnis des die Arbeiten ausführenden Unternehmens und setzt ein hohes Maß an Vertrauen zwischen Auftraggeber und Auftragnehmer voraus.

3.5.3. Wirkung des strömenden Oberflächenwassers

3.5.3.1. Bei senkrechten oder steil einfallenden klüftigen Bodenschichten

Es sei hier ausnahmsweise eine Rutschung und ihre Sanierung auf einem felsartigen Untergrund besprochen. Es handelt sich um einen etwa unter 45° geschichteten, aber mit vertikalen Klüften durchzogenen Sandstein mit häufigen Zwischenlagen aus Mergel. Das oberflächlich fließende Wasser drang in die Klüfte ein, weitete sie auf, erweichte sodann den Mergel und verminderte seine Scherfestigkeit so, daß bei hangparalleler Schichtung ganze Schichtpakete abglitten und die darunterliegende Bahntrasse verlegten (siehe Beispiel 6.1.4.1./I). Hier konnte durch eine Reihe von Maßnahmen, insbesondere durch Oberflächenentwässerung mittels Halbschalen, die Errichtung einer schwerfälligen und teuren Stützmauer vermieden werden.

3.5.3.2. Das Wasser vermischt sich mit den an der Oberfläche liegenden Bodenschichten (Muren)

Das oberflächlich strömende Wasser kann in Verbindung mit allgemeinen Verwitterungserscheinungen die Bodenschichten so aus ihrem Verband herauslösen, daß sich bei starker Wasserführung, z. B. anläßlich eines Starkregens, ein Gemisch aus Wasser, der oberflächlichen Humusschicht und dem darunterliegenden Gestein und Bodenbrocken — zum Teil in Schlamm verwandelt — bildet, welches sich als breiige Masse zu Tal wälzt, wobei Gehölz, Straßen und Gebäude mitgerissen und vernichtet werden. Es sind dies die gefürchteten Murgänge. Als Sanierung kommen nur eingehende Einbauten in Frage, welche in das Fach „Wildbachverbau" fallen und hier nicht behandelt werden.

3.5.3.3. Durch ein strömendes Gewässer kann der Fuß eines Hanges unterwaschen und somit eine Rutschung ausgelöst werden

Durch ein strömendes Gewässer kann der Fuß eines Hanges ins Gleiten kommen. Ein solcher Fall wird im Beispiel 6.1.1./I behandelt. Für eine dauernde Sanierung sind natürlich weitere Maßnahmen, wie z. B. die Errichtung einer gegen Unterspülung geschützten Mauer längs des Flußlaufes am Hangfuß erforderlich, um eine weitergehende Unterwaschung des Hanges aufzuhalten.

3.5.4. Solifluktion

Es handelt sich um eine besondere Art von Gleiten und Fließen von oberflächennahen Schichten, wie sie heute nur in arktischen und Zonen des Hoch-
gebirges zu beobachten ist. Dort taut der Boden in kurzen Sommerperioden nur
bis zu einer geringen Tiefe auf. Schmelz- und meteorologisches Wasser sättigt den
Boden und er fließt wie ein dichter Schneematsch auch über sehr flache Hänge
(2 bis 4°); der Untergrund ist undurchlässig, da er fest gefroren ist.

Im Pleistozän war das Phänomen der Solifluktion weit verbreitet und bei der
Bildung der Morphologie des Geländes ein wichtiger Faktor.

Heute findet man kleinere und größere lappenförmige Felsstücke in einer oft
harten Matrix aus Sand, Schluff und Ton mit einer Schichtdicke von 3 bis 5 m
fest eingebettet. Im liegenden Ton finden sich Harnische, auch wenn die Bodenoberfläche nur 3 bis 4° geneigt ist (Skempton, Hutchinson, 1969 c). Diese
Trümmer sind heute häufig mit Löß oder Gehängelehm überdeckt. Oft wächst
darüber eine üppige Vegetation, und man kann wohl annehmen, daß diese Formationen aus der erdgeschichtlichen Vergangenheit stammen und in der Eiszeit
unter ähnlichen klimatischen Bedingungen entstanden sind, wie sie heute in den
Polarregionen herrschen.

Biczysko und Starzewski (1977) beschreiben eine Rutschung während des
Baues der Umfahrungsstraße von Daventry. Durch den Einschnitt wurde eine
Schicht aus blauem Ton aus dem oberen Lias, welcher von einem braunen
schluffigen Ton und tonigen Sand (Northampton Sand Ironstone) überlagert
war, freigelegt. Dieser Boden war in der letzten Eiszeit einem starken Frost-
Tau-Wechsel unterworfen gewesen, so daß er sich in Form von zahlreichen kleinen
Erdrutschen talwärts bewegt hatte. Die Neigung der Grenzfläche war nur 9° und
verminderte sich auf 4° in der Nähe der Talsohle.

Die Dicke der oberen Schicht betrug ca. 2,5 m; sie zeigte vor Beginn des
Straßenbaues oberflächlich keinerlei Anzeichen von vorhergegangenen Rutschungsbewegungen. In etwa 3 m Tiefe, also 0,5 m unter der Grenzfläche, zeigten sich
während des Aushubes einer Straße starke Rutschungserscheinungen, welche
auf offenbar alten, durch die „Solifluktion" erzeugten Gleitflächen erfolgten
und die obere Schicht in Bewegung versetzten.

Der Reibungswinkel für die Restscherfestigkeit ergab sich mit 13°, und der
Porenwasserdruck in 2,8 m Tiefe unter der Bodenoberfläche war anläßlich der
ersten größeren Gleitbewegung 0,15 bar, später, während des „Zerbrechens" der
oberen Schicht, 0,075 bar, um bei der völligen „Zersetzung" auf 0,04 bar abzusinken. Die Berechnung der Standfestigkeit nach Bishop ergab eine Sicherheit
von 1.

Die Autoren beschreiben die Schwierigkeiten, welche bei der Herstellung
von Einschnitten in den beschriebenen Böden auftraten, wobei als einziger
Ausweg nur die Höherlegung der Trasse in Frage kam.

Als besondere Schwierigkeiten bei der Beurteilung der Rutschgefahr wurden
folgende angeführt:

1. An der Oberfläche der oft nur 10° und weniger geneigten Hänge waren
keine Anzeichen einer älteren Bewegung festzustellen.

2. Auch bei Probeschürfungen in den gefährdeten Böden konnten keine

alten Scherflächen entdeckt werden, da diese durch die Wirkung der Entnahme-
werkzeuge verschmiert und somit nicht erkennbar waren.

3. Das Erkennen von Scherflächen war möglich, wenn Proben mit einer
Achsneigung von 45° gegen die Böschung entnommen und im Labor einem
Zylinderdruckversuch unterworfen wurden.

4. Im Dreiachsialapparat konnten brauchbare Ergebnisse, die Scherfestigkeit
betreffend, gefunden werden, wenn die Bruchfläche des Probezylinders unter
ca. 50° zur Horizontalen geneigt war.

5. Der Gleitreibungswinkel hatte nur 13° betragen.

6. Die Lage des Grundwasserspiegels und seine Veränderung mußte mittels
Piezometer genau festgestellt werden.

Zusammenfassend kann also gesagt werden, daß die oberflächliche Kruste
der meist nur sehr flach geneigten Solifluktionsschicht, nachdem die Frost-
Tau-Wirkung aufgehört hatte, erstarrt war und keinerlei Zeichen der ehemaligen
Gleitbewegung aufwies. Die betreffende blaue Tonschicht wurde aber örtlich
durch die Gleitbewegung in ihrem Gefüge durch Scherrisse stark gestört und
geschwächt (Gleitscherwinkel ca. 13°).

Wenn nun solche Schichtpakete durch das Anschneiden des Fußes in ihrem
Gleichgewicht gestört werden, kommt es plötzlich zu Rutschungen, wobei die
Höhe des Grundwasserspiegels eine bedeutende Rolle spielen kann.

4. Theoretische Grundlagen zur Berechnung der Standsicherheit von Böschungen

Aus 1.1. ergibt sich die außerordentliche Vielfalt der Einflüsse, welche eine Rutschung hervorrufen können, so daß sich die Voraussetzungen für die Standsicherheit einer strengen theoretischen Berechnung entziehen. Nur wenn ganz präzise Randbedingungen und genaue bodenmechanische Analysen vorliegen, kann eine Berechnung der Standsicherheit zum Ziele führen. Es darf selbstverständlich nie außer acht gelassen werden, daß kleine, oft durch Aufschlüsse wie Bohrungen etc. nicht entdeckte Unregelmäßigkeiten und Inhomogenitäten im Boden die Berechnungsergebnisse völlig ungültig machen können. Solche Störfaktoren sind z. B. dünne wasserführende Schichten, von alten Rutschungen herrührende Gleitflächen, dünne unregelmäßig gerichtete Risse und Klüfte usw.

Dennoch sei auf einige grundsätzliche Berechnungsmethoden zur Ermittlung der Sicherheit η hingewiesen (Colleselli, 1977; Soos, 1970).

4.1. Stabilitätsverhältnisse einer Böschung über einer ebenen, unendlich langen hangparallelen Gleitfläche

Es sind die Berechnungen der Stabilität einer Böschung über einer ebenen, unendlich langen hangparallelen Gleitfläche gezeigt, und zwar für den Fall
1. kohäsionsloser Boden, kein Grundwasser, kein Porenwasserdruck,
2. wie 1., jedoch mit Erdbebenwirkung,
3. wie 1., jedoch mit hangparallelem Grundwasserstrom oberhalb der Gleitfläche,
4. wie 1., jedoch mit Porenwasserdruck,
5. wie 1., jedoch mit Kohäsion.
Der Fall 1, 2, 3 und 4 entspricht den Verhältnissen, wie sie in der Natur bei homogenen und hangparallel geschichteten kohäsionslosen Böden auftreten.
Der Fall 5 gilt nur für hangparallel geschichtete bindige Böden. Bei homogenen Böden im Fall 5 ist jedoch die kleinste Sicherheit bei der Annahme einer gekrümmten Gleitfläche zu errechnen, wie sie tatsächlich in der Natur zu beobachten ist.

Bezeichnungen (Abb. 3).

h Höhe der Gleitschicht
l Länge des betrachteten Bodenprismas
b Breite des betrachteten Bodenprismas $b = 1$

d Dicke der Gleitschicht normal zur Gleitebene
β Geländeneigung $\equiv$ Neigung der Gleitebene
γ Wichte des feuchten Bodens [kN/m^3]
γ' Wichte des Bodens unter Auftrieb [kN/m^3]
γ_r Wichte des wassergesättigten Bodens [kN/m^3]
γ_w Wichte des Wassers [kN/m^3]
φ' Innerer Reibungswinkel des Bodens
c' Kohäsion des Bodens

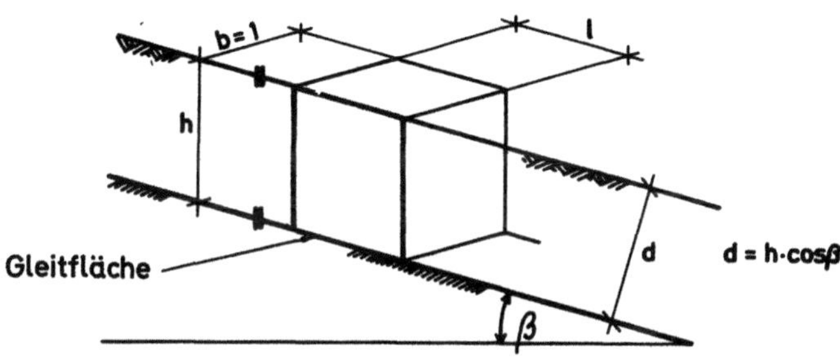

Abb. 3. Lamelle einer ebenen Gleitschicht

1. Kohäsionsloser Boden, kein Grundwasser, kein Porenwasserdruck (Abb. 4).

Der Boden kann feucht (γ), trocken (γ_d) bzw. wassergesättigt (γ_r) sein oder auch unter Auftrieb (γ') stehen (Böschung unter Wasser).

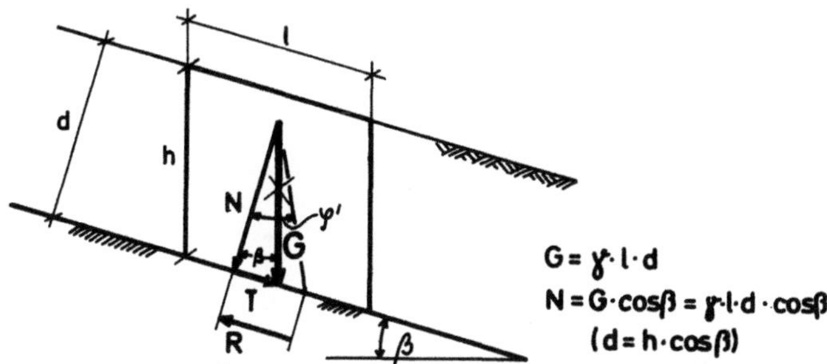

Abb. 4. Kräfte in einer ebenen Gleitschicht zufolge Schwerkraft

Treibende Kraft: $T = N \cdot \mathrm{tg}\,\beta \equiv G \cdot \sin \beta = \gamma \cdot l \cdot d \cdot \sin \beta$

Rückhaltende Kraft: $R = N \cdot \mathrm{tg}\,\varphi' = \gamma \cdot l \cdot d \cdot \cos \beta \cdot \mathrm{tg}\,\varphi'$

Sicherheit gegen Gleiten: $\eta = \dfrac{R}{T} = \dfrac{N \cdot \mathrm{tg}\,\varphi'}{N \cdot \mathrm{tg}\,\beta} = \dfrac{\mathrm{tg}\,\varphi'}{\mathrm{tg}\,\beta}$

2. Wie 1., jedoch mit Erdbebenwirkung (Abb. 5).
Die Erdbebenkraft H_E wird als Prozentsatz des Gesamtgewichtes von Boden und Wasser (also nicht mit γ' !) errechnet.

3 Veder; Rutschungen

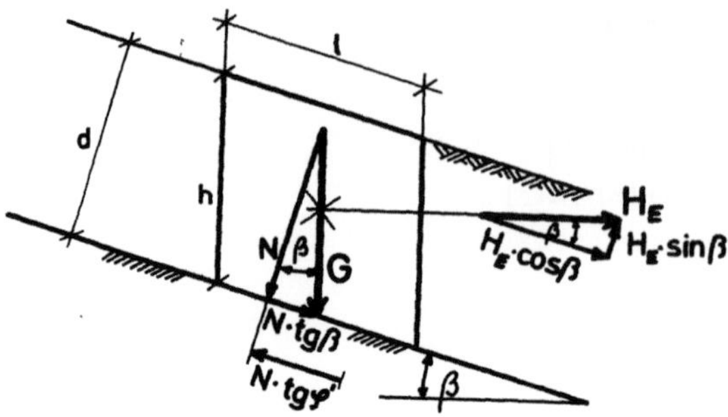

Abb. 5. Kräfte in einer ebenen Gleitschicht zufolge Schwerkraft und Erdbebeneinwirkung

Treibend: $T = N \cdot \text{tg}\,\beta + H_E \cdot \cos\beta$

Rückhaltend: $R = (N - H_E \cdot \sin\beta) \cdot \text{tg}\,\varphi'$

Sicherheit gegen Gleiten: $\eta = \dfrac{(N - H_E \cdot \sin\beta) \cdot \text{tg}\,\varphi'}{N \cdot \text{tg}\,\beta + H_E \cdot \cos\beta}$

3. Wie 1., jedoch mit hangparallelem Grundwasserstrom oberhalb der Gleitfläche
   (Abb. 6).
Wasserspiegel in Geländeoberfläche.

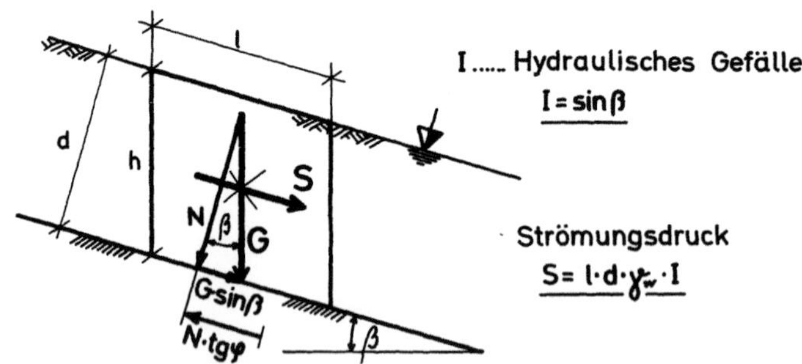

Abb. 6. Kräfte in einer ebenen Gleitschicht zufolge Schwerkraft und böschungsparalleler Grundwasserströmung

Treibend: $T = G \cdot \sin\beta + S = l \cdot d \cdot (\gamma' \cdot \sin\beta + \gamma_w \cdot I) = l \cdot d \cdot \sin\beta \cdot (\gamma' + \gamma_w)$

Rückhaltend: $R = N \cdot \text{tg}\,\varphi' = G \cdot \cos\beta \cdot \text{tg}\,\varphi' = l \cdot d \cdot \gamma' \cdot \cos\beta \cdot \text{tg}\,\varphi'$

Sicherheit gegen Gleiten: $\eta = \dfrac{l \cdot d \cdot \gamma' \cdot \cos\beta \cdot \text{tg}\,\varphi'}{l \cdot d \cdot \sin\beta(\gamma' + \gamma_w)} = \dfrac{\gamma' \cdot \text{tg}\,\varphi'}{(\gamma' + \gamma_w) \cdot \text{tg}\,\beta}$

mit $\gamma' \simeq \gamma_w \;\rightarrow\; \eta = \dfrac{\text{tg}\,\varphi'}{2 \cdot \text{tg}\,\beta}$

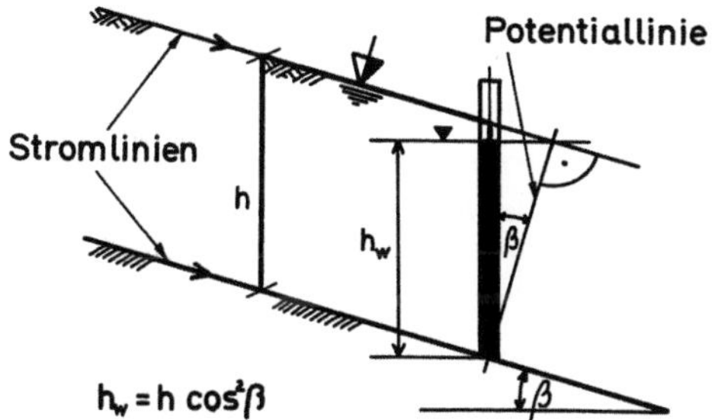

Abb. 7. Größe des Porenwasserdruckes bei böschungsparalleler Grundwasserströmung

Man erhält denselben Sicherheitsbeiwert, wenn man $\gamma_w \cdot h_w$ entsprechend Abb. 7 als Porenwasserdruck ansetzt und die Sicherheit nach Punkt 4 berechnet. Hierbei ist aber statt γ' der Wert γ_r einzusetzen.

4. Wie 1., jedoch mit Porenwasserdruck u (Abb. 8).

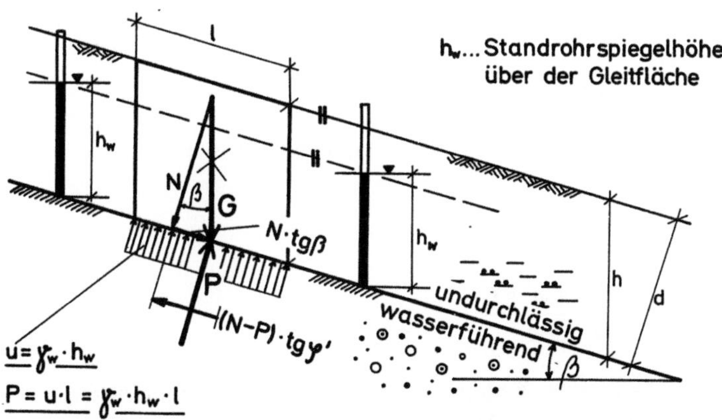

Abb. 8. Kräfte in einer ebenen Gleitschicht zufolge Schwerkraft und Porenwasserdruck

Treibend: $T = N \cdot \mathrm{tg}\,\beta$ $\Big\{$ G wird mit γ bzw. γ_r

Rückhaltend: $R = (N-P) \cdot \mathrm{tg}\,\varphi'$ (nie mit γ' !) berechnet.

Sicherheit gegen Gleiten: $\eta = \dfrac{(N-P) \cdot \mathrm{tg}\,\varphi'}{N \cdot \mathrm{tg}\,\beta}$

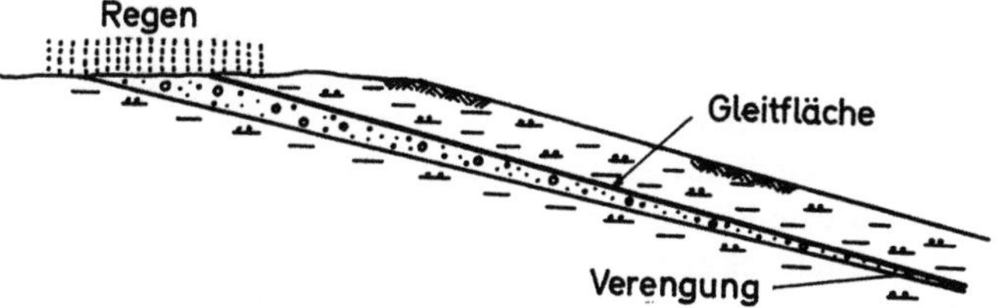

Abb. 9. Porenwasserdruck infolge der Verengung einer durchlässigen Schicht

3*

Der Porenwasserdruck kann von einer ganz dünnen wasserführenden Schicht auf die darüberliegende, praktisch undurchlässige Gleitschicht ausgeübt werden, wenn in dieser wasserführenden Schicht, beispielsweise infolge eines Starkregens, ein Rückstau des eingedrungenen Wassers auftritt (Abb. 9). Ferner kann ein Porenwasserdruck auch durch eine rasche Lastaufbringung (Schüttung) hervorgerufen werden.

5. Wie 1., jedoch mit Kohäsion c' (Abb. 10).

Bei Vorhandensein einer Kohäsion werden im allgemeinen keine ebenen, sondern gekrümmte Gleitflächen auftreten. Ebene Gleitflächen werden also in diesem Fall nur dann vorkommen, wenn diese beispielsweise durch eine Schichtung vorgegeben sind.

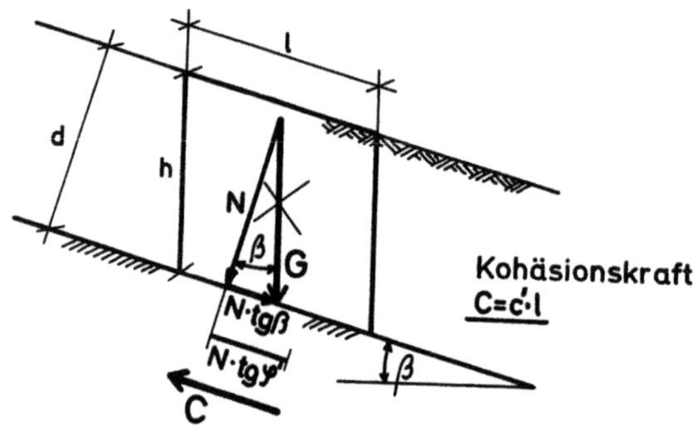

Abb. 10. Kräfte in einer ebenen Gleitschicht zufolge Schwerkraft und Kohäsion

Treibend: $T = N \cdot \text{tg}\, \beta$

Rückhaltend: $R = N \cdot \text{tg}\, \varphi' + C$

Sicherheit gegen Gleiten: $\eta = \dfrac{N \cdot \text{tg}\, \varphi' + C}{N \cdot \text{tg}\, \beta}$

Man sieht, daß eine Verminderung der Kohäsion, wie sie mit der Zeit auftreten kann (z. B. Durchnässung, Auflösung der Diagenese), zu einer Verringerung der Sicherheit führt.

Zusammenfassung

Es ist selbstverständlich, daß verschiedene Kombinationen der Fälle 1 bis 5 auftreten können.

Eine durch einen Regen hervorgerufene Gewichtsänderung allein (Wasseraufnahme) bewirkt noch keine Änderung der Stabilitätsverhältnisse (vgl. Punkt 1). Ein Regen beeinflußt jedoch dann die Stabilität einer Gleitschicht, wenn durch ihn ein Porenwasserdruck aufgebaut wird oder wenn infolge Durchnässung eine vorhandene Kohäsion verringert bzw. durch Schmierschichtbildung der Reibungswinkel (Scherwiderstand) herabgesetzt wird.

Schließlich muß gegebenenfalls auch auf einen möglichen Kluftwasserdruck gemäß Abb. 11 geachtet werden. Klüfte können in Abrißzonen einer beginnenden Rutschung oder z. B. auch durch Austrocknen entstehen. Bei Regen füllt sich die Kluft mit Wasser, und somit muß der Wasserdruck als zusätzliche treibende Kraft für die betrachtete Gleitschicht berücksichtigt werden.

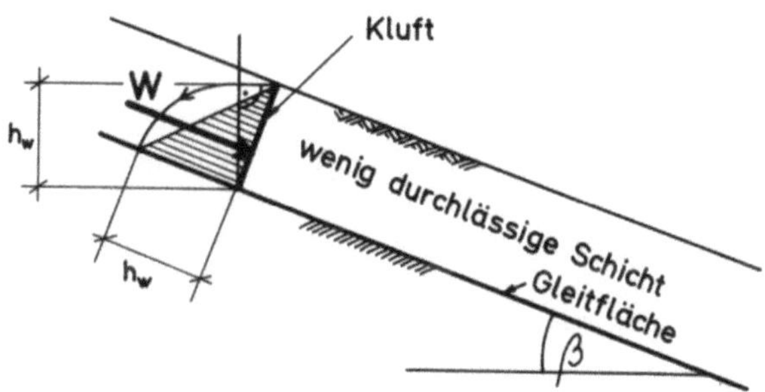

Abb. 11. Einfluß eines Kluftwasserdruckes auf die Stabilität einer ebenen Gleitschicht

4.2. Verfahren zur Berechnung der Standsicherheit von Böschungen mit beliebig aufgebautem Untergrund

Während in nicht bindigen Böden ohne Wasserströmung, unabhängig von der Schichtdicke die Beziehung für die Sicherheit $\eta = \dfrac{\text{tg}\,\varphi'}{\text{tg}\,\beta}$ gilt (nach der Fellenius-Regel ist $\eta = \dfrac{\text{tg}\,\varphi'_v}{\text{tg}\,\varphi'_e}$, φ'_v ist der vorhandene Reibungswinkel, φ'_e ist der erforderliche Reibungswinkel), sind die Verhältnisse bei den üblicherweise vorkommenden Böden komplizierter. Aus Erfahrung ist bekannt, daß sich bei der Rutschung bindiger Böden mehr oder minder kreiszylindrische Gleitflächen bilden. Diese Gleitflächenform ist die Grundlage einer Vielzahl von Verfahren, welche heute dem praktischen Ingenieur zur Bestimmung der Standsicherheit einer Böschung angeboten werden. Die sich nach verschiedenen Methoden ergebenden Sicherheiten η liegen teilweise weit auseinander (Smoltczyk, 1975).

Um die Standsicherheit bestimmen zu können, ergibt sich eine Reihe von Fragen. Es seien hier die Schlußfolgerungen aus der auf Anregung des Verfassers entstandenen Dissertation des Herrn Dipl.-Ing. Dr. techn. K. Eigenberger (1972) in Form einer Synopsis gebracht.

Synopsis der verschiedenen Verfahren zur Bestimmung der Standsicherheit von Böschungen mit beliebig geformten Gleitflächen
(aus Eigenberger, Dissertation Juni 1972)

Um die Standsicherheit bestimmen zu können, ergeben sich folgende Fragen:
A) Wie soll die Sicherheit definiert werden ?
B) Wie ermittelt man Lage und Form der Gleitfläche ?
C) Welche Berechnungsverfahren ergeben die größte Genauigkeit bei der Bestimmung der Sicherheit ?

A) *Die Sicherheitsdefinitionen*

Während für den Spitzenwert der Scherfestigkeit eine modifizierte Elastizitäts-theorie maßgebend ist, ist für die *Gleitfestigkeit* eine *modifizierte Plastizitäts-theorie* gültig, die nicht nur *einfachere*, sondern auch bessere Resultate liefert.

Die Sicherheitsdefinitionen sollen daher folgende Punkte erfüllen:

a)   Maßgebend sind die zum Bruch führenden Schnittkräfte.

b)   Die Schnittkräfte müssen wegen der Gültigkeit der Plastizitätstheorie vom Verschiebungsweg unabhängig sein. Es gilt das Coulombsche Gesetz.

c)   Die Unsicherheit der Festigkeit hat wesentlich größere Bedeutung als die der Lasten.

d)   Bei Berechnung einer Totalsicherheit müssen „charakteristische Werte" der Festigkeit bestimmt werden.

e)   Die Wahrscheinlichkeit der Lastkombination ist zu beachten.

f)   Die Schwankungen der Ausgangsgrößen werden durch partielle Sicherheitskoeffizienten am besten wiedergegeben.

g)   Es sollen möglichst stabile und fehlerfreie Größen für die Berechnung verwendet werden.

h)   Anwendbarkeit für sämtliche Prüfflächenformen.

i)   Anwendbarkeit für beliebige Bodenkennwerte und Schichten.

Folgende bestehende Sicherheitsdefinitionen wurden untersucht:

a_1) Bruchzustand durch Anbringung äußerer Kräfte:
Definition von Hultin und Petterson
Definition von Fellenius für *Reibungsböden*
Erddruckregel von Borowicka und die
Definitionen von Fröhlich.

Die Definitionen verstoßen hauptsächlich gegen den Punkt c) und teilweise gegen die Punkte g), h) und i). Die Fröhlichsche Definition Nr. 2 ist in dieser Gruppe die günstigste.

b_1) Bruchzustand durch Verschlechterung der Bodenkennwerte:
   α)   Vergleich der verfügbaren mit den erforderlichen Scherkräften:

       Fellenius-Regel
       Definition von Sior
       Definition aus Terzaghi, Peck (1961 a)
       Ohde-Regel
       Regel von Lazard

Diese Definitionen entsprechen den Gegebenheiten besser als die unter a_1).

   β)   Die reziproken Mobilisierungsgrade als Sicherheitsdefinition.
Diese Sicherheitsbegriffe wurden von Taylor veröffentlicht. Es wird nur ein Teil der wirkenden Kräfte zur Berechnung der Bruchsicherheit verwendet, was einen Verstoß gegen a) bedeutet. Weiters wird i) nicht eingehalten (Ausnahme: „wahre Sicherheit").

   γ)   Kräfte nach Drehsinn geordnet (Terzaghi, Peck, 1961 b).
Sowohl das Moment der verfügbaren als auch das der erforderlichen Scherkräfte wird um einen Betrag $M_2 = G_2 \cdot l_2$ verfälscht. Weiters erfolgt ein Verstoß gegen h).

c_1) Partielle Sicherheitskoeffizienten.
Die Anwendung ist einwandfrei, doch dürfen nicht für alle Böden die gleichen Koeffizienten verwendet werden. Nachteil: Keine Totalsicherheit bestimmbar.

Drei Sicherheitsbegriffe entsprechen den Kriterien a) bis i) gut, und zwar:

> die partiellen Sicherheitskoeffizienten (Nachteil siehe oben),
> die Regel von Lazard (nur für homogenen Boden)
> und die Fellenius-Regel (Vorteil: Auch für geschichteten Boden
> verwendbar, Totalsicherheit, deshalb vernünftigste Definition).

Die *verfügbaren Bodenkennwerte* für diese drei Regeln sind verschieden, was bei deren Ermittlung aus den Versuchsresultaten berücksichtigt werden muß.

B) *Die Lage und Form der Gleitfläche*

Man muß zwischen Linien- und Flächenbruch unterscheiden. Fast bei sämtlichen Verfahren für die Bestimmung der Standsicherheit von Böschungen wird *Linienbruch* vorausgesetzt.

Aus den *theoretischen Untersuchungen* ergibt sich:

> Unendlicher Halbraum unter Eigengewicht:
> > Reibungsboden: Ebenen.
> > Kohäsiver Boden: Ebenen bei Böschungswinkel $\beta = 0$, sonst gekrümmte
> > > Gleitflächen.
>
> Knick im Gelände: 3 Bereiche, die Bereiche bei den Oberflächen wie beim
> > unendlichen Halbraum, dazwischen gekrümmte
> > Flächen, kein Knick.
>
> Linienbruch-Flächenbruch: Gleitflächen weisen verschiedene Form auf.
> Massenkräfte ändern die Richtung: Gekrümmte Gleitflächen.

Beobachtungen, Versuche, Vergleichsrechnungen

Linienbruch überwiegt bei weitem.

> *Homogener Boden:*
> Reibungsboden: Flache, ungefähr ebene Rutschungen.
> Kohäsiver Boden: Gekrümmte Gleitflächen, die umso tiefer reichen, je
> > größer der Kohäsionsanteil ist.
>
> Form: Kreis, Zykloide.
> *Geschichteter Boden:*
> Schichten mit hoher Festigkeit werden gemieden oder auf dem Weg des
> geringsten Widerstandes geschnitten. Das bedeutet steile Gleitflächen im
> oberen Bereich, falls dort gute Schichten anstehen.

Vergleichsrechnungen zeigen, daß für homogene Böden die Annahme ebener Prüfflächen bei Reibungsböden und kreiszylindrischer bei kohäsiven Böden ausreichend genau ist, während bei geschichteten Böden die Genauigkeit dieser Näherungen vom Schichtenverlauf abhängt.

C) *Welche Berechnungsverfahren ergeben die größte Genauigkeit bei der Bestimmung der Sicherheit ?*

A_1) Ebene Prüfflächen: Hier ergeben sich nach sämtlichen Verfahren, die die Fellenius-Regel zur Grundlage haben, die gleichen Werte, da die Spannungsverteilung für die Bestimmung der Sicherheit belanglos ist.

B_1) Verfahren, die die Kötter-Gleichung zur Grundlage haben.

Hierzu gehören:

Verfahren von Frontard
Methode von Jaky
Untersuchung von Rodriguez
Gleichgewichtsmethode von Brinch Hansen und die
Charakteristiken-Methode.

Die Spannungsverteilung entlang der Gleitfläche wird nach Kötter ermittelt. Bei den ersten 4 Methoden wird die Gleitflächenform gewählt. Dadurch ist eigentlich die Köttergleichung nicht mehr gültig. Die Konstanten der Gleichung werden aus Randbedingungen ermittelt. Bei den ersten 3 Verfahren resultieren daraus Verstöße gegen das Gleichgewicht, es ergeben sich dadurch zu kleine Rechenwerte von η. — Die Methode von Brinch Hansen verstößt nur gegen die „physikalische Möglichkeit" der Spannungsverteilung und dürfte bessere Resultate liefern. — Für die Charakteristiken-Methode wird Flächenbruch vorausgesetzt. Bei Übereinstimmung der tatsächlichen Oberfläche mit der sich aus der Berechnung ergebenden ist das Resultat exakt. — Sämtliche Verfahren dieser Gruppe sind, entweder des Arbeitsaufwandes wegen oder wegen der Voraussetzungen, nur beschränkt anwendbar.

C_1) Verfahren mit gekrümmten Prüfflächen

α_1) Die „exakten" Verfahren:

Hierzu gehören:

Graphische Methode von Fellenius
Verfahren der logarithmischen Spirale
Verfahren von Morgenstern und Price.

„Exakt" steht deshalb unter Anführungszeichen, weil auch mit diesen Methoden das Resultat nur mit einer gewissen Schwankung ($\Delta \eta \cong 2\%$) ermittelbar ist, die sich durch den Spielraum der physikalisch möglichen Spannungsverteilungen ergibt. — Die Methoden 1 und 3 sind der 2. bezüglich der Variationsmöglichkeiten der Prüfflächenform überlegen, wobei das 3. Verfahren die mathematische, computergerechte Auswertung der Methode von Fellenius darstellt.

β_1) Die Näherungsverfahren

Es wird eine nicht ganz exakte Spannungsverteilung vorausgesetzt. Einer oder mehrere der folgenden 4 Punkte beeinflussen die Genauigkeit des Resultates:

Formbeiwert $\zeta = \dfrac{\Sigma \, \sigma_N{'}}{N'}$: Er ist sehr stabil.

Absolutbetrag von N: Er ist hauptsächlich eine Funktion der *Richtung* und des Betrages des Schlußfehlers.

Richtung von N': Sie ist falsch bei einseitig verschobener Spannungsverteilung.

Lage des Bezugspunktes für $\Sigma M = 0$: Gilt für beliebig geformte Prüfflächen.

Die Vielzahl der veröffentlichten Verfahren kann in 3 Gruppen eingeordnet werden:

1) Sämtliche Gleichgewichtsbedingungen des Gesamtsystems sind erfüllt. Nicht kontrolliert wird die physikalische Möglichkeit der Spannungsverteilung.
2) Die Sicherheit η wird aus $\Sigma M = 0$ gerechnet. Die Auflagerkraft ist bezüglich Lage und Größe nur näherungsweise der Resultierenden gleich (Schlußfehler !).
3) Die Sicherheit η wird aus dem Kraftplan errechnet. Die Momentenbedingung wird nicht kontrolliert.

Zu 1:   Hierzu gehören:
Die Methode von Hultin-Petterson bei Verwendung der Fellenius-Regel
die verschiedenen Reibungskreisverfahren
die Methode von Bell
das verbesserte Bishop-Verfahren
das verbesserte Rechenverfahren von Nonveiller und die
Methode von Spencer.

Das verbesserte Reibungskreisverfahren weist etwas kleinere Fehler auf als die anderen Methoden, da Fehler, verursacht durch „unvernünftige Spannungsverteilungen", ausgeschaltet sind.

Zu 2:   Zu dieser Gruppe gehören die gängigsten Methoden, und zwar:
Das vereinfachte Krey-Verfahren
das vereinfachte Bishop-Verfahren
die vereinfachte Nonveiller-Methode
die Methode von Franke
das Verfahren von Breth
das Verfahren von Sherard
die Näherung von Fellenius und
das Terzaghi-Verfahren (ordinary method).

Die Resultate sind hier hauptsächlich davon abhängig, wie weit der *Absolutbetrag der in Rechnung gestellten Normalkraft* mit dem „wahren" übereinstimmt. —
Das beste Verfahren ist meiner Meinung nach das von *Bishop*, da die *Richtung des Schlußfehlers sehr günstig gewählt* ist. Es weist praktisch die gleiche Genauigkeit wie die Verfahren unter 1 auf, während der Arbeitsaufwand wesentlich geringer ist.

Zu 3:   Hierzu gehören:
Die Methode der deutschen Versuchsanstalt für Wasser- und
            Schiffsbau (Berlin)
das vereinfachte Janbu-Verfahren
das verbesserte Janbu-Verfahren und
die Rechenmethode von Borowicka.

Um hier richtige Ergebnisse zu erhalten, muß die Steigung der Normalkraft mit der „wahren" übereinstimmen. Die Fehleranfälligkeit dieser Größe ist leider ziemlich groß. Das Borowicka-Verfahren liefert die besten Resultate dieser Gruppe.

4.3. Kritische Betrachtungen und Verbesserungsvorschläge zur Berechnung der Standsicherheit von Böschungen (Eigenberger, 1972)

4.3.1. Vorbemerkung

Die allgemeinen Voraussetzungen der verschiedenen Berechnungsverfahren für die Ermittlung der Standsicherheit von Böschungen sind folgende:
   a) Als Bruchbedingung gilt das Coulombsche Gesetz.

$$\tau_r = c_r' + \sigma_N' \cdot \tan \varphi_r'$$

c) Der Spannungszustand ist ein ebener.
d) Sämtliche angreifenden Kräfte sind bekannt.
e) Es gilt das Gesetz von wirksamen und totalen Spannungen.

$$\sigma' = \sigma - u$$

Die drei Bedingungen, die die verschiedenen Verfahren erfüllen sollen, sind:
   a) Das Coulombsche Bruchgesetz muß mindestens entlang einer durchgehenden Prüffläche gelten.
   b) Gemäß der Sicherheitsdefinition nach Fellenius soll der Bruch durch eine Verschlechterung der Bodenkennwerte bei gleichem Mobilisierungsgrad ($\kappa_c = \kappa_\varphi$) entlang der Prüffläche erfolgen.
   c) Die am Prüfkörper angreifenden Kräfte sollen im Gleichgewicht stehen.
Alle drei Punkte sind erfüllt, wenn eine exakte Lösung der Kötter-Gleichungen (unterschieden für Linien- oder Flächenbruch) bei gleichem Mobilisierungsgrad von Kohäsion und Reibung sowie einer Sicherheit $\eta = 1$ gelingt. Die Kötter-Gleichungen geben die Spannungsänderungen entlang einer gekrümmten Gleitfläche an. Eine geschlossene Lösung der Kötter-Gleichungen (partielle Differentialgleichungen) ist bisher nur für Sonderprobleme gelungen, weshalb für den allgemeinen Fall nur die Verwendung von Näherungsverfahren möglich ist.

4.3.1.1. Ebene Prüfflächen

Exakte Lösungen ergeben sich für ebene, unendlich lange, homogene, kohäsionslose Böschungen. Die Kräfte sind im Gleichgewicht. Sämtliche Normalspannungen σ_N' sind zueinander parallel; somit ist die Richtung und Größe der Normalkraft N_e' eindeutig zu ermitteln. Zueinander parallele Ebenen weisen die gleiche Sicherheit auf, wobei die zur Oberfläche parallelen den kleinsten Wert liefern (siehe Abb. 12).
   Wirkt auf die Prüffläche ein Porenwasserdruck, so gilt für den Eigengewichtslastfall entsprechend Abb. 12a

$$\eta = \frac{(G \cdot \cos \beta - u \cdot \Delta l) \tan \varphi_v'}{G \cdot \sin \beta} \, .$$

Bei schrägen Massenkräften ist der Ausdruck hierzu analog.
   Für den Sonderfall einer endlich langen Böschung stellt die Böschungsober-

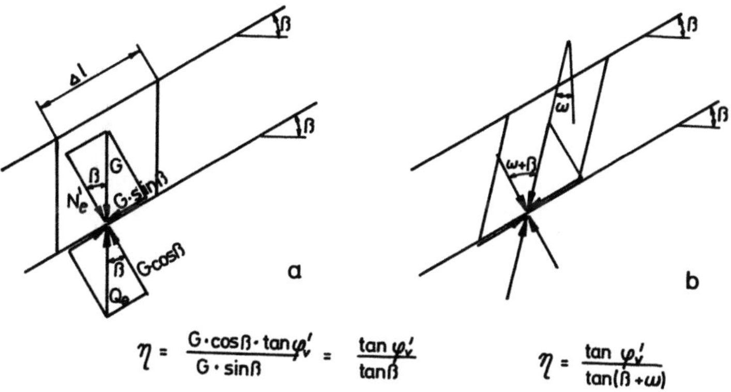

$$\eta = \frac{G \cdot \cos\beta \cdot \tan\varphi_v'}{G \cdot \sin\beta} = \frac{\tan\varphi_v'}{\tan\beta} \qquad\qquad \eta = \frac{\tan\varphi_v'}{\tan(\beta + \omega)}$$

Abb. 12. Unendlich lange Böschung in kohäsionslosem Boden. a) Eigengewicht, b) schräge Massenkraft

fläche die ungünstigste Prüffläche dar, wenn auf die Böschung keine äußeren Kräfte wirken. Daher gelten für diese Ebene die gleichen Überlegungen wie für die unendlich lange Böschung.

Wirken hingegen wie in Abb. 13 äußere Kräfte auf die Böschung, so ist die Annahme ebener Prüfflächen nur mehr eine Näherung, die allerdings meist ausreichend genau ist. Die Normalkraft N_e' ist auch für diesen Fall eindeutig bestimmbar, obwohl die exakte Spannungsverteilung nicht bekannt ist.

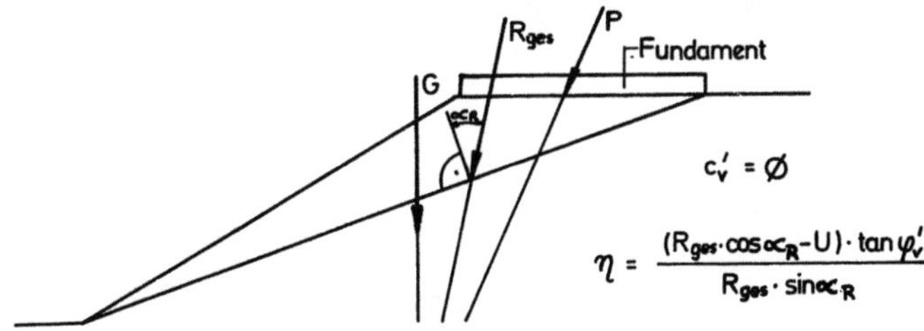

$$c_v' = \emptyset$$

$$\eta = \frac{(R_{ges} \cdot \cos\alpha_R - U) \cdot \tan\varphi_v'}{R_{ges} \cdot \sin\alpha_R}$$

Abb. 13. Endliche Böschung mit $c_v' = 0$ und äußeren Kräften. U Resultierende eventuell vorhandener Porenwasserdrücke

Eine weitere exakte Lösung (Abb. 14) ist auch für kohäsive Böden möglich, wenn durch die Schichtung eine Gleitfläche erzwungen wird. Jedoch ist für diesen Fall die Normalspannungsverteilung entlang der Gleitebene nicht exakt bestimmbar, was aber für die Sicherheit ohne Bedeutung ist.

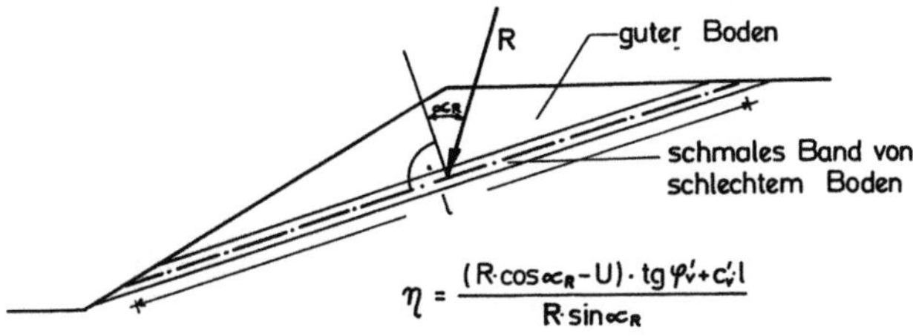

$$\eta = \frac{(R \cdot \cos\alpha_R - U) \cdot \operatorname{tg}\varphi_v' + c_v' l}{R \cdot \sin\alpha_R}$$

Abb. 14. Endliche Böschung mit $c_v' \neq 0$ und äußeren Kräften. U Resultierende eventuell vorhandener Porenwasserdrücke

4.3.1.2. Gekrümmte Prüfflächen

Als Prüfflächen werden hauptsächlich Kreiszylinder, jedoch auch Zylinder mit logarithmischen Spiralen als Leitlinien sowie aus Ebenen zusammengesetzte Flächen und Kombinationen aller drei Flächentypen verwendet. Werden Kreiszylinder vorausgesetzt, so vereinfacht sich die Berechnung stark. Gekrümmte Gleitflächen sind zu beobachten, sobald Kohäsionskräfte im Boden wirksam sind.

Das Linienintegral $\int_0^l c_v' \, dl$ entlang der Prüffläche ist exakt lösbar und damit auch die Lage der Kohäsionskraft. Die Vielzahl der Verfahren resultiert daraus, daß bei gekrümmten Gleitflächen auch im Bruchzustand das System statisch unbestimmt ist und die näherungsweise Lösung der Unbestimmtheit auf verschiedenen Wegen erfolgt. Statisch unbestimmt sind nur die Reibungskräfte, nicht jedoch die Kohäsionskräfte (Abb. 15), weshalb bei gleicher Wahrscheinlichkeit der Bodenkennwerte die Genauigkeit der Berechnung mit wachsendem Kohäsionsanteil steigt.

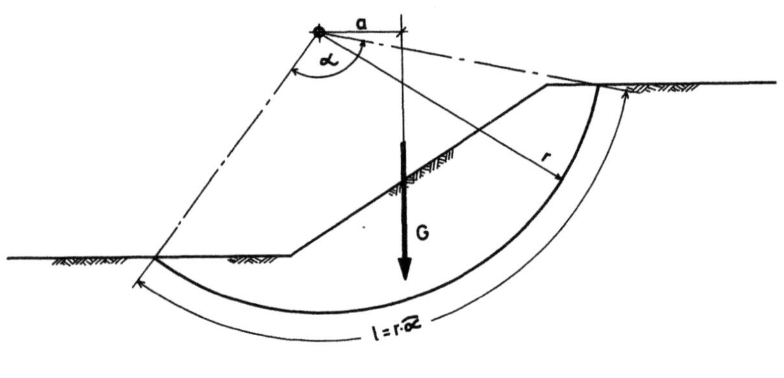

$$\eta = \frac{c \cdot l \cdot r}{G \cdot a}$$

Abb. 15. Kreiszylindrische Gleitfläche nur mit Kohäsion ($\varphi' = 0$)

Das in der Folge beschriebene, von Eigenberger entwickelte Verfahren ist auch ein Näherungsverfahren, das, verglichen mit dem bis heute nicht überbotenen graphischen Fellenius-Verfahren, gute, fast übereinstimmende Ergebnisse liefert, wobei jedoch der Zeitaufwand für das Eigenberger-Verfahren um vieles geringer ist als für viele andere Näherungsverfahren.

4.3.2. Einleitung

Viele bestehende Verfahren zur Ermittlung der Stabilität von Böschungen haben den Nachteil, daß sie entweder zu ungenau sind, einen großen Aufwand an Zeichen- und Rechenarbeit erfordern oder ihre Anwendbarkeit nur auf homogene Böden beschränkt ist. Eigenberger trug diesen Nachteilen Rechnung und ent-

wickelte in seinem „vereinfachten" Verfahren eine Berechnungsmethode, die
für sowohl homogene als auch beliebig geschichtete Böden, verschiedene Belastun-
gen (Gleich- und Einzellasten), eventuell wirkende Wasserdrücke und beliebige
Gleitflächenformen (Kreiszylinder, Ebenen usw. und deren Kombinationen) anwendbar ist. Die ungünstigste mit einem ungefähr richtigen (= „vereinfachten")
Kraftplan ermittelte Gleitfläche kann in der Folge mit dem „verbesserten" Verfahren überprüft werden. Wie jedoch in den Beispielen des Abschnittes 4.3.4. ersichtlich ist, schwanken die Sicherheitsbeiwerte nach dem „verbesserten" Verfahren,
verglichen mit jenen des „vereinfachten" Verfahrens, nur in sehr engen Grenzen.
Es wird daher für die verschiedenen Lastfälle nur das vereinfachte Verfahren
besprochen; das verbesserte Verfahren möge aus Eigenberger (1972) entnommen
werden.

4.3.3. Vereinfachtes Verfahren von Eigenberger

Der Grundgedanke des Verfahrens besteht darin, den angenäherten Absolut-
betrag der Normalkraft des Gesamtsystems $|N_I'|$ über einen ungefähr richtigen
Kraftplan zu ermitteln (siehe Abb. 16) und die $|\sigma_N'|$-Werte, welche zur Berechnung
der Sicherheit nach der Lamellenmethode nötig wären, durch Multiplikation eines

Formbeiwertes $\zeta_{ges} = \dfrac{1}{2}(1 + \zeta_c)$ mit dem Absolutbetrag $|N_I'|$ zu ersetzen. Die

Richtung der Normalkraft N_I' wird durch die Gerade $\overline{IM}$ angenähert, wobei I der
Schnittpunkt der Resultierenden der äußeren Kräfte mit der Gleitfläche ist und M
den Drehmittelpunkt darstellt. Wie der Kraftplan der Abb. 16 zeigt, unterscheiden
sich die Beträge der wahren Normalkraft $|N'|$ und der genäherten Normalkraft
$|N_I'|$ sehr wenig. Der Formbeiwert ζ_{ges} ist hauptsächlich eine Funktion des Zentri-
winkels α_z, wobei über einen größeren Bereich ($\alpha_z = 40°$ bis $150°$) der Formbeiwert
ζ_{ges} sich nur geringfügig ändert ($\zeta_{ges} = 1,01$ bis $1,178$) und daher sehr genau auf
die Summe der Normalspannungen $\Sigma |\sigma_N'|$ entlang der Gleitfläche geschlossen werden
kann. Das Verfahren sei zunächst wegen der besseren Anschaulichkeit für eine homogene Böschung mit Reibung und Kohäsion erklärt.

4.3.3.1. Homogener Boden (Abb. 16)

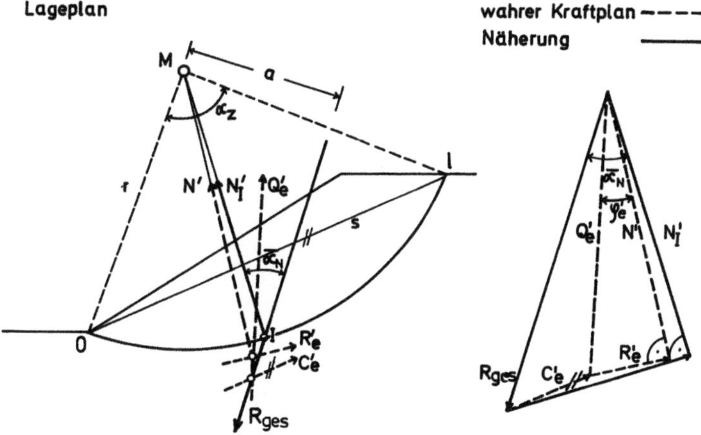

Abb. 16. Homogener Boden, Näherung nach Eigenberger

Es bedeuten:

R_{ges} Resultierende der äußeren Kräfte (Eigengewicht, Gleichlast, Wasserdruck)

C_e', Q_e', N', R_e' Kräfte des „wahren" Kraftplanes.

Bei Kenntnis der „wahren" Sicherheit η_w, die auch bei gegebenem Gleitkreis nur durch Iteration bestimmbar ist, gilt:

$$C_e' = \frac{c_v' \cdot s}{\eta_w}, \text{ aus Kraftplan } Q_e'$$

$$\tan \varphi_e' = \frac{\tan \varphi_v'}{\eta_w}, \text{ aus Kraftplan } R_e' \text{ und } N'$$

φ_e' erforderlicher Reibungswinkel des wahren Kraftplanes

N_I' Normalkraft des genäherten Kraftplanes

$\Sigma \, |\sigma_N'| = \int_0^l \sigma_N' \, dl$ Summe der Normalspannungen

I Schnittpunkt der Resultierenden mit dem Prüfkreis

l Bogenlänge des Prüfkreises im Boden

$\overline{\alpha}_N$ Winkel zwischen R_{ges} und N_I'

a Normalabstand der Kraft R_{ges} von M

r Radius des Gleit- bzw. Prüfkreises (Gleitkreis = ungünstigster Prüfkreis)

s Sehne(-nlänge)

α_z Zentriwinkel des Prüfkreises

Es gelten folgende Beziehungen:

$$\sin \overline{\alpha}_N = \frac{a}{r} \qquad\qquad N_I' = R_{ges} \cdot \cos \overline{\alpha}_N \, .$$

Über den Formfaktor ζ_{ges} wird die Summe der Normalspannungen $\Sigma \, |\sigma_N'|$ entlang des Prüfkreises bestimmt:

$$\Sigma \, |\sigma_N'| = \zeta_{ges} \cdot N_I' \, .$$

Bei den verschiedenen Lamellenmethoden muß hingegen für jede Lamelle einzeln die Normalspannung infolge der äußeren Belastung bestimmt und diese entlang des Prüfkreises summiert werden.

In der Berechnung der Summe der Normalspannungen $\Sigma \, |\sigma_N'|$ nach Eigenberger und $\int_0^l \sigma_N' \, dl$ nach den verschiedenen Lamellenmethoden liegt aber gerade die wesentliche Vereinfachung nach Eigenberger. Die Berechnungsverfahren ergeben unterschiedliche Werte für die Summe der Normalspannungen und folglich auch für die Sicherheiten.

Wie Eigenberger in seiner Dissertation nachgewiesen hat, treten bei den Lamellenmethoden auf Grund des „Schlußfehlers" (Gesamtauflagerkraft $\neq$ Gesamtresultierende) teilweise sehr verfälschte Resultate auf. Beim vorliegenden Verfahren muß der Formbeiwert ζ_{ges} abgeschätzt werden, doch ist dessen Abhängigkeit von der Form der Verteilung der σ_N'-Werte zwischen 0 und l gering.

Sieht man vom Sonderfall eines sehr konzentrierten Lastangriffes (siehe 4.3.3.3.) ab, so kann für ζ_{ges} gesetzt werden:

$$\zeta_{ges} = \frac{1}{2}\,(1 + \zeta_c) = \frac{1}{2}\left(1 + \frac{\widehat{\alpha}_z}{2\,\sin\dfrac{\alpha_z}{2}}\right).$$

Führt man noch den Faktor

$$\chi_{ges} = \zeta_{ges} \cdot \cos \overline{\alpha}_N$$

ein, so ergibt sich

$$\Sigma\,|\sigma_N'| = \chi_{ges} \cdot R_{ges}.$$

Die Sicherheit wird aus der Momentenbedingung mit M als Bezugspunkt ermittelt:

$$\eta = \frac{c_v' \cdot r^2 \cdot \widehat{\alpha}_z + \Sigma\,|\sigma_N'| \cdot \operatorname{tg}\varphi_v' \cdot r}{R_{ges} \cdot a} \qquad \text{oder}$$

$$\eta = \frac{c_v' \cdot s \cdot \zeta_c + \chi_{ges} \cdot R_{ges} \cdot \operatorname{tg}\varphi_v'}{R_{ges} \cdot \sin\overline{\alpha}_N}$$

c_v' vorhandene Kohäsion
r Radius des Prüfkreises
α_z Zentriwinkel des Prüfkreises
$\Sigma\,|\sigma_N'|$ Summe der Normalspannungen
φ_v' vorhandener Reibungswinkel
s Sehnenlänge ($s \cdot \zeta_c = r \cdot \widehat{\alpha}_z$)
χ_{ges} Beiwert
ζ_c Formbeiwert

Es ist also nicht mehr wie bei anderen Verfahren nötig, $\Sigma\,|\sigma_N'|$ aus den einzelnen Lamellen bzw. bei den Reibungskreisverfahren C_e', Q_e', R_e' aus mehreren Kraftplänen zu bestimmen, sondern mit α_z, $\overline{\alpha}_N$ und R_{ges} kann die Sicherheit η bestimmt werden.

4.3.3.2. Geschichteter Boden

Der Prüfkörper wird in den Schnittpunkten der einzelnen Bodenschichten mit der Gleitfläche in vertikal begrenzte Teilflächen unterteilt: $R_{o,1}$, $R_{o,2}$, $R_{u,1}$, $R_{u,2}$ (Abb. 17). Zunächst werden für die rechts der Gesamtresultierenden R_{ges} liegenden Einzelresultierenden $R_{o,i}$ die Summen der Normalspannungen $\Sigma\,|\sigma_{N,o,i}'|$ über die folgenden Gleichungen bestimmt. Für das Gesamtsystem erfolgt dann die Ermittlung der Summe der Normalspannungen $\Sigma\,|\sigma_N'|$ wie in Abschnitt 4.3.3.1. Über $\Sigma\,|\sigma_N'|$ werden abschließend die Werte $\Sigma\,|\sigma_{N,u,i}'|$ bestimmt.

Aus verschiedenen Formeln bekannter Verfahren kann für die rechts der Gesamtresultierenden R_{ges} liegenden Prüfflächenabschnitte o,i folgende Beziehung gefunden werden:

$$R_{o,i} > \Sigma\,|\sigma_{N,o,i}'| > R_{o,i} \cdot \cos\overline{\alpha}_{o,i}.$$

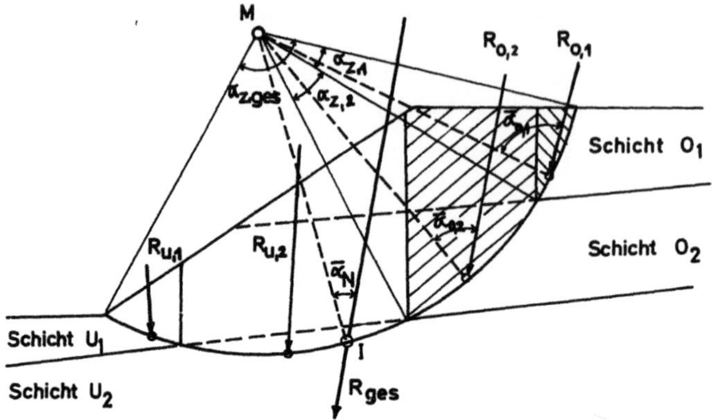

Abb. 17. Geschichteter Boden, Aufteilung der Einzelresultierenden. $R_{o,1}$, $R_{o,2}$, $R_{u,1}$, $R_{u,2}$ sind die Teilresultierenden der jeweiligen Abschnitte aus den äußeren Kräften inklusive des Wasserdruckes

Obere Lamellen:

Für das vereinfachte Verfahren ist es genügend genau, wenn folgende Beziehung gewählt wird:

$$\Sigma \, |\sigma'_{N,o,i}| = \frac{1}{2}\,(1 + \cos \bar{\alpha}_{o,i}) \cdot \zeta_{o,i} \cdot R_{o,i}.$$

Auf Grund der geringen Abhängigkeit des Formbeiwertes von der Form der Spannungsverteilung kann für $\zeta_{o,i}$ wieder gerechnet werden:

$$\text{Lamelle 1:} \quad \zeta_{o,1} = \frac{1}{2}\left(1 + \frac{\widehat{\alpha}_{z,1}}{2 \cdot \sin \dfrac{\alpha_{z,1}}{2}}\right) \cdot$$

Setzt man

$$\chi_{o,1} = \frac{1}{2}\,(1 + \cos \bar{\alpha}_{o,1}) \cdot \zeta_{o,1},$$

so vereinfacht sich die Gleichung zu

$$\Sigma \, |\sigma'_{N,o,1}| = \chi_{o,1} \cdot R_{o,1}.$$

Für Lamelle 2 gilt derselbe Rechenvorgang.

Bezüglich des Gesamtsystems ist zu sagen, daß der Beiwert χ_{ges} im Normalfall immer größer als die Beiwerte $\chi_{o,i}$ der rechts der Gesamtresultierenden liegenden Teilflächen sein wird, was nichts anderes bedeutet, als daß sich der obere Teil des Prüfkörpers am unteren abstützt.

Untere Lamellen:

Die Beiwerte der am Fuß der Böschung (links von R_{ges}) liegenden Teilflächen (Index u) erhalten daher Normalspannungen infolge ihrer Teilresultierenden $R_{u,i}$ und außerdem infolge der oberen Schichten.

Anteil aus $R_{u,i}$:

Für diesen Anteil stellt die Annahme $X_{u,i} = X_{ges}$ eine gute Näherung dar. Es gilt:

$$\Sigma \mid \overline{\sigma'_{N,u,i}} \mid = X_{ges} \cdot R_{u,i}.$$

Anteil aus $R_{o,i}$:

Für das Gesamtsystem erhalten wir:

$$\Sigma \mid \sigma'_N \mid = X_{ges} \cdot R_{ges}.$$

Werden die Normalspannungen sämtlicher Teilflächen aus obigen Gleichungen summiert und mit der Normalspannung des Gesamtsystems $\Sigma \mid \sigma'_N \mid = X_{ges} \cdot R_{ges}$ verglichen, so ergibt sich im Regelfall ein kleinerer Wert.
Als Differenz erhält man

$$\Sigma \mid \Delta\,\sigma'_N \mid = X_{ges} \cdot R_{ges} - \Sigma(X_{ges} \cdot R_{u,i}) - \Sigma(X_{o,i} \cdot R_{o,i}).$$

Dieser Betrag $\Sigma \mid \Delta\,\sigma'_N \mid$ wird proportional zu den Beträgen der Teilresultierenden $R_{u,i}$ aufgeteilt:

$$\Sigma \mid \Delta\,\sigma'_{N,u,i} \mid = \Sigma \mid \Delta\,\sigma'_N \mid \cdot \frac{R_{u,i}}{\Sigma \mid R_{u,i} \mid}.$$

Auf die unteren Prüfflächenabschnitte wirkt somit

$$\Sigma \mid \sigma'_{N,u,i} \mid = \Sigma \mid \overline{\sigma'_{N,u,i}} \mid + \Sigma \mid \Delta\,\sigma'_{N,u,i} \mid.$$

Ist nur eine Teilresultierende R_u vorhanden, die links von R_{ges} liegt, so ist die Ermittlung von $\Sigma \mid \Delta\,\sigma'_N \mid$ nicht notwendig. $\Sigma \mid \sigma'_{N,u} \mid$ ermittelt man dann kürzer aus

$$\Sigma \mid \sigma'_{N,u} \mid = X_{ges} \cdot R_{ges} - \Sigma(X_{o,i} \cdot R_{o,i}).$$

Die Sicherheit wird wiederum aus der Momentenbedingung bezüglich M ermittelt

$$\eta = \frac{\overset{n}{\underset{1}{\Sigma}} \left[c'_{u,i} \cdot s_i \cdot \overbrace{\zeta_{c,i} + \Sigma \mid \sigma'_{N,i} \mid \cdot \operatorname{tg} \varphi'_{v,i}}^{r\,\cdot\,\widehat{\alpha}_{z,i}} \right]}{R_{ges} \cdot \sin \overline{\alpha}_N}.$$

Für den seltenen Ausnahmefall, daß ein Wert $X_{o,i}$ größer als X_{ges} wird, ist $X_{o,i} = X_{ges}$ zu wählen. Diese Wahl liefert auf der sicheren Seite liegende Ergebnisse. Von dieser Ausnahme abgesehen, werden die Werte $X_{o,i}$ fast immer etwas kleiner als die „wahren" sein. Diese Zuordnung wird absichtlich angestrebt, weil die ungünstigste Prüffläche (= Gleitfläche) gute Schichten im unteren Bereich meidet und im oberen Bereich steil schneidet.

4.3.3.3. Konzentrierte Lasten

Wirken Lasten nur auf einen Teilbereich des Gleitkörpers, so werden sich die aus ihnen resultierenden Spannungen nicht über die ganze Länge der Prüffläche verteilen. Das ζ bezüglich dieser Lasten darf daher nicht aus $\alpha_{z,\,ges}$ ermittelt werden. Die Berechnung der $\Sigma\,|\sigma'_{N,i}|$ erfolgt in diesem Fall durch Aufteilung der Gesamtresultierenden R_{ges} in zwei (oder auch mehrere) Resultierende R_1 und R_2, für die jeweils der Verteilungsbereich der Spannungen abgeschätzt wird. Die Spannungen werden für R_1 und R_2 getrennt ermittelt und schließlich überlagert.

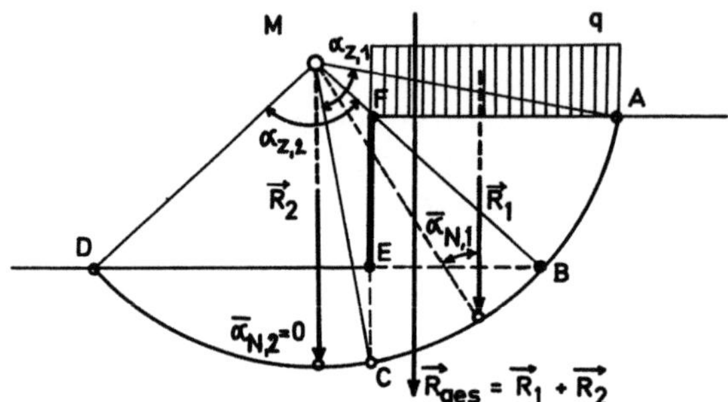

Abb. 18. Konzentrierter Lastangriff

Für den in Abb. 18 dargestellten Fall wird die sichere Annahme getroffen, daß sich R_1 nur auf die Länge AC und R_2 nur auf BD aufteilt.

$$
\begin{array}{ll}
R_1 & R_2 \\
\zeta_1 = f(\alpha_{z,1}) & \zeta_2 = f(\alpha_{z,2}) \\
X_1 = \zeta_1 \cdot \cos\overline{\alpha}_{N,1} & X_2 = \zeta_2 \cdot \cos\overline{\alpha}_{N,2} = \zeta_2 \cdot 1{,}0 \\
\Sigma\,|\sigma'_{N,1}| = X_1 \cdot R_1 & \Sigma\,|\sigma'_{N,2}| = X_2 \cdot R_2
\end{array}
$$

$$
\Sigma\,|\sigma'_N| = \Sigma\,|\sigma'_{N,1}| + \Sigma\,|\sigma'_{N,2}|
$$

Die Aufteilung in $R_1 = q +$ Bodengewicht $ABEF$ und $R_2 =$ Bodengewicht $BCDE$ muß nur durchgeführt werden, wenn $R_1 \geqslant 2/3\,R_2$ ist.

4.3.3.4. Vereinfachung bei Porenwasserdruck (rasche Spiegelabsenkung)

Eine weitere Vereinfachung, die auf der sicheren Seite liegt, ist bei Porenwasserdruck möglich. Unmittelbar nach dem Absenken des Wasserspiegels in Abb. 19 von *WSP*.1 nach *WSP*.2 entspricht der Verlauf des Grundwasserspiegels in dichtem Boden der Linie *FGHI*.

γ Wichte des feuchten bzw. gesättigten Bodens
κ_u Porenwasserdruckbeiwert $\kappa_u = \gamma_w/\gamma$
Näherungsweise gilt:

$$
W_h = \kappa_u \cdot \gamma \cdot \frac{h + \Delta h}{2} \cdot h.
$$

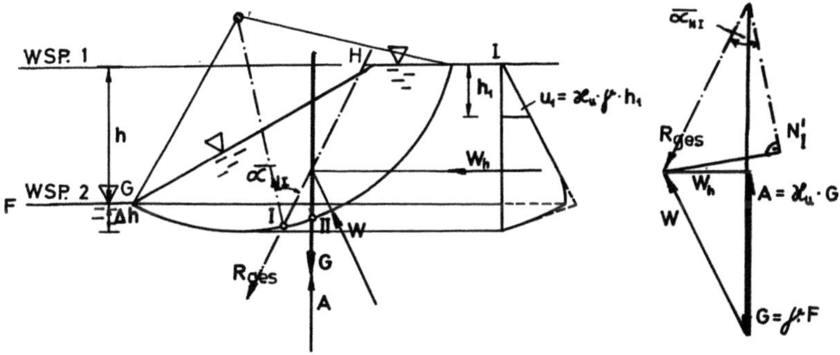

Abb. 19. Horizontaler Wasserdruck bei raschem Absenken

Aus G, A und W_h ergibt sich W und die Resultierende R. Die Berechnung erfolgt dann nach 4.3.3.1.

4.3.3.5. Langgestreckte, beliebig geformte Prüfflächen

Näherungsweise kann man bei solchen Prüfflächen die Richtung von N_I' senkrecht zur Sehne s annehmen. Der Formbeiwert wird entweder $\zeta_{ges} = 1{,}0$ gesetzt oder mit Hilfe eines „Ersatzkreises" (Abb. 20) abgeschätzt. Die Prüffläche kann auch kombiniert aus kreiszylindrischen, logarithmischen und sonstigen Flächen zusammengesetzt werden.

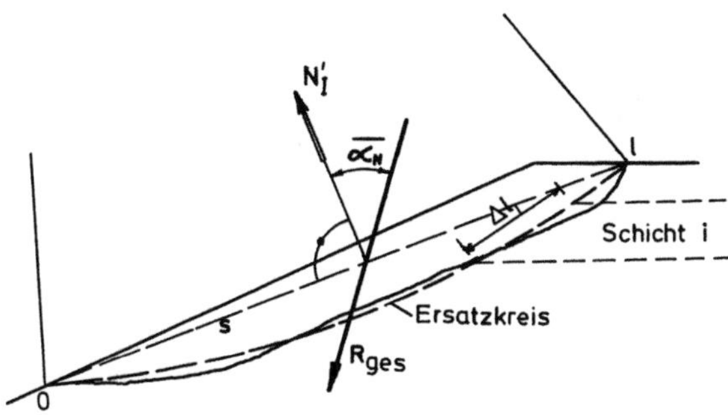

Abb. 20. Langgestreckte Böschung

$$\chi_{ges} = \zeta_{ges} \cdot \cos \overline{\alpha}_N$$
$$\Sigma \, | \, \sigma_N' \, | = \chi_{ges} \cdot R_{ges}$$

Die Aufteilung bei geschichteten Böden in die Anteile $\Sigma \, | \, \sigma_{N.i}' \, |$ erfolgt genauso wie bei den kreisförmigen Prüfflächen (siehe 4.3.3.2.). Die Sicherheit ergibt sich mit

$$\eta = \frac{\Sigma \left[c_v' \cdot \Delta l_i + \Sigma \mid \sigma_{N,i}' \mid \cdot \text{tg } \varphi_{v,i}' \right]}{\Sigma (R_i \cdot \sin \overline{\alpha}_{N,i})} \; .$$

R_i Teilresultierende
$\overline{\alpha}_{N,i}$ Winkel zwischen der Normalen auf die Prüffläche und R_i
Δl_i Länge der Prüffläche in der Schicht i

4.3.4. Berechnung der Standsicherheit einer Böschung nach dem vereinfachten Verfahren von Eigenberger
Beispiele

4.3.4.1. Homogene Böschung ohne Kohäsion (siehe Abb. 21)

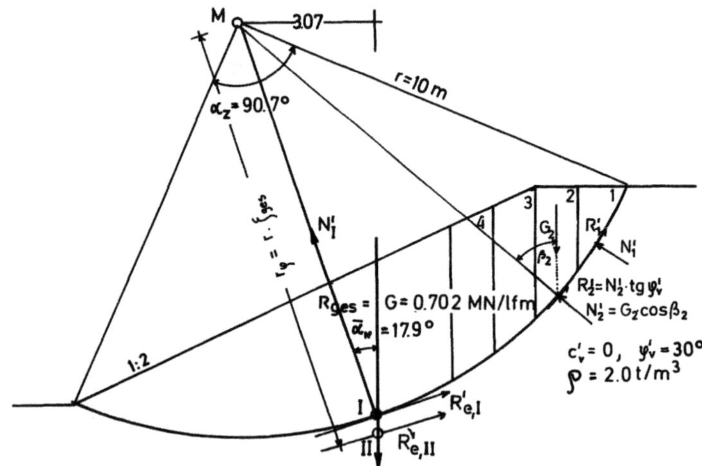

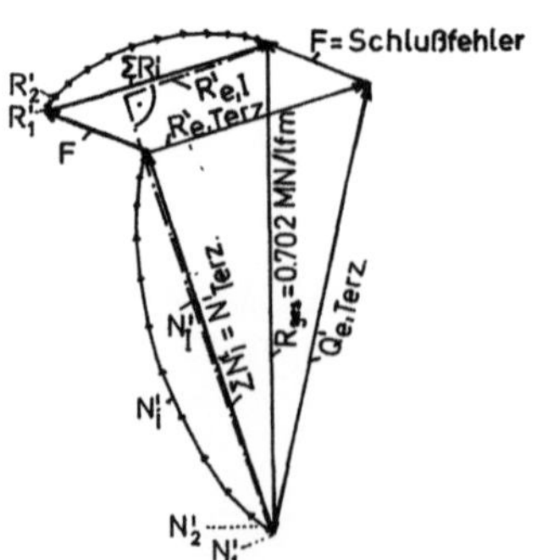

Abb. 21. Homogene Böschung ohne Kohäsion. —·—·— Genäherter Kraftplan nach Eigenberger zur Ermittlung von N_I'. ———— Fehlerhafter Kraftplan (Schlußfehler !), welcher beim Lamellenverfahren von Terzaghi vorausgesetzt wird. $Q_{e,\text{Terz}}'$ ($\neq R_{ges}$) = in Rechnung gestellte Auflagerkraft nach Terzaghi

Vereinfachung für den genäherten Kraftplan nach Eigenberger:

$R'_{e,I}$ und N'_I greifen in I an. Die Ermittlung der Sicherheit η erfolgt dann aus der Momentenbedingung unter der Voraussetzung, daß der Absolutbetrag der Normalkraft in II dem genäherten Wert N'_I entspricht.

Rechengang:

Annahme eines beliebigen Prüfkreises: z. B. $r = 10$ m. Bestimmung der Resultierenden der äußeren Kräfte über Lamellen oder geometrische Flächen (Dreieck, Kreissektor usw.):

$$R_{ges} = G = 0,702 \text{ MN/Lfm}^2$$

Schnittpunkt von R_{ges} mit Gleitkreis aufsuchen (I) und mit Kreismittelpunkt verbinden (N'_I). Bestimmung des Winkels zwischen R_{ges} und $N'_I (\rightarrow \overline{\alpha}_N)$:

$$\sin \overline{\alpha}_N = 0,307$$
$$\cos \overline{\alpha}_N = 0,952$$

Es folgt die Berechnung des Formbeiwertes ζ_{ges} zur Ermittlung der Summe der Normalspannungen:

$$\zeta_{ges} = \frac{1}{2}(1 + \zeta_c) = \frac{1}{2}\left(1 + \frac{\widehat{\alpha_z}}{2 \sin \dfrac{\alpha_z}{2}}\right)$$

für $\alpha_z = 90,7°$

$$\zeta_{ges} = 1,056$$
$$\chi_{ges} = \zeta_{ges} \cdot \cos \overline{\alpha}_N \cong 1,0.$$

Mittels folgender Gleichung kann der Sicherheitsbeiwert angegeben werden ($c'_v = 0$):

$$\eta_1 = \frac{\chi_{ges} \cdot R_{ges} \cdot \text{tg } \varphi'_v}{R_{ges} \cdot \sin \overline{\alpha}_N} = \frac{1,0 \cdot 0,702 \cdot 0,577}{0,702 \cdot 0,307} = 1,88.$$

Nach dem verbesserten Verfahren von Eigenberger (1972) ergibt sich der Sicherheitsbeiwert $\eta_2 = 1,895$. Nach DIN 4084 ergibt sich $\eta_3 = 1,71$.

4.3.4.2. Homogene Böschung mit Kohäsion (siehe Abb. 22)

Der Rechenvorgang ist gleich wie in Abschnitt 4.3.4.1. Der Sicherheitsbeiwert η_1 errechnet sich wie folgt:

Sehnenlänge: $s = 14,4$ m

$$r_c = r \cdot \zeta_c = r \cdot \frac{\widehat{\alpha_z}}{2 \sin \dfrac{\alpha_z}{2}} = 11,13 \text{ m}$$

---

[2] Die in den Beispielen verwendete Bezeichnung „*Lfm*" soll andeuten, daß jeweils nur ein Böschungsstreifen von 1 m Breite normal zur Zeichenebene betrachtet wird.

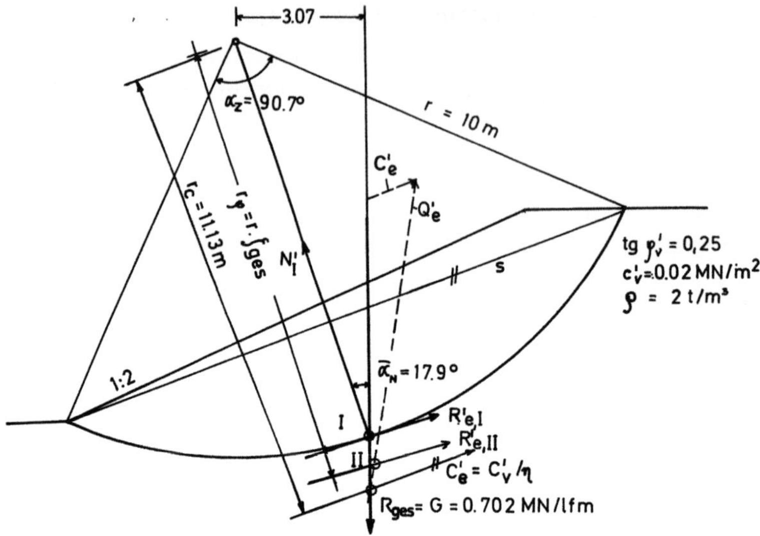

Abb. 22. Homogene Böschung mit Kohäsion

$$\eta_1 = \frac{c_v' \cdot s \cdot \zeta_c + X_{ges} \cdot R_{ges} \cdot \tan \varphi_v'}{R_{ges} \cdot \sin \bar{\alpha}_N} = \frac{0{,}020 \cdot 14{,}4 \cdot 1{,}113 + 1 \cdot 0{,}702 \cdot 0{,}25}{0{,}702 \cdot 0{,}307}$$

$$\eta_1 = 2{,}30.$$

Nach der verbesserten Methode ergibt sich $\eta_2 = 2{,}30$.
Nach DIN 4084 ergibt sich $\eta_3 = 2{,}17$.

4.3.4.3. Geschichtete Böschung ohne Kohäsion (siehe Abb. 23)

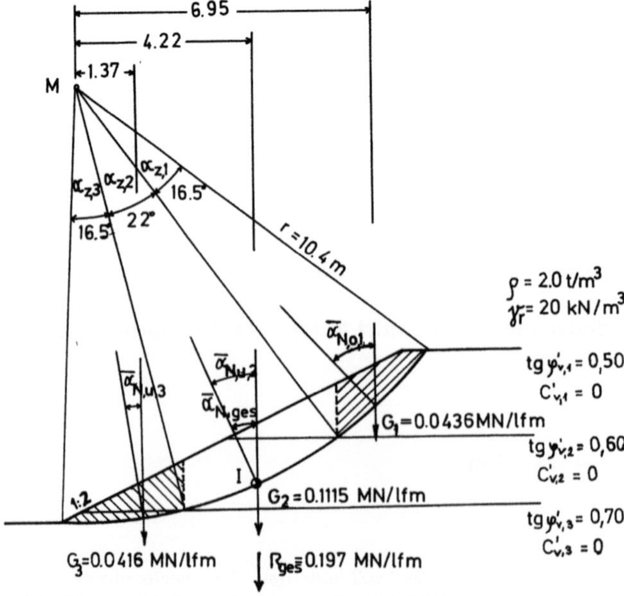

Abb. 23. Geschichtete Böschung ohne Kohäsion

Der Gleitkörper wird in den Schichtgrenzen in einzelne Teilflächen mit vertikalen Begrenzungen unterteilt (siehe Abb. 17).

Rechengang:

$$\alpha_{z,ges} = 55° \quad \rightarrow \quad \zeta_{ges} = 1{,}020$$

$$\sin \bar\alpha_{N,ges} = 0{,}406 \; ; \; \cos \bar\alpha_{N,ges} = 0{,}914$$

$$\chi_{ges} = \zeta_{ges} \cdot \cos \bar\alpha_{N,ges} = 0{,}932$$

$$\Sigma |\sigma_N'| = \chi_{ges} \cdot R_{ges} = 0{,}932 \cdot 0{,}1967 = 0{,}1834 \; MN/Lfm^2$$

Aufteilung der Teilresultierenden nach Abschnitt 3.2.

$G_1 = 0{,}0434 \; MN/Lfm$

$$\sin \bar\alpha_{N,o,1} = 0{,}669; \quad \cos \bar\alpha_{N,o,1} = 0{,}743$$

$$\zeta_{o,1} = \frac{1}{2}\left(1 + \frac{\widehat{\alpha_{z,1}}}{2 \sin \frac{\alpha_{z,1}}{2}}\right) \cong 1{,}0; \quad \chi_{o,1} = \frac{1}{2}(1 + \cos \bar\alpha_{N,o,1}) \cdot \zeta_{o,1} = 0{,}872$$

$$\Sigma |\sigma_{N,o,1}'| = \chi_{o,1} \cdot R_{o,1} = 0{,}038 \; MN/Lfm.$$

$G_2 = 0{,}1115 \; MN/Lfm$

$$\sin \bar\alpha_{N,u,2} = 0{,}406; \quad \cos \bar\alpha_{N,u,2} = 0{,}914$$

$$\zeta_{u,2} \cong 1{,}0 \qquad\qquad \chi_{u,2} = 0{,}932 = \chi_{ges}$$

$$\Sigma |\overline{\sigma_{N,u,2}'}| = \chi_{u,2} \cdot R_{u,2} = 0{,}104 \; MN/Lfm$$

$G_3 = 0{,}0416 \; MN/Lfm$

$$\zeta_{u,3} \cong 1{,}0 \qquad\qquad \chi_{u,3} = 0{,}932$$

$$\Sigma |\overline{\sigma_{N,u,3}'}| = \chi_{u,3} \cdot R_{u,3} = 0{,}0388 \; MN/Lfm$$

$$\Sigma |\Delta\sigma_N'| = \Sigma |\sigma_N'| - \Sigma |\sigma_{N,o,1}'| - \sum_2^3 [\Sigma |\overline{\sigma_{N,u,i}'}|] = 0{,}1834 - (0{,}038 + 0{,}104 + 0{,}0388) =$$
$$= 0{,}0026 \; MN/Lfm$$

$$\Sigma |\sigma_{N,u,i}'| = \Sigma |\overline{\sigma_{N\mu,i}'}| + \Sigma |\Delta\sigma_N'| \cdot \frac{\dot R_{u,i}}{\Sigma R_{u,i}} \cdot$$

$$\Sigma |\sigma_{N,u,2}'| = 0{,}104 + 0{,}0026 \cdot \frac{0{,}1115}{0{,}1531} = 0{,}1059 \; MN/Lfm$$

$$\Sigma |\sigma_{N,u,3}'| = 0{,}0388 + 0{,}0026 \cdot 0{,}0416/0{,}1531 = 0{,}0395 \; MN/Lfm$$

Sicherheit

$$\eta_1 = \frac{\sum\limits_1^3 [\Sigma |\sigma_{N,i}'| \cdot tg\, \varphi_{v,i}']}{R_{ges} \cdot \sin \bar\alpha_{N,ges}}$$

$$\eta_1 = \frac{0{,}038 \cdot 0{,}50 + 0{,}1059 \cdot 0{,}6 + 0{,}0395 \cdot 0{,}7}{0{,}1967 \cdot 0{,}406} = 1{,}38$$

Nach dem verbesserten Verfahren ergibt sich $\eta_2 = 1,37$.
Nach DIN 4084 ergibt sich $\eta_3 = 1,34$.

4.3.4.4. Geschichtete Böschung mit Kohäsion (siehe Abb. 24)

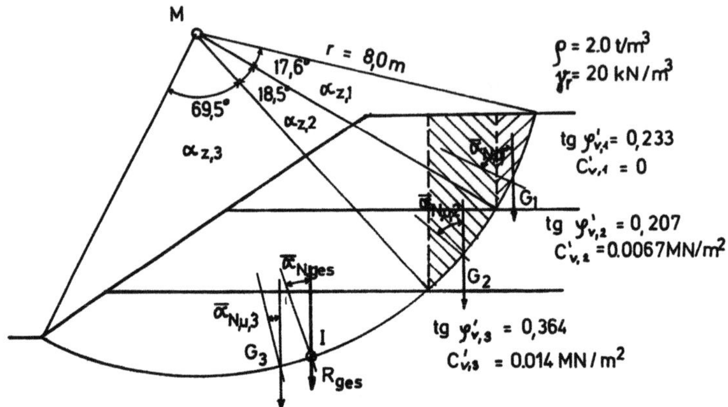

Abb. 24. Geschichtete Böschung mit Kohäsion

Rechengang siehe auch Abschnitt 4.3.4.3.

$R_{ges} = 0,7365$ MN/Lfm²

$\qquad \alpha_{z,ges} = 105,6° \longrightarrow \zeta_{ges} = 1,078$

$\qquad \sin \bar{\alpha}_{N,ges} = 0,312 ; \quad \cos \bar{\alpha}_{N,ges} = 0,950 \quad \rightarrow \quad \chi_{ges} = 1,021$

$\qquad \Sigma \, | \sigma'_N | = \chi_{ges} \cdot R_{ges} = 0,7522$ MN/Lfm

Aufteilung des Teilresultierenden:

$G_1 = 0,016$ MN/Lfm

$\qquad \sin \bar{\alpha}_{N,o,1} = 0,899 ; \quad \cos \bar{\alpha}_{N,o,1} = 0,438 ; \quad \alpha_{z,1} = 17,6° \rightarrow \zeta_{o,1} \cong 1,0$

$\qquad \chi_{o,1} = 0,719 \quad \rightarrow \quad \Sigma \, | \sigma'_{N,1} | = \chi_{o,1} \cdot R_{o,1} = 0,0115$ MN/Lfm

$G_2 = 0,102$ MN/Lfm

$\qquad \sin \bar{\alpha}_{N,o,2} = 0,760 ; \quad \cos \bar{\alpha}_{N,o,2} = 0,649 ; \quad \alpha_{z,2} = 18,5° \rightarrow \zeta_{o,2} \cong 1,0$

$\qquad \chi_{o,2} = 0,825 \quad \rightarrow \quad \Sigma \, | \sigma'_{N,2} | = \chi_{o,2} \cdot R_{o,2} = 0,0841$ MN/Lfm

$G_3 = 0,6342$ MN/Lfm

$\qquad \alpha_{z,3} = 69,5° \quad \rightarrow \quad \zeta_{u,3} = 1,03$

$\qquad \Sigma \, | \sigma'_{N,3} | = \Sigma \, | \sigma'_N | - \Sigma \, | \sigma'_{N,1} | - \Sigma \, | \sigma'_{N,2} | = 0,6566$ MN/Lfm

$$\eta_1 = \frac{\sum\limits_1^3 [\Sigma \, |\sigma'_{N,i}| \cdot \operatorname{tg} \varphi'_{v,i} + c'_{v,i} \cdot r \cdot \widehat{\alpha_{z,i}}]}{R_{ges} \cdot \sin \overline{\alpha}_{N,ges}}$$

$$\eta_1 = \frac{0{,}0115 \cdot 0{,}233 + 0{,}0841 \cdot 0{,}207 + 0{,}6566 \cdot 0{,}364 + 0{,}0067 \cdot 2{,}58 + 0{,}014 \cdot 9{,}70}{0{,}7365 \cdot 0{,}312} = 1{,}79$$

Mit dem verbesserten Verfahren errechnet sich ein Sicherheitsbeiwert von $\eta_2 = 1{,}78$.
Nach DIN 4084 ergibt sich $\eta_3 = 1{,}54$.

Anmerkung: Über die Veränderung des Sicherheitskoeffizienten als Funktion des
Alters und der Beschaffenheit verschiedener Böden sowie über die Bedeutung der
Bodenbeschaffenheit für das Verhalten der Gleitbewegung und die zu treffende
Wahl der verschiedenen Stabilisierungsmethoden veröffentlichte Watari (1973)
das Ergebnis seiner Untersuchungen.

5. Feld- und Laboruntersuchungen

5.1. Felduntersuchungen

In diesem Kapitel sollen jene Hinweise, welche in Lehrbüchern und Normen (DIN und ÖNORM, B4 in Vorbereitung) angeführt sind, besonders unterstrichen und einige nötig scheinende Punkte hinzugefügt werden.

Leider war in letzter Zeit öfters festzustellen, daß Bohrungen nicht fachgemäß ausgeführt wurden. Der Grund hierfür ist meines Erachtens einerseits der, daß die Bauherren auf Grund von Ausschreibungen dem jeweiligen Billigstbieter die Arbeiten übertragen. Dieser ist manchmal für eine Spezialarbeit in einer bestimmten Region nicht qualifiziert bzw. er hat nicht die geeigneten, geschulten Facharbeiter zur Verfügung; so kommt es, daß eine gewisse Zeit der Einübung und Einarbeitung verstreicht, während der unzulängliche Arbeit geleistet wird. Dies hat zur Folge, daß es zu groben Fehleinschätzungen der tatsächlichen Untergrundverhältnisse kommen kann.

Zum zweiten wird die Bohrarbeit in der Regel unter Zugrundelegung von Einheitspreisen vergeben. So kommt es, daß die Arbeit häufig unter Zeitdruck ausgeführt wird, was natürlich zu Qualitätseinbußen führen muß.

Die Aufsicht bei den einzelnen Phasen der Bohrarbeiten durch einen unabhängigen Fachmann, welcher Experte auf dem speziellen Fachgebiet ist, wäre daher die Voraussetzung für eine einwandfreie Arbeit.

Ich mußte z. B. die Erfahrung machen, daß eine Bohrung bei Anwesenheit der Aufsicht mit einem Rhythmus von 1,5 bis 2 m je 8 Stunden fachgemäß niedergebracht wurde, während bei Abwesenheit des Bodenmechanikers, unter gleichen Boden- und Klimaverhältnissen, 6 bis 7 m je 8 Stunden geleistet wurden, was zwangsläufig auf Kosten der Qualität gehen mußte.

Soviel ich in Erfahrung gebracht habe, ist es in der Schweiz vorgeschrieben, daß während der Bohrarbeiten ständig ein unabhängiger Fachmann auf der Baustelle anwesend sein muß.

5.1.1. Luftbildaufnahmen

Das Programm einer Rutschungssanierung kann ohne genaue Kenntnis der Morphologie des Geländes nicht zielsicher und wirtschaftlich aufgestellt werden.

Als erste grobe Orientierung können Luftbildaufnahmen dienen, welche relativ preiswert durch die kartographischen Institute angefertigt werden. Aus ihnen können Details wie Anrisse, Aufwölbungen etc. oft besser erkannt werden, als mittels geodätischer Aufnahmen von der Geländeoberfläche aus.

Die wichtigsten Anforderungen an die Luftbildaufnahmen sind Angaben des Maßstabes und der Nordrichtung sowie die Uhrzeit der Aufnahme, um die meist sehr aufschlußreiche Schattenwirkung richtig deuten zu können.

5.1.2. Geodätische Vermessungen

Wesentlich genauer als Luftaufnahmen sind natürlich geodätische Vermessungen. Aus diesen Vermessungen kann die Hauptrichtung und der Typ der Rutschung, also vor allem, ob es sich um eine Rotations- oder Translationsbewegung handelt, erkannt werden.

Ferner ist aus der Lage von Wasseraustritten und von Wülsten oder Gräben auf der Geländeoberfläche auf die Wasserbewegung im Untergrund zu schließen, und erst dadurch sind die eventuell nötigen Sanierungsmaßnahmen, wie z. B. Entwässerungen oder die Anordnung von Kurzschlußleitern, festzulegen bzw. eventuell nötige Stützmaßnahmen wie Stützmauern, Krainerwände, Gabbionen, Verankerungen etc. zielsicher zu projektieren.

Die geodätischen Aufnahmen sollten vor der Sanierung, wenn möglich in kurzen Zeitabständen, wiederholt werden, um den Charakter und die Geschwindigkeit der Gleitbewegung zu beobachten; geodätische Messungen nach der Sanierung sollten den Erfolg der Maßnahmen bestätigen. Auch könnten die Sanierungsmaßnahmen so getroffen werden, daß auf die bestehenden Grundstückgrenzen nach Möglichkeit Rücksicht genommen wird. Schließlich ist die geodätische Aufnahme die Grundlage für die Anlegung der wichtigen Längs- und Querschnitte der Rutschzone.

Diese Messungen sind durch die Beobachtung der Verformung der Geländeoberfläche mittels dort eingebauter Extensometer zwischen im Gelände verankerten Festpunkten zu ergänzen. Die Extensometer können entweder auf mechanischem oder elektrischem Prinzip arbeiten. Ferner sind beispielsweise an Gebäuden aufgetretene Risse mittels „Spionen" zu überwachen.

5.1.3. Geologische Untersuchungen

Die genaue Kenntnis der Geologie des Rutschgeländes ermöglicht eine rasche Prognose die Sanierungsmaßnahmen betreffend, da ähnliche geologische Verhältnisse in der Regel auch ähnliche Rutschungstypen und damit die nötigen Sanierungsmaßnahmen bedingen.

Selbstverständlich hat das oben Gesagte nur für bestimmte Regionen Gültigkeit, kann aber auch überregional gute Hinweise ergeben. So kann man z. B. im Wiener Gebiet, noch vor Inangriffnahme von Feld- und Laborversuchen, bei Kenntnis der geologischen Epoche, aus welcher die verschiedenen tonig-schluffigen Ablagerungen in nord-südlicher Richtung stammen, sehr gut im großen auf ihre bodenmechanischen Eigenschaften schließen.

Die Zusammenarbeit von Bodenmechanik und Geologie ist also von entscheidender Bedeutung. Der Geologe kann sich bei der nötigen Detailaufnahme auch auf die in Kapitel 5.1.3.1. und 5.1.3.2. erwähnten Verfahren stützen.

5.1.3.1. Seismische Untersuchungen

Durch die seismischen Untersuchungen kann die Tiefenlage einer oder mehrerer, in der Dichte unterschiedlicher Schichten bestimmt werden, also z. B.

auch die Tiefe einer Gleitfläche. Dabei wird mittels Geophonen die Ausbreitung der Längswellen von einem Schußpunkt aus gemessen und aus einem Vergleich der sich oberflächlich ausbreitenden Wellen mit jenen, welche in der Tiefe durch eine schallhärtere Schicht reflektiert werden, auf deren Tiefe geschlossen (Bentz, 1961).

Diese Methode ist relativ einfach, nur sollte sie stets durch mindestens eine Bohrung „geeicht" werden. Um den Schichten die richtige Bewertung geben zu können, ist der Tiefenlage des Grundwasserspiegels besondere Beachtung zu schenken, wie auch der Tatsache, daß z. B. in engen V-Tälern eine Echoerscheinung irreführend wirken kann.

Außerdem sind Korrekturen nötig, wenn die Geländeoberfläche stark gewellt ist oder wenn die Schichten im oberflächlichen Bereich sehr inhomogen aufgebaut sind; z. B. Wechsellagerung von Torf und Sand, starke Änderung in der Mächtigkeit von Flußablagerungen etc. (Bentz, 1961, S. 620).

5.1.3.2. Geoelektrische Untersuchungen

Diese Untersuchungen beruhen auf der Messung der elektrischen Leitfähigkeit der verschiedenen Schichten mittels nicht polarisierbarer Sonden. Es liegen Berichte vor, in welchen von der Bestimmung von Gleitflächen im Untergrund mittels dieser Untersuchungen gesprochen wird (Fritsch, 1960 und Bentz, 1961, S. 718).

Das Verfahren gibt allerdings nur dann verläßliche Werte, wenn die Bodenschichten einen vor allem chemisch oder geologisch deutlich verschiedenen Aufbau haben. Es kann also z. B. die Grenzfläche zwischen Lockergestein und Felsoberfläche praktisch nicht erkannt werden, wenn beide aus dem gleichen Material (z. B. Kalk, Granit etc.) bestehen, wobei jedoch auch die Wasserführung des Bodens bzw. der Gesteine eine große Rolle spielt.

Es ist auch auf das Vorhandensein natürlicher elektrischer Potentiale im Boden zu achten, z. B. bei Grenzflächenerscheinungen oder bei Lagerstätten, deren Ränder von verschiedenen oxidierten, gelösten Stoffen umgeben sind (Bentz, 1961, S. 718).

5.1.4. Bodenuntersuchungen durch Bohrungen und Entnahme von gestörten und ungestörten Bodenproben

Grundsätzlich ist zu unterscheiden zwischen Bohrungen in

weichen bindigen Böden
steifen bindigen Böden
nicht bindigen Böden.

Als Kerndurchmesser sind möglichst 15 cm anzustreben, um Inhomogenitäten des Bodens wie Einschlüsse, Rutschflächen, Harnischflächen, Klüfte und dergleichen feststellen zu können und den Einbau in das Laborgerät zu erleichtern. Bei allen Bohrungen wird sowohl die laufende Verrohrung des Bohrloches als auch die durchgehende, möglichst wenig gestörte Kernentnahme gefordert. Bei jedem Schichtenwechsel, mindestens aber alle 2,5 m, sind ungestörte Bodenproben zu entnehmen.

Die Aufbewahrung der gestörten Bohrkerne erfolgt am besten in 1 m langen Holzkisten, wobei am Rande der Kiste die Tiefe der Entnahme des Kernes und besondere Daten, wie die Lage des Grundwasserspiegels oder das Hochquellen des Bodens während einer Bohrpause, zu vermerken sind. Außerdem ist die Entnahmestelle der ungestörten Proben zu vermerken. Die Kerne werden in Farben photographiert, eventuell mit Farbkontrollstreifen, und mit Plastikfolien umhüllt.

Da es häufig am feuchten Bodenkern nicht sofort zu erkennen ist, ob es sich um Ton, tonigen Schluff, sandigen Schluff oder schluffigen Sand handelt, ist es zweckmäßig, die Oberfläche der Kernzylinder längs einer Erzeugenden so anzuschneiden, daß eine ca. 2 cm breite Fläche entsteht. Nach einer geringen Austrocknung der Kerne kann man dann meist leicht am Grad des Zerfalls den mehr oder weniger starken Sandgehalt feststellen. Unmittelbar nach der Entnahme des Kernes sollen Untersuchungen der Festigkeit mittels des Taschenpenetrometers und der Laborflügelsonde vorgenommen werden.

Bohrungen in weichen bindigen Böden. Die Bohrung erfolgt meist so, daß das ca. 2 m lange Kernrohr in den unberührten Boden drückend abgeteuft wird. Sodann wird das Verkleidungsrohr nachgepreßt und anschließend das Kernrohr gezogen; durch das Verkleidungsrohr wird verhindert, daß der umgebende Boden nach dem Ziehen des Kernrohres in das Bohrloch fällt.

Vor dem Ziehen des Kernrohres ist darauf zu achten, daß der im Kernrohr steckende Kern vom unberührten Boden abgetrennt wird. Diese sehr heikle Arbeit erfordert großes Können und Erfahrung des Bohrmeisters; meist geschieht dies durch vorsichtiges Drehen und gleichzeitiges Drücken des Kernrohres. Häufig wird der Schuh des Kernrohres mit einem etwas geringeren Innendurchmesser als jenem des oberen Teiles des Kernrohres ausgeführt und eventuell auch ein Draht in Form einer Schlinge eingelegt, welche zur Abtrennung des Kernes zusammengezogen wird. Bei der Bohrung unter Grundwasser muß selbstverständlich darauf geachtet werden, daß beim Hochziehen des Kernrohres ein Ventil im Kopf desselben verhindert, daß durch den Wasserdruck die Bodenprobe aus dem Kernrohr gepreßt wird.

Man hat auch versucht, am oberen Teil des Kernrohres einen Luftunterdruck zu erzeugen. Dies erfordert allerdings eine etwas komplizierte Apparatur.

Nach dem Ziehen des Kernrohres ist der Kern mittels Luftdruckes aus dem Rohr zu pressen und in die Kiste zu legen. Hierbei sollten unnötige Manipulationen möglichst unterlassen werden, um den Kern nicht zu beschädigen. Teile dieses Kernes dürfen nicht als „ungestörte Probe" bezeichnet und ins Labor geschickt werden, sondern die ungestörten Bodenproben sind mittels eigener Entnahmegeräte vom Boden des Bohrloches zu entnehmen. Dieses Entnahmegerät ist ähnlich wie das Kernrohr zu bedienen, jedoch ist es nur 40 cm lang und besitzt im Inneren einen Blech- oder Plastikzylinder, in welchen die Bodenprobe eindringt. Der Blech- oder Plastikzylinder wird nach Abschrauben des Schuhes des Entnahmegerätes aus diesem entnommen und an den beiden Enden mit Deckeln verschlossen, die zur Sicherheit mit Paraffin oder einer Gummimanschette luft- und wasserdicht abgedichtet werden und, in Holzwolle verpackt, ins Labor gesandt. Oft ist zu bemerken, daß der zu gewinnende Kern das Kernrohr nicht vollständig ausfüllt. Dieses Fehlvolumen muß man ebenfalls mit Paraffin ausfüllen.

Keinesfalls darf die Probe vor dem Eintreffen im Labor aus dem Zylinder entfernt und, obwohl einparaffiert, doch sonst ungestützt, verfrachtet werden. Bei quellenden Böden müssen die Deckel gegebenenfalls mit starkem Draht umwickelt werden, um eine vorzeitige Deformation der Probe zu vermeiden.

Stark deformierbare Kernproben mit einem Wassergehalt nahe oder über der Fließgrenze müssen so verschlossen und gelagert werden, daß die Probe nicht konsolidieren kann, d. h. die Probe muß raschest von der Entnahmestelle ins Labor gebracht werden.

Es ist auch darauf zu achten, daß die Probe während des Transportes nicht durch Frosteinwirkung gestört wird. Die Entnahme der Probe aus dem Zylinder im Labor gestaltet sich bei Plastikzylindern, die man durch Aufschlitzen öffnen kann, einfach. Bei Verwendung eines relativ dickwandigen Stahlzylinders muß die Probe im Labor mittels eines von unten nach oben wirkenden Stempels aus dem Zylinder herausgedrückt werden, was allerdings leicht zu Störungen der Probe führen kann.

Falls der Kern eine so hohe Konsistenz besitzt, daß die Verwendung des Zylinders nicht erforderlich ist, kann er ohne Zylinder entnommen werden. Man muß ihn aber sofort mit Paraffin umhüllen, um ein Austrocknen zu verhindern.

Vor dem Einführen des Entnahmegerätes in das Bohrloch muß man dieses selbstverständlich vom Nachfall des Bodens zwischen Kernrohr und Verkleiderohr reinigen. Auch muß man die Tiefe des Bohrloches genau nachmessen, um festzustellen, daß nicht etwa ein Aufquellen des Bodens infolge einer etwaigen hydraulischen Strömung erfolgt ist. Eine solche ist dann zu beobachten, wenn ein hoher hydraulischer Gradient zum Bohrlochtiefsten vorliegt. Als Abhilfe muß der Wasserspiegel im Bohrloch mindestens auf gleicher Höhe mit dem Grundwasserspiegel gehalten werden. Es ist besonders wichtig, beim Ziehen des Kernrohres stets soviel Wasser ins Bohrloch zu füllen, als dem Volumen des Kernrohres plus Bohrgestänge entspricht, um einen Druckausgleich zu gewährleisten. Bei nichtbindigen feinkörnigen Böden sind besondere Maßnahmen nötig, welche weiter unten besprochen werden sollen.

Bohrungen in steifen und harten bindigen Böden. Grundsätzlich gilt das für weiche Böden gesagte, es sind jedoch folgende Einzelheiten zu beachten:

Wenn das Kernrohr nicht durch Druck allein in den Boden eingeführt werden kann, muß es außerdem gedreht werden. Hierbei muß das sogenannte doppelte Kernrohr verwendet werden. Dabei steht das eigentliche innere Kernrohr, in welches der Kern „hineinwächst", still, während das äußere Rohr unabhängig davon gedreht wird. In diesem Fall muß zur Hochführung des Bohrschmants eine Wasserspülung zwischen die beiden Rohre geleitet werden, welche aber keinesfalls den Kern berühren oder gar teilweise auswaschen darf. Die Aufbringung des Druckes, die Wahl der Drehgeschwindigkeit und die Dosierung der Wasserspülung erfordern ein hohes Maß an Können und an Sensibilität des Bohrmeisters.

In meiner Praxis habe ich Fälle erlebt, wo durch zu starken Anpreßdruck und nicht genügende Wasserspülung der Bohrkern regelrecht gebrannt und ein steifer sandiger Schluff in eine Art Ziegel verwandelt wurde; in einem anderen Falle wurde ein lockerer schluffiger Sand während der Bohrung unsachgemäß so gepreßt, daß der Kern Festigkeiten von mehreren Zehnerwerten von MN/m^2 aufwies.

Bohrungen in nichtbindigen Böden. Hier kann ein Kerngewinn meist nur mit dem doppelten Kernrohr erzielt werden und nur dann, wenn der Boden leicht schluffhaltig ist.

Ist vor allem ein feinsandiger Boden völlig kohäsionslos, besitzt er einen so großen inneren Reibungswinkel, daß das Kernrohr weder drückend noch drehend niedergebracht werden kann. In diesem Falle muß ein Kreuzmeißel mit Wasserspülung verwendet werden, welcher den Boden leicht verdichtet und so ein Hochquellen vermeidet und gleichzeitig durch die Wasserspülung ein Abteufen des Meißels ermöglicht. Das Verkleidungsrohr muß nachgeschlagen werden.

Für kohäsionslose Böden ist die Entnahme mittels eines Entnahmegerätes meist nicht möglich. Die Prüfung des unberührten Bodens ist mittels einer Schlagsonde, am besten mittels des Standard-Penetrometer-Testes (SPT) durchzuführen (siehe 5.1.5.), wobei am besten der unten offene Penetrometer verwendet wird, da in diesem Falle eine gewisse Chance besteht, daß auch kohäsionslose feinkörnige Böden, welche sich im relativ engen Rohr (Durchmesser 50 mm) während des Einschlages verklemmt hatten, aus dem Bohrloch entnommen werden können.

5.1.5. Messung des Eindringwiderstandes von Sonden

Die Sonden werden eingesetzt, um ein Netz von Bohrungen (mit Entnahme von Bodenproben) zu ergänzen, da Sondierungen rascher und billiger auszuführen sind als Bohrungen.

Es gibt eine große Anzahl von Sonden, welche entweder in den Boden gerammt oder statisch eingedrückt werden, wobei zum Teil auch der Spitzenwiderstand, getrennt von der Mantelreibung, gemessen werden kann. Mittels der blasenförmigen, sogenannten Kögler- oder Menardsonde kann sowohl der Eindringungswiderstand als auch das horizontale Verformungsverhalten (Pressiometermodul) des Bodens gemessen werden.

Die Sondierprotokolle müssen jedoch durch das Ergebnis der Bohrungen „geeicht" werden.

Die Drucksonde zeigt den zum Eindringen der Sonde nötigen Einpreßdruck in MN/m^2 an; aus der Veränderung des Eindringungswiderstandes mit zunehmender Tiefe kann auf die Bodenbeschaffenheit, also auch auf den Übergang von einer Schicht zur anderen, geschlossen werden. Es kann so auch die Lage einer oder mehrerer Gleitflächen bestimmt werden.

Die Drucksonde wird vorwiegend bei bindigen und feinkörnigen nichtbindigen Böden verwendet, während der Rammsonde die Prüfung nichtbindiger Böden vorbehalten ist.

In der Bundesrepublik Deutschland wird sowohl die leichte als auch die schwere Rammsonde verwendet (DIN 4094, Blätter 1 und 2); in Österreich wird die Rillensonde nach ÖNORM B4405 dann eingesetzt, wenn es möglich ist, in der Rille des Sondenstabes Bodenproben zu entnehmen. Alle diese Rammsonden können von der Bodenoberfläche aus, also ohne Bohrung, verwendet werden.

Die international meist verwendete Sonde ist der sogenannte Standard-Penetrometer, welcher von der jeweiligen Sohle des Bohrloches aus eingerammt wird.

Für den sogenannten Standard-Penetration-Test (SPT) wird ein längs zweier Erzeugenden gespaltenes Rohr mit einem Außendurchmesser von 50 mm (2"), einem Innendurchmesser von 35 mm (1 3/8"), 815 mm (2 Fuß 8") Länge und einem Schuh mit einem Schneidewinkel von ca. 25° zur Vertikalen von der jeweiligen Bohrlochsohle aus in den Boden gerammt. Das Gewicht des am Bohrgestänge gleitenden Fallbären beträgt 63,5 kg (140 Pfund) und die Fallhöhe 76 cm (30").

Zunächst wird von der gereinigten Bohrlochsohle eines Bohrloches mit mindestens 130 mm Durchmesser aus das Rohr 15 cm in den Boden geschlagen und von da ab die Zahl der Schläge gezählt, welche bis zu einem Eindringen von 30,5 cm erforderlich sind.

Wenn der nichtbindige Boden etwas Schluff enthält, dann gelingt es, mit dem Rohr eine, wenn auch gestörte Bodenprobe zu entnehmen.

Um das Herausfallen des Bodens während des Hochziehens des Gestänges zu vermeiden, kann am Schuh ein Federring befestigt werden und außerdem am oberen Ende ein Kugelventil, um zu verhindern, daß während des Hochziehens des Gerätes das im Bohrgestänge befindliche Wasser die Probe herausdrückt. Werden große Steine angefahren, kann man eventuell den Schuh mit einer Spitze verschließen. Die Rammergebnisse mit und ohne Spitze unterscheiden sich nur geringfügig voneinander.

Wird der Versuch in relativ tiefen Bohrlöchern oder auch unter Wasser durchgeführt, so wird zweckmäßig eine Spezialsonde (z. B. System Nordmeyer) verwendet, bei welcher innerhalb eines wasserdichten, an einem Seil hängenden Hohlzylinders das Fallgewicht sowie der automatische Hub- und Ausklinkmechanismus eingebaut ist.

Die Resultate der Versuche sind in Form eines Diagrammes aufzutragen, wobei auf die Abszisse die erforderliche Anzahl von Schlägen für je 30,5 cm Eindringung (N30) und auf die Ordinate die entsprechenden Tiefen und möglichst auch die Bohrprofile einzuzeichnen sind.

5.1.6. Messung des Porenwasserdruckes mittels Piezometer

Da die Rutschungen meist in wenig durchlässigen bindigen Bodenschichten auftreten, kommen für die Messung des Porenwasserdruckes nur Piezometer in Frage, bei denen der Druck bei möglichst geringer Verschiebung der auftretenden Wassermengen gemessen wird.

Hierzu eignen sich vorzüglich alle Meßdosen, bei welchen mittels wenig verschieblicher Membranen der Druck entweder auf ein empfindliches elektrisches Verformungsmeßgerät übertragen (System Maihak) oder der auf eine Membrane wirkende Porenwasserdruck durch einen meßbaren Gegendruck ausbalanciert wird (System Glötzl). Die Meßdosen werden in der Regel mittels einer Bohrung versetzt.

Porenwasserdruckgeber sollten überall dort eingebaut werden, wo z. B. eine Rutschung infolge eines Grundbruches zu befürchten ist, etwa bei der Schüttung von Dämmen auf relativ weichem Untergrund. Beispiel 6.2.8./I.

Ein plötzlich stark ansteigender Porenwasserdruck in der präsumtiven Gleitfläche kann vor einer Weiterbelastung des Untergrundes durch die Dammschüttung rechtzeitig warnen. Außerdem kann das oft um Jahrzehnte verzögerte Auftreten von Rutschungen durch den sich langsam aufbauenden Porenwasserdruck erklärt werden (Skempton, 1977b).

Sind die Dosen von der Geländeoberfläche aus zu bedienen, so ist bei tiefer liegendem Grundwasserspiegel der Gegendruck mittels Luftdruckes aufzubringen, was wohl unbedeutende Meßungenauigkeiten zur Folge haben kann.

5.1.7. Verformungsmessungen an der Oberfläche und in verschiedenen Tiefen unter der Geländeoberfläche

Die relative Bewegung besonders markanter Punkte an der Geländeoberfläche kann außer durch geodätische Vermessungen auch durch lokal eingebaute Extensometer beobachtet werden. In diesem Falle werden z. B. berg- und talseitig eines charakteristischen Risses, welcher sich am Kopf einer Rutschung befindet, Fixpunkte angebracht. Die relative Verschiebung dieser Fixpunkte kann entweder durch ein dauernd befestigtes Extensometer, dessen Bewegung laufend elektrisch zu einer Kontrollstelle übertragen wird, oder periodisch durch einen Beauftragten von Hand aus gemessen werden. Falls die Bewegung von einer gleichmäßigen Geschwindigkeit zu einer beschleunigten Bewegung übergeht, besteht höchste Gefahr einer Gleitung.

In Abb. 25 ist dargestellt, wie die Beobachtung der Bewegung eines Rutschhanges, welche die Eisenbahnlinie zwischen Kanaya und Senzu am Ooi-Fluß in Japan bedrohte, organisiert wurde, welche Schlüsse daraus gezogen und welche Maßnahmen getroffen wurden.

Da diese Bahnlinie eine der Hauptverkehrsadern Japans darstellt, mußte eine Sperre der Gleise als Folge der zu erwartenden Hangrutschung auf den kleinstmöglichen Zeitraum beschränkt werden.

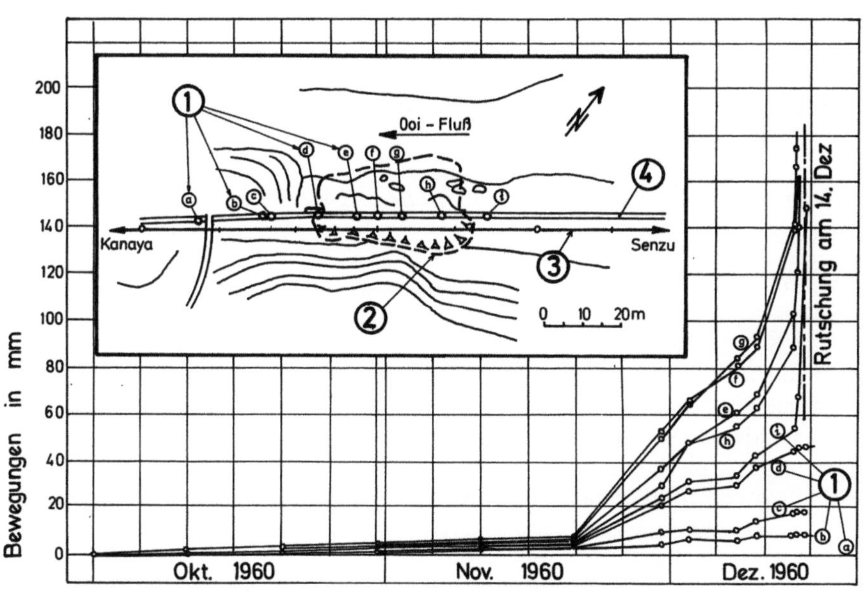

Abb. 25. Lageplan und Verformungsmessungen der Rutschung am Ooi-Fluß. *1* Meßstellen a bis i, *2* Rutschung, *3* Eisenbahnlinie, *4* Stützmauer

Man baute an neun charakteristischen Punkten elektrische Verformungsgeber ein, welche die Hangbewegung mit Millimetergenauigkeit angaben. Zunächst betrugen die Bewegungen zwischen 1 und 5 mm je Monat. In der letzten Dekade des November 1970 und der ersten des Dezember 1970 erhöhte sich die Bewegung plötzlich auf 10 bis 100 mm in 20 Tagen, um dann am 14. Dezember 1970 zu einer Rutschung zu führen. Der lebenswichtige Bahnverkehr konnte bis zum 10. Dezember 1970 aufrechterhalten werden; die Schließung der Strecke konnte auf das unumgänglich nötige Maß von etwa vier Tagen Erwartungszeit plus sechs Tagen Räumungszeit beschränkt und so der wirtschaftliche Schaden so gering wie möglich gehalten werden.

Es können auch einfach berg- und talseitig eine Reihe von Fixpunkten (z. B. lange Holzpflöcke) eingeschlagen werden, welche kreuzweise mit einem unter elektrischer Spannung stehenden Draht verbunden werden. Bei stärkerer Relativbewegung der Fixpunkte reißt der Draht und ein Relais spricht sofort an. Auf Grund dieser Meldung können noch rechtzeitig Vorsichtsmaßnahmen getroffen werden.

Um die relative Bewegung ober der Gleitfläche im Verhältnis zur darunterliegenden Schicht beobachten zu können, werden in vertikale Bohrlöcher Rohre, möglichst dicht an die Bohrlochwand liegend, eingebracht. Der Querschnitt dieser Rohre ist entweder quadratisch oder rund, mit einer innen vorstehenden prismatischen Leiste. So wird der eingeführte Neigungsmesser (Inklinometer) vor einer Verdrehung um seine Längsachse geschützt. Das im Neigungsmesser eingebaute Pendel meldet eine eventuelle Neigung gegen die Horizontale über elektrische Induktion. Die Messung dieser Verformung ist wichtig, um eine eventuell beschleunigte Relativbewegung zwischen den beiden Schichten zu messen. Wie stark solche Verschiebungen sein können, ist an den Beispielen 6.1.1./IV und 6.1.2./I zu sehen.

Es können also z. B. bei Schachtbauten, welche die Gleitfläche zu durchqueren haben, die zu erwartenden Verformungen des Bodens vorhergesehen und entsprechende Vorsichtsmaßnahmen getroffen werden.

5.1.8. Meßtechnik für elektrische Bodenpotentiale, pH-Wert und Redoxeigenschaften

Von F. Hilbert

5.1.8.1. Messung von Bodenpotentialen

Prinzipiell sind zwei Arten von elektrischen Potentialen im Boden meßbar: Redoxpotentiale (vgl. Kapitel 7.2.2.5.) und elektrische Spannungsabfälle, die auf im Boden fließende elektrische Ströme zurückgehen.

A) Messung von Redoxpotentialen. Redoxpotentiale sind durch das Konzentrationsverhältnis von oxidierenden und reduzierenden Stoffen im Porenwasser bestimmt. Zu ihrer Messung sind eine unangreifbare Elektrode (aus Platin, Gold oder, weniger gut aber billiger, Graphit) und eine sogenannte Bezugs- oder Referenzelektrode (z. B. eine Quecksilber-Quecksilberchloridelektrode, handelsüblich als Kalomel-Bezugselektrode bezeichnet, oder eine sogenannte Thalamidelektrode) nötig. Das Schema einer solchen Messung zeigt Abb. 26. Als Meßinstrument ist unbedingt eines der im Fachhandel als *pH*-Meter bezeichneten Millivoltmeter zu verwenden (andere Instrumente haben zu niedrige Eingangswiderstände). Die beiden Elektroden sollen nahe beieinander stehen, sich aber nicht berühren. Der Boden muß gut mit destilliertem Wasser durchfeuchtet werden. Bei Verwendung einer an Kaliumchlorid gesättigten Kalomel-Bezugselektrode errechnet sich das Redoxpotential an der Meßstelle nach

$$U_{\text{Redox}} = 0{,}241 - U_M \quad [V].$$

(U_M = Meßwert; 0,241 *V* = Elektrodenpotential der mit gesättigter Kaliumchloridlösung gefüllten Kalomelelektrode). Für Feldmessungen sind kleine Batterie-*pH*-Meter zu empfehlen.

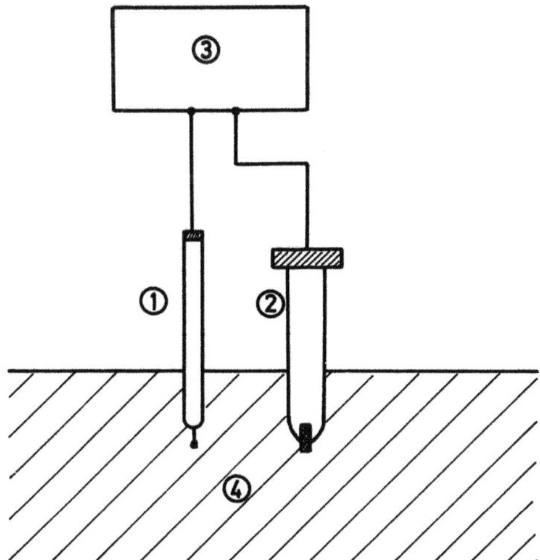

Abb. 26. Meßanordnung zur Bestimmung des Boden-Redoxpotentials. *1* Platinelektrode (Glas- oder Plastikkörper mit herausragendem Platindraht), *2* handelsübliche Bezugselektrode, *3 pH*-Meter (Eingangswiderstand $> 10^{12}$ Ω), *4* durch gründliche Durchfeuchtung mit destilliertem Wasser erweichter Boden, in den die beiden Elektroden eingedrückt sind

B) Messung der elektrischen Bodenpotentiale. Diese Art von Bodenpotentialen entsteht durch im Boden fließende Ströme durch den Spannungsabfall am Bodenwiderstand; die Ströme ihrerseits werden durch verschiedene Redoxpotentiale im Boden hervorgerufen (Kapitel 7.2.2.5.), können aber auch durch eine hydraulisch bedingte Wasserströmung entstehen (Umkehrung der Elektroosmose, Kapitel 7.2.2.4.2.; durch eine hydraulische Strömung in Kapillaren entsteht eine elektrische Spannung).

Eine Absolutmessung dieser elektrischen Bodenpotentiale ist nicht möglich, es können nur Potentialdifferenzen (= Spannungen) gemessen werden. Zur Messung müssen zwei identische Bezugselektroden verwendet werden (wenn beide in ein Gefäß mit Kaliumchloridlösung eingetaucht werden, muß die mit einem *pH*-Meter gemessene Spannung zwischen ihnen Null sein). Das Meßverfahren ist schematisch in Abb. 27 dargestellt; eine der Meßstellen wird als Referenzmeßstelle gewählt; die eine der beiden Bezugselektroden verbleibt hier während der ganzen Messung. Die zweite Bezugselektrode wird jeweils an der zu messenden Stelle mit dem Boden in Kontakt gebracht. Ebenso wie unter A) muß der Boden dazu gut durchfeuchtet und erweicht werden, so daß zwischen dem Diaphragma der Bezugselektroden und dem Bodenmaterial ein guter elektrischer Kontakt herstellbar ist. Im Gegensatz zu A) soll aber die Durchfeuchtung mit gesättigter Kaliumchloridlösung geschehen; in hartem Boden können auch entsprechend ausgebohrte Vertiefungen mit der Lösung gefüllt werden, in die dann die Elektroden eintauchen, wie in Abb. 27 dargestellt. Auch hier muß zur Spannungsmessung unbedingt ein *pH*-Meter verwendet werden.

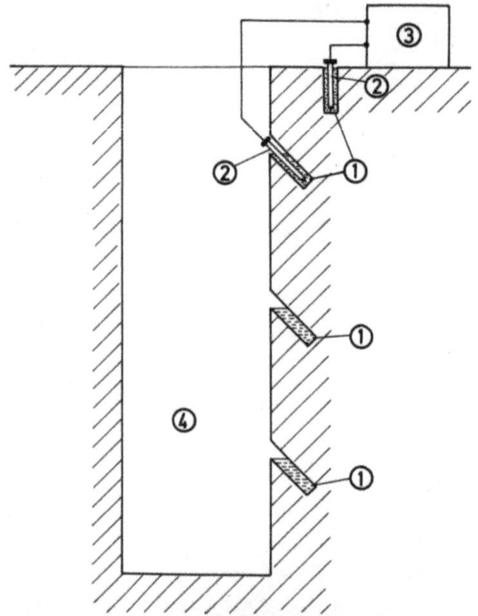

Abb. 27. Meßanordnung zur Bestimmung der elektrischen Bodenpotentialdifferenzen. *1* Vertiefungen in der Wand eines Schachtes bzw. im natürlichen Boden (nach Humusabtrag), mit gesättigter Kaliumchloridlösung gefüllt, *2* identische Bezugselektroden, *3 pH*-Meter, gemessen wird gerade die Spannung zwischen oberster und Referenzmeßstelle, *4* Schacht

Dieses Verfahren wurde in jüngster Zeit wesentlich vereinfacht. Prinzl(1977) und Pötscher haben eine Sonde entwickelt, welche von der Bodenoberfläche aus in ein Bohrloch eingeführt wird. Versuchsanordnung siehe Abb. 28. Die elektrische Spannungspotentialmessung wird mit Kalomelelektroden durchgeführt, die in Kaliumchloridlösung eingetaucht sind.

Mit der Elektrode 1 (Bezugselektrode) wird der Kontakt zur Bodenoberfläche hergestellt. Die Elektrode 1 ist die Bezugselektrode für alle Meßpunkte in den verschiedenen Tiefen eines Bohrloches.

Die Elektrode 2 (Meßelektrode) steckt in einem mit Kaliumchloridlösung gefüllten Druckbehälter. An den Druckbehälter ist eine Meßsonde angeschlossen, die aus einer flexiblen Fülleitung, einem verlängerbaren Plastikgestänge und einer

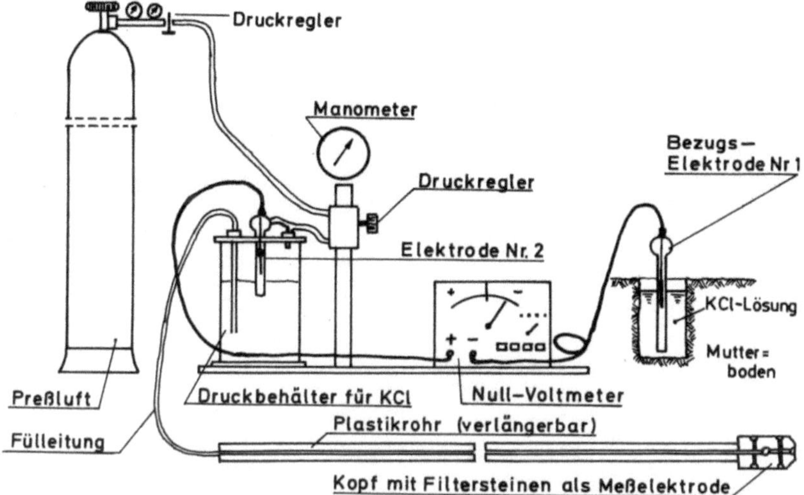

Abb. 28. Versuchsanordnung

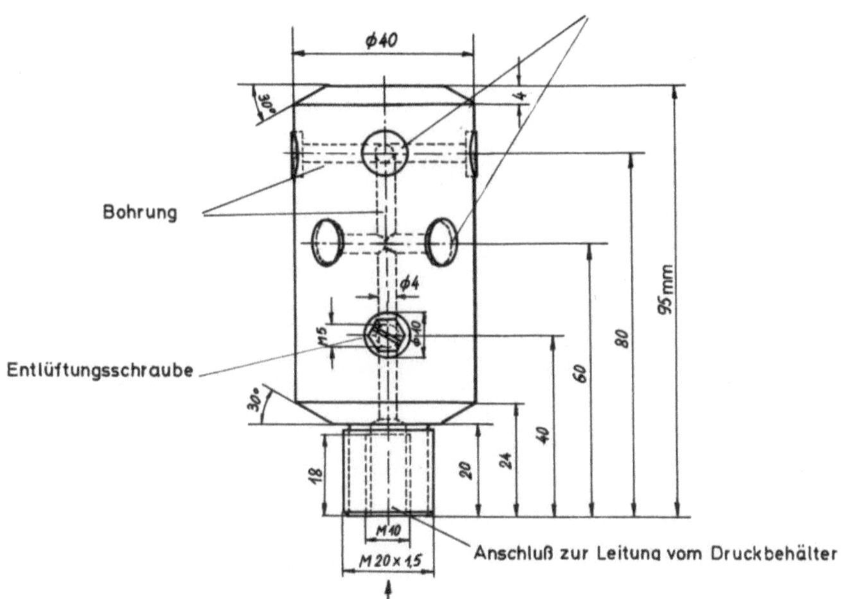

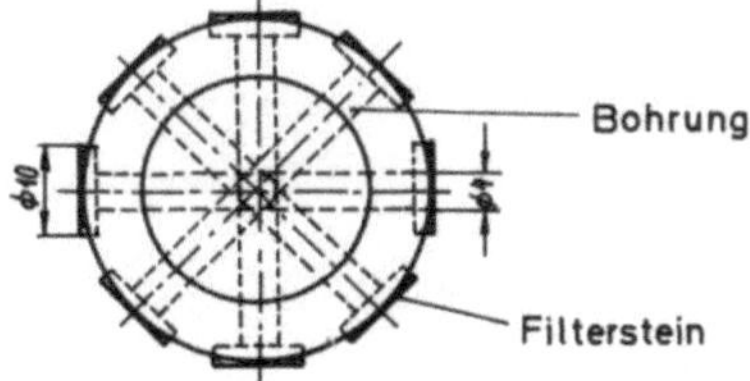

Abb. 29. Sondenkopf

Plastikspitze (Sondenkopf) besteht. Der Sondenkopf ist mit gebohrten Löchern versehen, die außen mit Filtersteinen (Glasfritten) abgeschlossen sind und bis zur Fülleitung in der Mitte reichen (siehe auch Abb. 29). Mit dem Sondenkopf wird im Bohrloch der Kontakt mit dem Boden in verschiedenen Tiefen hergestellt, und zwar möglichst in der Zone oberhalb und unterhalb der Gleitfläche. Der elektrische Kontakt wird mit der Kaliumchloridlösung, die ständig aus dem Druckbehälter über die Fülleitung bis zum Sondenkopf gepreßt wird (Abb. 30) und dort durch die Glasfritten langsam heraussickert, hergestellt. Der zu verwendende Druck ist ca. 0,5 bis 1,0 bar größer als der hydrostatische Druckunterschied zwischen Sondenkopf und Druckbehälter.

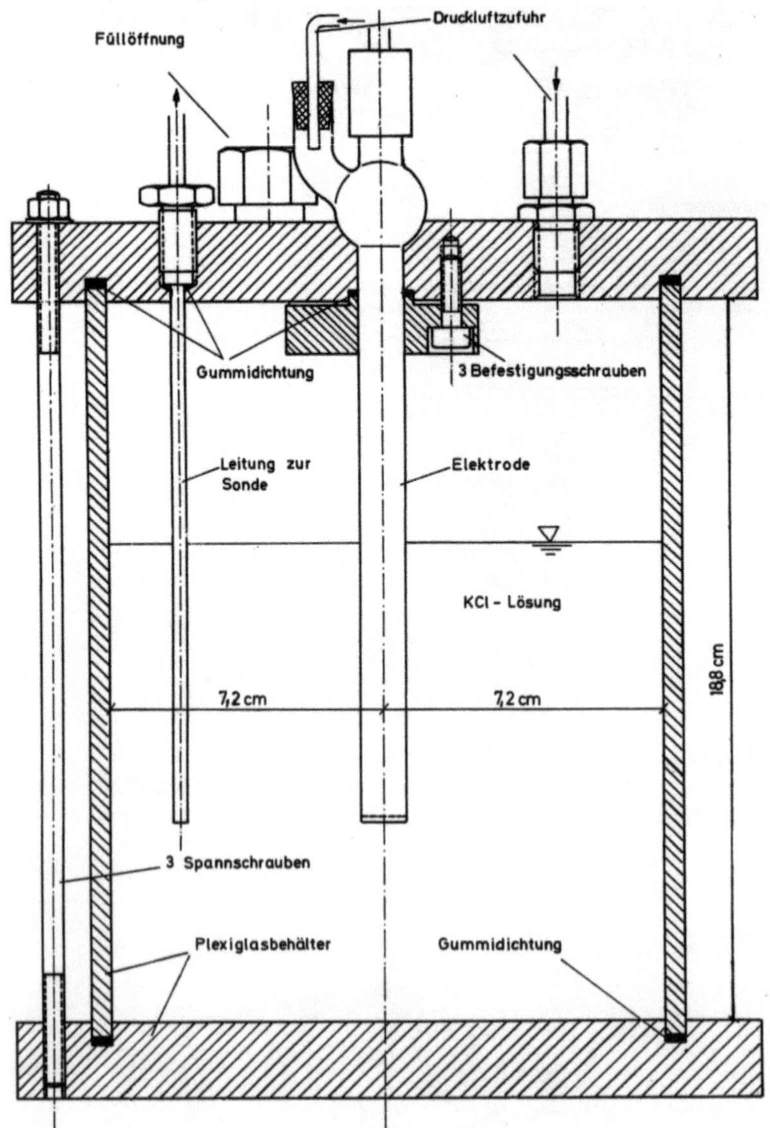

Abb. 30. Druckbehälter

Mittels dieser Geräte können relativ rasch und billig die elektrischen Spannungspotentiale gemessen werden. Das Bohrloch muß natürlich unverrohrt stehen bleiben können, was kurzfristig in den meisten Fällen möglich ist.

Diese Sonde kann auch für die wichtige Bestimmung des für die Kurzschlußwirkung nötigen Abstandes der Kurzschlußleiter untereinander verwendet werden. Der Vorgang ist folgender: Zunächst wird ein Bohrloch etwa im Zentrum der Rutschung gebohrt; dann wird die Sonde eingeführt und mit ihr die Potentialdifferenz zwischen der Schicht ober- und unterhalb der Gleitfläche gemessen. Sodann werden in abnehmenden Horizontalabständen die Kurzschlußelektroden eingeführt und die Abnahme der Potentialdifferenz nach einigen Tagen (je nach steigendem Bodenwiderstand 3 bis 10 Tage) mit der Sonde gemessen, also z. B. in Abständen von 4, 3, 2 und 1 m. Es wird so der Abstand a ermittelt, bei dem ein deutlicher Abfall der Potentialdifferenz festzustellen ist. Als Abstand für die netzförmig anzuordnenden Kurzschlußleiter wird 2a gewählt.

5.1.8.2. Messung des Boden-pH-Wertes

Zur Feldmessung geeignet sind die handelsüblichen „kombinierten Glaselektroden", als „Einstichelektrode" ausgebildet. Solche kombinierte Glaselektroden enthalten eine pH-anzeigende Elektrode und eine Bezugselektrode in einem; der Anschluß an das (unbedingt erforderliche) pH-Meter ist durch einen Abschirmstecker, entsprechend der Gebrauchsanweisung des Geräteherstellers, durchzuführen.

Eine Feldmessung des Boden-pH-Wertes ist nur möglich, wenn der Boden so weich ist, daß die aus Glas bestehende Elektrode ohne Beschädigung etwa 2 bis 3 cm eingestochen werden kann; der Boden darf keinesfalls befeuchtet und so erweicht werden, weil dadurch der pH-Wert verändert wird.

Feldmessungen des pH-Wertes sind immer ungenau und liefern unter besten Bedingungen nur relativ zueinander einigermaßen verläßliche Richtwerte z. B. innerhalb eines Rutschgebietes.

Genauere Werte erhält man bei Laborbestimmungen, bei denen ungestörte Bodenproben entnommen, mit tridestilliertem Wasser extrahiert, filtriert und im Filtrat gemessen werden; alle diese Operationen sind unter möglichstem Luftabschluß durchzuführen. Dementsprechend sind solche Messungen recht aufwendig und als Routinemethode nicht geeignet.

5.1.8.3. Messung der Redoxeigenschaften

Auch diese Bestimmung ist als Routinemethode zu aufwendig; der Vorgang ist der gleiche wie bei der Labormessung des Boden-pH-Wertes, nur wird im Filtrat eine Messung des Redoxpotentials und eine chemisch-analytische Bestimmung der Eisen(II)- und Eisen(III)ionenkonzentration durchgeführt.

5.1.9. Messung des natürlichen Wassergehaltes an der Bodenoberfläche mittels radioaktiver Kobaltelemente

Zur raschen Bestimmung des natürlichen Wassergehaltes (und auch der Dichte), z. B. vor und nach erfolgter Sanierung einer größeren Fläche, bedient man sich, z. B. auch beim Bau von Dämmen, eines Apparates, welcher unten eben ist, seitlich aus einem Zylinder von einem Durchmesser von 40 cm und einer Höhe von ca. 40 cm besteht und oben mit einer Kuppel und einem diese umschließenden Tragriemen abgeschlossen ist.

In diesem Apparat befindet sich ein radioaktives Kobaltelement. Die Stärke der vom Boden reflektierten Strahlen wird gemessen. Sie variiert je nach dem natürlichen Wassergehalt und der Dichte des Bodens. Nach entsprechender Eichung können diese beiden Werte sehr genau bestimmt werden. Das relativ teure Gerät ist nur dann wirtschaftlich, wenn eine größere Anzahl von Proben durchzuführen ist. Das Gerät ist empfindlich und sollte möglichst nur von einem und demselben Techniker bedient werden.

5.2. Laboruntersuchungen

Die Arbeiten im Labor sind in zahlreichen Lehrbüchern und Normen genau beschrieben, so daß es überflüssig scheinen könnte, noch einmal darauf zurückzukommen. Dennoch gibt es Einzelheiten, welche — obwohl vielen Fachleuten bekannt — doch manchmal übersehen werden und deren Nichtbeachtung zu Fehlurteilen führen kann (Schultze und Muhs, 1967).

5.2.1. Bestimmung des natürlichen Wassergehaltes

Der Wassergehalt w einer Bodenprobe ist das Verhältnis der Masse des im Boden vorhandenen Wassers m_w zur Masse der trockenen Probe m_t. Die Trocknung erfolgt im Trockenschrank bei 105°C bis zur Massenkonstanz.

Die Probenmenge ist der zulässigen Meßunsicherheit, dem Wägefehler sowie dem größten Korndurchmesser und dem Wassergehalt w der Probe anzupassen. Es wird auf DIN 18121, DIN 1319 und ÖNORM B4410 verwiesen.

Es wurden zahlreiche Methoden ausgearbeitet, um die etwas langwierige Ofentrocknung zu ersetzen.

Hierher gehört die Wassergehaltsbestimmung mittels Beobachtung der Leitfähigkeit zwischen zwei in einem Gipskörper eingebetteten Platinelektroden, wobei der Gipskörper in die Bodenprobe eingeführt wird.

Exakte Versuche, welche im Bodenmechanischen Labor der Technischen Universität Graz ausgeführt wurden, zeigten, daß diese Bestimmung des Wassergehaltes nur bei engbegrenzten Wassergehalten von ca. 23 bis 27% einigermaßen verläßlich ist, und auch nur dann, wenn ein steigender Wassergehalt gemessen wird. Bei abfallendem Wassergehalt ist die Bestimmung infolge starker Streuungen sehr unsicher (Pötscher, 1977).

Auch die Methode, den Gasdruck eines in einem hermetisch abgeschlossenen Behälter eingeschlossenen Gemisches aus Karbid plus Bodenprobe zu messen, hat sich als unsicher erwiesen.

5.2.2. Ödometerversuch und Bestimmung des Durchlässigkeitsbeiwertes k_f

Es ist bekannt, daß die Auswertung auch sorgsam durchgeführter Ödometerversuche (Belastungsversuch mit seitlich behinderter Ausdehnung) meist größere Setzungen ergibt als jene, welche tatsächlich in der Natur auftreten, und auch meist die aus dem Ödometerversuch errechnete Zeit bis zum Erreichen der 90%-Setzung länger ist als jene in der Natur.

Die Erklärung für die größeren Setzungen ist darin zu finden, daß bei der Entnahme der Probe aus der Entnahmehülse stets eine gewisse Entspannung eintritt. Weiters kommen beim Einbau der Probe in den Ödometerring seitliche Störungen und Störungen an der Oberfläche infolge des Abschneidens der Probe zustande.

Was den Einfluß auf die Verformung in Abhängigkeit von der Zeit betrifft, so muß man berücksichtigen, daß die Raumtemperatur im Laborraum praktisch immer höher ist als im Boden bzw. im Aufbewahrungsraum der Proben vor der Prüfung; das in den Poren der Bodenprobe eingeschlossene Wasser scheidet dadurch oft Luftblasen aus. Diese Luftblasen verengen den Weg für das infolge von Konsolidation ausströmende Wasser und verkleinern so den k_f-Wert (Durchlässigkeitsbeiwert). Auf diese Weise wird also eine längere Konsolidierungszeit ermittelt, als den Werten in der Natur entspricht. Es sollte also während der Ödometerversuche im Labor die gleiche Temperatur wie im Boden herrschen, aus welchem die Proben entnommen wurden (ab ca. 1,5 m Tiefe die mittlere Jahrestemperatur). Eine weitere Ursache für in der Natur schneller abklingende Setzungen sind die fast stets vorhandenen Inhomogenitäten, z. B. in Form von feinsten Sandlinsen, die eine Entwässerung des Bodens beschleunigen.

Was die Bestimmung des k_f-Wertes anlangt, können sich bei dem routinemäßigen Versuch mittels der bekannten Apparate Fehler einschleichen, welche verschiedene Ursachen haben. Ein Teil dieser Fehler wurde schon beim Ödometerversuch besprochen — die Probe kann nur selten ungestört eingebaut werden, und vor allem bei wenig durchlässigen Böden sucht sich das Wasser bei nicht einwandfreier Dichtung seinen Weg zwischen der Wandung des Gerätes und der Probe. Über den Einfluß der im Wasser eingeschlossenen Luftblasen in Funktion der Temperatur wurde schon beim Ödometerversuch gesprochen. Jedenfalls soll destilliertes Wasser verwendet werden, um eine Reaktion zwischen dem alkalischen Leitungswasser und dem Glas der Versuchsgeräte zu vermeiden. Allgemein bekannt ist die geringe Übereinstimmung der Ergebnisse der Laborversuche mit der tatsächlichen Durchlässigkeit des Untergrundes. Diese kann besser, wenn auch nicht immer zielführend, mittels Feldversuchen, z. B. durch probeweises Absenken des Grundwasserspiegels, ermittelt werden.

Das bei tiefliegendem Grundwasserspiegel manchmal geübte Verfahren, Wasser durch ein Filterrohr in den Boden einzufüllen und somit den Grundwasserspiegel lokal anzuheben, kann infolge Verschlämmungsgefahr im und um das Filterrohr verfälschte Resultate ergeben.

5.2.3. Zylinderdruckversuch

Die einaxiale Druckfestigkeit ist die Druckfestigkeit von Bodenproben bei unbehinderter Seitendehnung ($\sigma_3 = 0$). Sie ist an zylindrischen oder prismatischen Proben bei vorgegebener, konstanter Verformungsgeschwindigkeit zu bestimmen. Diese soll ca. 1% der Anfangsprobenhöhe in der Minute betragen. Das Verhältnis Höhe zu Durchmesser (Kantenlänge) der Bodenprobe soll 2 bis 2,5 : 1 betragen.

Der Versuch ist beendet, wenn der Bruch nach Überschreiten des Maximums der Axialkraft eingetreten ist oder wenn bei großer Verformung die Stauchung ϵ = 20% beträgt (q_u). Der Zylinderdruckversuch dient vor allem zur relativ raschen Bestimmung des c_u-Wertes (= unentwässerte Kohäsion), da ja $c_u = \frac{1}{2} q_u$ gleichzusetzen ist. Die detaillierte Versuchsbeschreibung ist aus DIN 18136 und ÖNORM B4415 zu entnehmen.

5.2.4. Bestimmung des inneren Reibungswinkels und der Kohäsion

Diese Werte werden entweder durch die Prüfung im Triaxialgerät, im Rahmenschergerät oder im Ringschergerät bestimmt.

Bei allen Versuchen ist die Lastaufbringung während des Schervorganges so zu steuern, daß der Wert der Bruchfestigkeit und jener der Gleitfestigkeit klar erkannt werden kann. Die öfter geübte Methode, knapp vor Erreichen der Bruchfestigkeit auf den nächsthöheren Wert, sei es des allseitigen Druckes (beim Triaxialgerät) oder des vertikalen Druckes (bei den Scherapparaten), zu gehen, ist nicht empfehlenswert, da auf diese Weise weder ein verläßlicher Wert für die Bruchfestigkeit noch für die Gleitfestigkeit erzielt wird. Das einzige Versuchsgerät zur Bestimmung der Gleitscherfestigkeit unter verschiedenen Normalspannungen ist das mit einem theoretisch „unendlichen" Scherweg ausgestattete Kreisringschergerät. Auch der „Wiener Routinescherversuch" liefert korrekte Werte für die Gleitscherfestigkeit (Borowicka, H., sen., 1963).

Von besonderer Wichtigkeit ist die Orientierung der Proben im Triaxial- bzw. Schergerät (Skempton et al., 1969b). Die Probe muß so orientiert werden, daß die während des Versuches entstehende Scherfläche möglichst in der Gleitfläche liegt. D. h. die aus der Zone der Gleitfläche entnommene Probe muß so zugeschnitten und in das Gerät eingebaut werden, daß die in der Probe liegende Gleitfläche entweder im Triaxialapparat unter ca. 45° + $\frac{\varphi}{2}$ zur Horizontalen oder im Scherapparat horizontal liegt. Der Wert φ kann entweder geschätzt oder im Rahmenschergerät vorher bestimmt werden. Nur so können die in der Gleitfläche auftretenden Scherparameter ermittelt werden, da sie meist kleiner sind als jene des darüber- oder darunterliegenden Bodens.

5.2.5. Röntgenographische Untersuchungen

Für die Erkennung feinkörniger kristalliner Mineralien in Sedimentgesteinen sind in den letzten Jahren röntgenographische Untersuchungsverfahren immer stärker in den Vordergrund gerückt.

Das grundlegende Prinzip, auf dem die röntgenographische Bestimmung von Mineralien beruht, ist die Tatsache, daß jede kristalline Substanz ihre eigene charakteristische Atomstruktur besitzt, durch welche die Röntgenstrahlung in ebenso charakteristischer Weise gebeugt wird. Für mineraldiagnostische Zwecke wird fast ausschließlich das mit monochromatischem Röntgenlicht arbeitende sogenannte Pulververfahren eingesetzt. Beim Pulververfahren wird ein möglichst feinkörniges Pulver durchstrahlt, bei dem die winzigen Kristalle beliebig orientiert sind. Mittels Reflexionsgleichungen können die Kristallgitterabstände aus den

Interferenzlinien berechnet werden, und von diesen kann auf die Kristallform und -art geschlossen werden.

Die reflektierte Röntgenstrahlung wird auf zwei Arten registiert:

1. Photographische Methode auf Röntgenfilm
2. Zählrohr- oder Diffraktometerverfahren mit einem Geiger- oder Szintillationszähler.

Bei ersterer Methode dreht sich die Probe um den Röntgenstrahl. Hingegen wird beim zweiten, heute fast ausschließlich verwendeten Verfahren das Geiger-Müller-Zählrohr um die durchstrahlte Bodenprobe gedreht. Die Registrierung der Interferenzen erfolgt automatisch.

Diese röntgenologischen Verfahren sind z. B. ein äußerst wertvolles Hilfsmittel für die Bestimmung der Mineralbestandteile jener Bodenschichten, die an Rutschvorgängen beteiligt sind, wobei deren Ursache im eventuellen Vorhandensein quellfähiger Montmorillonite (Bentonite) zu suchen sein könnte. Die Bestimmung der einzelnen Tonminerale ist jedoch in der Regel nicht einfach, weil viele ähnlich aufgebaut oder schlecht kristallisiert sind. Es bedarf daher zahlreicher, oft auch vergleichender Versuche, um den Mineralbestand mit ausreichender Genauigkeit beurteilen zu können.

5.2.6. Prüfung von Modellen in der Zentrifuge

Den größten Fortschritt im Versuchswesen der letzten Jahre bilden kleinmaßstäbliche Bodenmodelle, die Zentrifugalkräften unterworfen werden, wobei die Zentrifugalbeschleunigung F (bis 200 g) der Maßstabsfaktor für die Abmessungen ist. Zeitabhängige Vorgänge verkürzen sich mit dem Quadrat der Zentrifugalbeschleunigung (F^2).

Im Versuch wirken die tatsächlichen Spannungen infolge des Bodeneigengewichtes (Maßstabsfaktor F). Infolge großer Verringerung der Abmessungen und Zeitabläufe sind Zentrifugenversuche großmaßstäblichen Versuchen überlegen, obwohl große Erfahrung und eine ausgereifte Versuchstechnik erforderlich sind, Spannungs- und Verformungsgrößen im Modell zu messen.

Die wichtigsten Anwendungsgebiete der Zentrifugenversuche in der Forschung sind:

— Stabilität von Böschungen und Baugruben in kohäsivem Boden
— Verhalten von Böschungen auf weichem Untergrund
— Setzungs- und Tragfähigkeitsverhalten von Sanden
— Verschiedene Wechselbeziehungen zwischen Boden und Bauwerk, wie z. B. bei Stützmauern, Bodenankern, Tunneln und überschütteten Rohren.

Zentrifugenmodelle werden bereits, wie im hydraulischen Versuchswesen die Fließmodelle, als Bemessungs- und Entwurfshilfen eingesetzt, um optimal wirtschaftliche Lösungen zu finden. Die Zentren der Zentrifugenforschung befinden sich in der UdSSR, in Großbritannien und Japan.

6. Methoden der Rutschungssanierung

Die im folgenden gezeigten Beispiele sollen dem Projektanten die Wahl der Sanierungsmethode erleichtern. Bei der schon oft hervorgehobenen Vielfalt der Erscheinungsformen der Rutschungen erfordert jede individuelle Entscheidung letztlich ein hohes Maß an persönlichem Mut und Einsatzbereitschaft.

In Tab. 1 sind die charakteristischen bodenmechanischen Kennziffern der in den folgenden Kapiteln öfter erwähnten steirischen bindigen Böden zusammengefaßt.

Tabelle 1 **KORNVERTEILUNG**

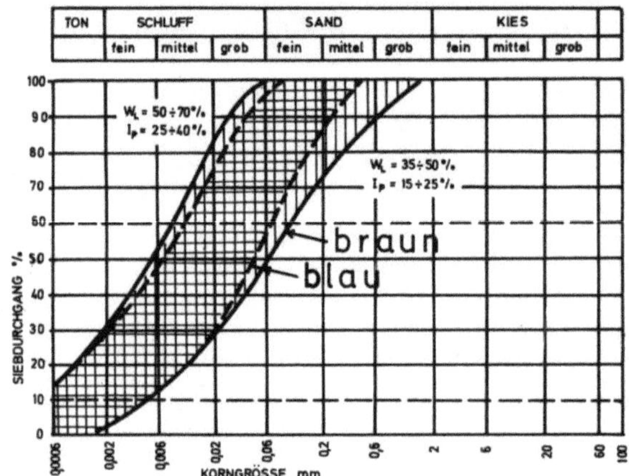

ρ_s	ρ	n	w	φ'	c'	d_{60}	d_{10}	Farbe
g/cm³	g/cm³	%	%	°	kN/m²	mm	mm	
2,75	2,00	40	22	23	35	0,1 ÷ 0,008	<0,0006 ÷ 0,005	braun
2,77	2,10	35	17	26	50	0,1 ÷ 0,06	<0,0006 ÷ 0,005	blau

Zusammenstellung der bodenmechanischen Kennwerte bindiger Böden des oststeirischen Tertiärs

Charakteristische d_{10} und d_{60}-Werte der steirischen sandigen Böden: d_{10} = 0,05 - 0,08 mm

d_{60} = 1,4 — 1,6 mm

d_{60}/d_{10} = 18 — 30

Geologie: Pannon und Sarmat

6.1. Die Morphologie des Geländes wird nicht verändert

6.1.1. Die in Bewegung befindlichen Schichten werden von Bauwerken durchfahren, ohne aber die Rutschbewegung aufzuhalten

6.1.1./I Tabakfabrik Fürstenfeld, Steiermark

Ein langgestrecktes, zweigeschossiges, nicht unterkellertes Gebäude der Tabakfabrik Fürstenfeld liegt auf einer Terrasse oberhalb des Feistritzbaches. Das Gebäude dient als Lagerraum und wird Sechser-Magazin genannt. Die Terrasse bricht mit einer deutlichen Kante steil zum Bach ab. Senkrecht zur Längsfront des Gebäudes ist die Neigung am größten; sie beträgt etwa 3 : 4 (= 37°), jedoch waren in diesem Bereich, begünstigt durch den kräftigen Bewuchs mit Bäumen und Buschwerk, keinerlei Rutschungserscheinungen aufgetreten (Abb. 31).

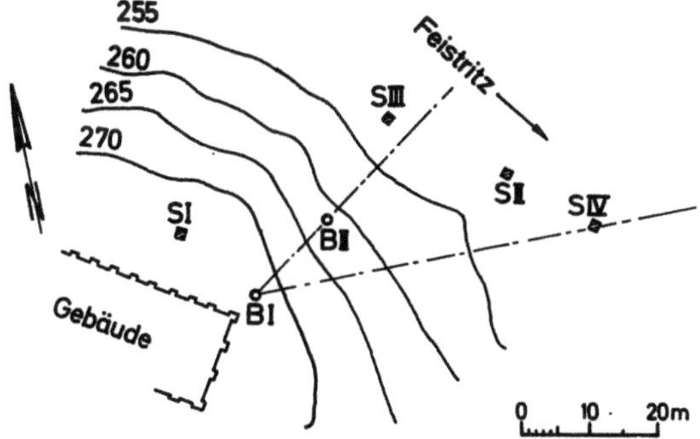

Abb. 31. Lageplan des Rutschgebietes. *SI, SII, SIII, SIV* Probeschächte, *BI, BII* Bohrungen

Im Bereich der nordöstlichen Hausecke bog die vorhandene Abrißkante in eine N-S-Richtung ein. Hier war auch der geringste Abstand zwischen Gebäude und bewegter Erdmasse gegeben. Der Abhang in diesem Bereich wurde von oben nach unten hin flacher. Die mittlere Neigung lag bei etwa 28°; der oberste Bereich jedoch war erheblich steiler. In diesem Abschnitt war nur Grasbewuchs vorhanden. Es war hier schon vor Jahren zu örtlichen Rutschungen gekommen, die zum Teil in der Hangmitte ansetzten, sich zum Teil an der oberen, steilen Zone zeigten und die Abbruchkante in Richtung Gebäude verschoben. Dadurch kam es zu ernsten Bedenken, daß in absehbarer Zeit der Rand des Abbruchs bis in die unmittelbare Nähe des Gebäudes wandern und damit dessen sicheren Bestand gefährden könnte.

Zur Untersuchung einer Sanierungsmöglichkeit wurden vier Probeschächte gemacht (siehe Abb. 31). Sie reichten bis in eine Tiefe von 5 m und ergaben keine gute Übereinstimmung der Bodenschichten. Zwei zusätzlich durchgeführte Bohrungen dagegen ergaben eine befriedigende Aussage über den Untergrund. Es zeigte sich eine Schichtung, die flacher als das Gelände verlief. Eine mächtige Schicht von grauem Tegel stand in ca. 8 m Tiefe an. Laboruntersuchungen ergaben, daß der Tegel sehr steif und wenig plastisch war. Sein natürlicher Wassergehalt lag weit unter der Ausrollgrenze. Da der Hang an sich keinerlei Nutzung diente, war es nicht notwendig, ihn selbst vor örtlichen Rutschungen zu sichern.

Für das Gebäude wurde an der gefährdeten Zone (Nord-Ostecke) im Jahre 1970 eine Unterfangung und somit die Gründung in einer tragfähigen, nicht rutschgefährdeten Zone durchgeführt. Die Rutschung konnte gefahrlos an das Gebäude 'herankommen und sich infolge der allmählichen Verflachung selbst totlaufen.

Zur Ausführung (Abb. 32 und 33) wäre zu sagen, daß man in unmittelbarer Nähe der Gebäudefluchten eine winkelförmige Schlitzwand baute. Sie reichte 8 m tief, erhielt einen Kopfbalken und wurde an den Enden der beiden Schenkel durch einige Anker zusammengespannt. Die Wand verhinderte beim Näherrücken der Rutschung eine Bodenentspannung und damit eine Geländeabsackung. Zusätzlich wurde der Hang durch Bewuchs mit Sträuchern und Bäumen gefestigt.

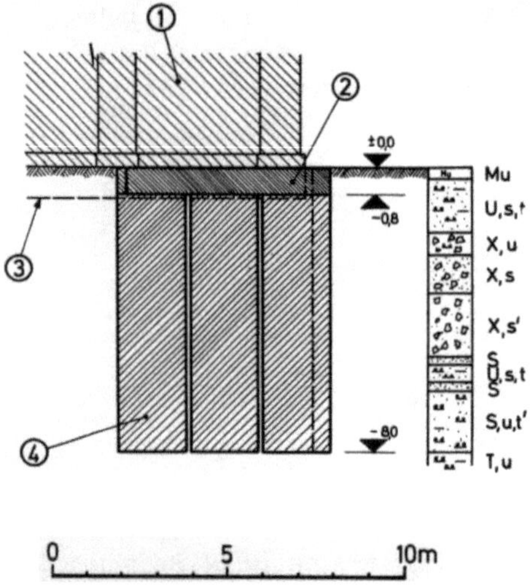

Abb. 32. Ausgeführte Sanierung mit Bodenprofil. *1* Gebäude, *2* Kopfbalken, *3* Fundamentunterkante, *4* Schlitzwand

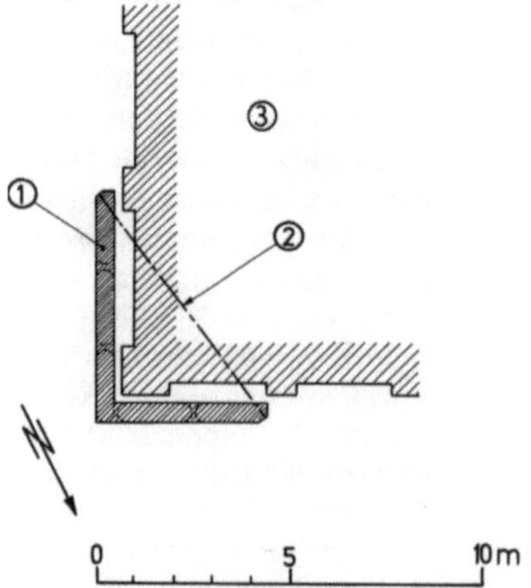

Abb. 33. Ausgeführte Sanierung im Grundriß. *1* Schlitzwand, *2* Verankerung in Höhe des Kopfbalkens, *3* Gebäude

Dabei vermied man zu große Bäume (Durchmesser > 20 cm). Es wurden Pflanzen mit tiefreichenden Wurzeln und großem Wasserbedarf bevorzugt, die zu einer natürlichen Festigung des Hanges nicht unwesentlich beitragen können (z. B. Erlen etc.).

Die beschriebene Unterfangung war eine provisorische, relativ billige Maßnahme, da das Gebäude nach einigen Jahren abgebrochen werden sollte. Für den Einbau der Schlitzwände konnte von der oberen Ebene aus gearbeitet werden und nicht vom überströmten Flußbett aus. Für eine definitive, allerdings wesentlich teurere Lösung wäre wohl die Sicherung des Böschungsfußes durch eine Steinschüttung oder eine gut fundierte Mauer, eventuell in Form einer verankerten Pfahl- oder Schlitzwand mit nachfolgender Verflachung der Böschung vorzuziehen gewesen. Weiters hätte man eine gründliche Entwässerung, eventuell durch Horizontaldrainagen, durchführen müssen.

6.1.1./II Gründung der Luegbrücke am Brenner, Tirol (Wenzel, Fenz, 1970)

Nach der Überquerung des Obernberger Tales steigt die Trasse der Brenner-Autobahn zum Brennersee an. Die Sill wird in einer Höhe von 50 m gequert; im

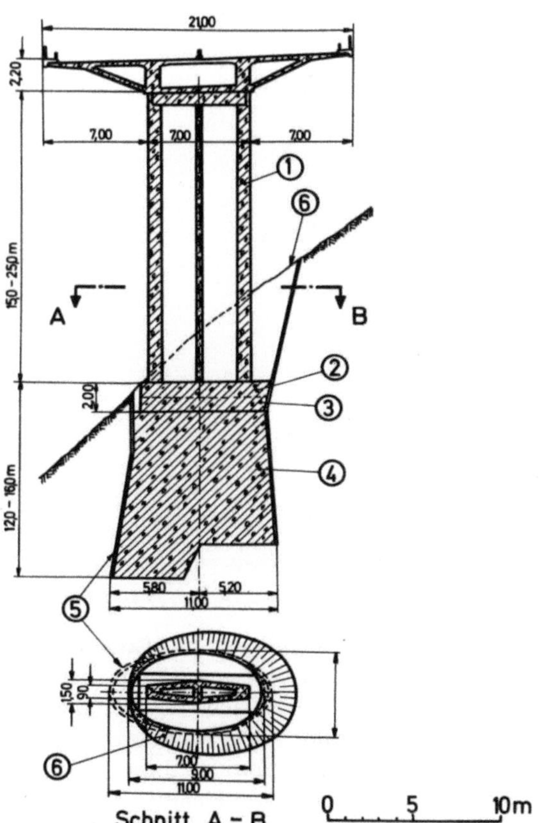

Abb. 34. Schnitt und Grundriß der Pfeiler. *1* B 400, *2* B 300, *3* B 225, *4* B 160, *5* Spritzbetonsicherung, *6* Voreinschnitt

gesamten Trassenabschnitt mußte die Fahrbahn über eine Hangbrücke geführt werden. Dieses Objekt erhielt nach einer dort liegenden kleinen Kirche den Namen Luegbrücke.

Die Brückenpfeiler wiesen größtenteils eine Höhe zwischen 15 und 30 m auf, und es wurde hier ein Pfeilertyp in Form eines gestreckten, 7 m langen Sechseckes entwickelt, das in der Brückenachse 1,5 m und an der Stirnseite 0,9 m breit war (Abb. 34).

Für die hohen Pfeiler im Bereich der Sill wurden zwei weitere Querschnittstypen erforderlich, die aber auf den Grundquerschnitt abgestimmt waren, damit man die Schalung leicht adaptieren konnte. Alle Pfeiler wurden in Gleitbauweise hergestellt. Die gewählte sechseckige Pfeilerform entsprach in statischer Hinsicht den speziellen Gegebenheiten der Luegbrücke und wirkt optisch recht gut.

Ein Pfeiler wurde in einem aus phyllitischem Gestein bestehenden Hangschutt gegründet, bei dem der Verdacht auf das Auftreten von Kriechbewegungen nicht mit Sicherheit ausgeschlossen werden konnte (Abb. 35).

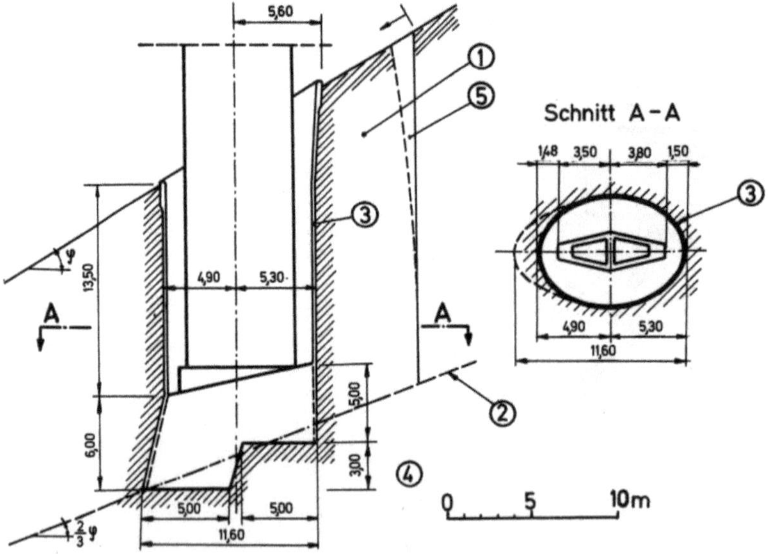

Abb. 35. Schnitt und Grundriß der Pfeilergründung im gefährdeten Hangbereich.
1 zu Kriechbewegungen neigender Hang, *2* Grenzzone, *3* Spritzbeton, *4* Fels: Quarz-Kalkphyllit, *5* Verlauf der Kriechverformungen

Vom Sachverständigen wurde angegeben, daß die mögliche und also notwendigerweise einzuplanende Kriechbewegung 1 cm pro Jahr betragen würde. Diese Kriechbewegung würde etwa bis zu einer gedachten Felsoberfläche reichen, die nur zwei Drittel der tatsächlichen Hangneigung und somit einen Winkel von rund 25° aufweisen würde. Das Pfeilerfundament mußte daher unterhalb dieser Grenzzone liegen. Da eine genaue Angabe über die Lage der Grenzzone naturgemäß nur beschränkt möglich war, schien es ratsam, eventuelle kleine Bewegungen der Pfeilerfundamente in die Projektierung einzubeziehen. Es wurde deshalb eine Nachstellbarkeit des Überbaues im Ausmaß von 30 cm sowohl in horizontaler als auch in vertikaler Richtung vorgesehen. Außerdem mußten die Kräfte zufolge einer eventuellen Hangbewegung entweder aufgenommen oder vor dem Pfeiler abgeschirmt werden.

Es wurde schließlich folgende Lösung gefunden:

1. Die Pfeilerfundamente lagen unter der Grenzlinie und erhielten eine elliptische Form. Die Gründungstiefe betrug am tiefsten Punkt etwa 20 m. Die größte Kantenpressung in der Aufstandsfläche wurde mit 1 MN/m² begrenzt.

2. Über dem Fundament wurde der Pfeiler durch ein elliptisches Rohr mit den Abmessungen von 11,0 × 7,60 m abgeschirmt. Eine Aufnahme der möglicherweise aus einer Hangbewegung entstehenden Kräfte durch den Pfeiler selbst war wirtschaftlich gesehen nicht tragbar. Die Hohlellipse hatte gegenüber dem 7,30 m langen Pfeiler an der oberen Hangseite ein Bewegungsspiel von 1,20 bis 1,60 m und konnte daher etwaige Hangbewegungen mitmachen, während der Pfeiler davon unberührt blieb. Die Schale selbst bewegte sich mit dem Hang mit und erhielt daher aus dem Bewegungsvorgang keine zusätzlichen Beanspruchungen, es sei denn, es ergäbe sich z. B. bei einem nicht linearen Kriechprofil eine Biegebeanspruchung in Längsrichtung des Rohres. Diese mögliche Beanspruchung hätte jedoch praktisch keinen Einfluß auf die Sicherheit der Konstruktion.

Abb. 36. Pfeilergründung im gefährdeten Hangbereich

Die Hohlellipse wurde in Spritzbeton mit einer Wandstärke von 20 bis 25 cm, und zwar ohne behelfsmäßige Aussteifung, hergestellt (Abb. 36). Die Spritzbetonbauweise hatte den Vorteil, daß hierzu keine großen, auf dem Steilhang nur sehr schwer manövrierbaren Bohrgeräte, wie man sie für Pfähle oder Schlitzwände verwendet, erforderlich waren.

In die Spritzbetonschale wurden zwei bis drei Lagen Baustahlgewebe eingelegt. Die verhältnismäßig dünne Schale war so verformbar, daß sich nach dem Aushub der Baugrube das Kräftespiel im Hang dank des Spritzbetons rasch wieder beruhigte. Wegen der für das System notwendigen Gewölbewirkung war es wichtig, daß die Ellipse nicht zu weit von der Kreisform abwich, also nicht zu länglich wurde (Abb. 35).

3. Die Pfeiler besitzen eine sechseckige Form und sind innen hohl. Außerdem wurde der Pfeiler zur Hangseite hin um 30 cm verbreitert, damit bei einer allfälligen Horizontalverschiebung des Pfeilers der Überbau wieder in seine richtige Lage gebracht werden könnte.

4. Da jede Baugrube im Steilhang die Gefahr einer Hangstörung mit sich bringt und Tiefgründungen mit solchen Hohlellipsen naturgemäß aufwendig sind, wurde die Brückenfeldweite im Vergleich zu anderen, in der Nähe liegenden Brücken verdoppelt.

Diese Lösung erwies sich auch bei anderen, ähnlich gelagerten Fällen als sehr zweckmäßig.

Die Erstellung des Schutzmantels für den Pfeiler zu dem Zweck, den Druck zufolge der Kriechbewegungen des Hanges von ihm abzuhalten, machte eine kostspielige Sicherung, z. B. durch vertikale und horizontale Verankerungen des Pfeilers, überflüssig.

In schwierigen Fällen, d. h. bei intensiver Hangbewegung, muß eine Verankerung des Schutzmantels gegen die Bergseite hin durchgeführt werden.

6.1.1./III Gründung von Seilbahnstützen und Hochspannungsmasten

Der Grundgedanke ist an sich derselbe wie bei den beiden besprochenen Brückengründungen (6.1.1./II und 6.1.1./IV).

	$<$ als 4 mm	$<$ als 0,06 mm	$<$ als 0,005 mm	nat. Wassergehalt	Ausrollgrenze	Fließgrenze	plast. Index	Gehalt		
								SO_3	Fe_2O_3	FeO
Hangende. Schicht brauner schluffiger Ton	% 100	% 86,7	% 0,6	% 55	% 23,6	% 63,5	% 39,9	% 0,58	% 3,68	% 0,7
Liegende Schicht fester graublauer Ton	100	89,4	48,3	32	21,4	73,8	52,4	1,56	1,26	3,17

Geologie: Unteres Tertiär

Abb. 37. Bodenmechanische Kennwerte oberhalb und unterhalb der Gleitfläche (charakteristisch für einige Gebiete Mittel-Siziliens)

Hier ist jedoch eine gleitende oberflächliche Schicht aus braunem, schluffigem plastischen Ton mit einer Mächtigkeit von mehreren Metern vorhanden. Darunter befindet sich eine Schicht aus grauem, festem schluffigen Ton (Abb. 37).

Die in den festen Ton geführten Gründungskörper wurden so entworfen, daß sich die obere, gleitende Schicht um diese herum bewegen konnte, ähnlich etwa wie ein Fluß um einen Brückenpfeiler, also ähnlich wie bei 6.1.1./IV (Abb. 38 bis 41).

Als Gründungskörper können in vielen Fällen vorteilhaft Schlitzwandelemente (ICOS 3a) verwendet werden. Sie finden im tragfähigen Untergrund eine sichere Abstützung.

Die Vorteile dieser Bauweise sind folgende:

1. Durch die Herstellung der Tragelemente im Schlitzwandverfahren wird der Boden nicht gestört, d. h. weder entspannt noch verdichtet. Auf diese Weise wird die Rutschung auf keinen Fall beschleunigt oder vielleicht gar erst ausgelöst.

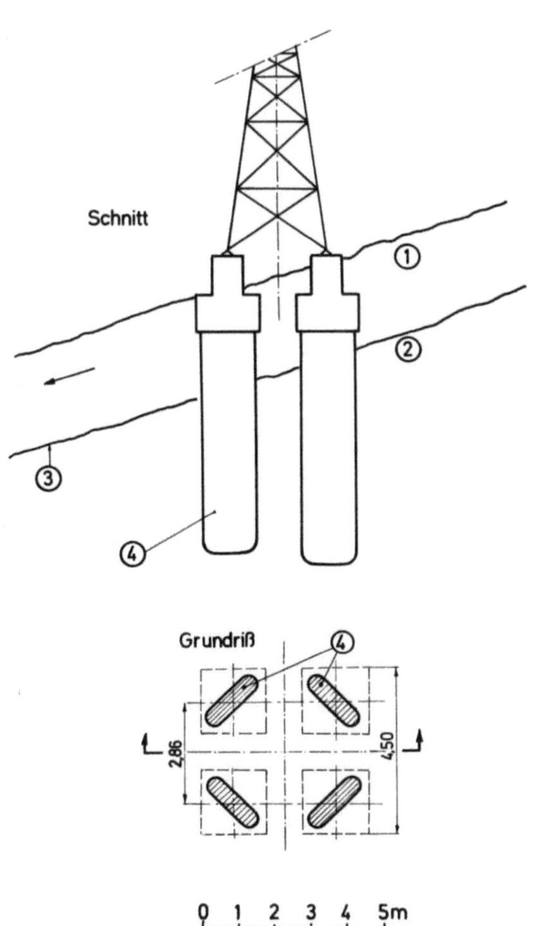

Abb. 38. Ausführung mit I-förmigen Schlitzwandelementen. *1* brauner, schluffiger Ton, *2* fester, graublauer Ton, *3* Gleitfläche, *4* Schlitzwandelemente

6*

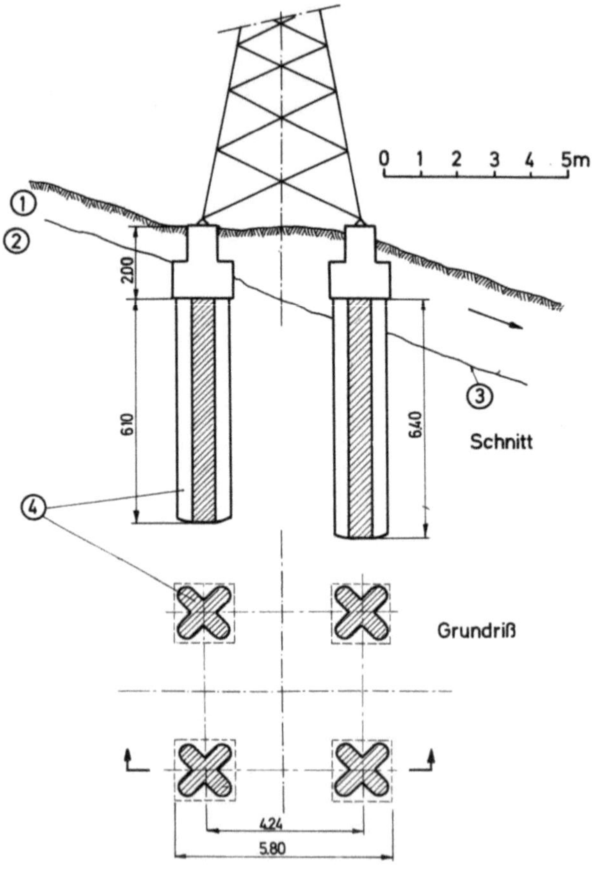

Abb. 39. Ausführung mit kreuzförmigen Schlitzwandelementen. *1* brauner, schluffiger Ton, *2* fester, graublauer Ton, *3* Gleitfläche, *4* Schlitzwandelemente

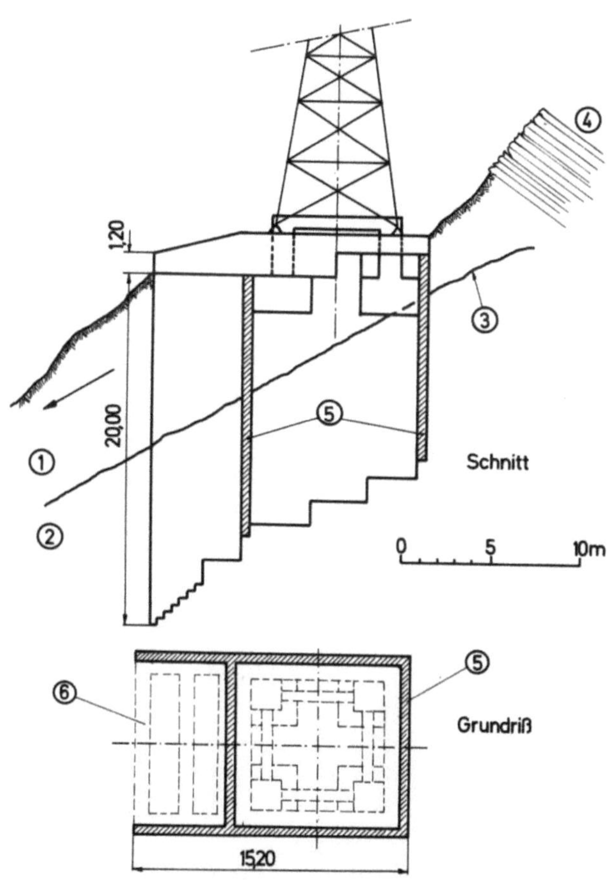

Abb. 40. Ausführung mit schachtelförmigen Schlitzwandelementen. *1* brauner, schluffiger Ton, *2* fester, graublauer Ton, *3* Gleitfläche, *4* geschichteter Sandstein, *5* Schlitzwand, *6* Verbindungsbalken

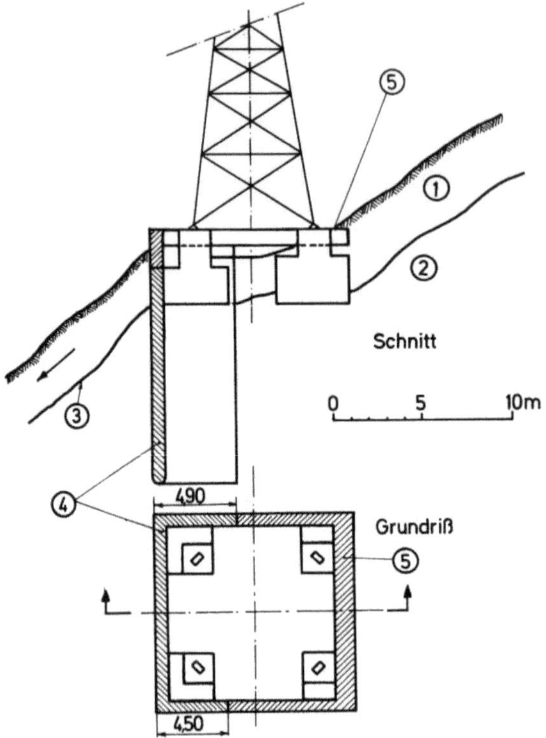

Abb. 41. Ausführung mit U-förmigen Schlitzwandelementen. *1* brauner, schluffiger, Ton, *2* fester, graublauer Ton, *3* Gleitfläche, *4* Schlitzwand, *5* Verbindungsbalken

2. Die Form der Gründungskörper kann variiert werden. Sie können z. B. einfach langgezogen, I-förmig oder aber kreuzförmig ausgeführt werden. Durch diese Wahlmöglichkeiten kann man die günstigste Adaptierung an das Gelände erzielen. Bei allen diesen Elementen ist zur Ableitung der horizontalen und vertikalen Kräfte und der zusätzlich auftretenden Momente eine entsprechende Stahlbewehrung vorgesehen.

3. Die zur Ausführung notwendigen Baumaschinen sind so leicht und beweglich, daß sie bei dem meist weichen Untergrund besonders vorteilhaft eingesetzt werden können.

Diese Form einer sicheren Gründung im rutschenden und rutschgefährdeten Gelände wurde mit Erfolg unter anderem in Sizilien angewendet. Jede andere Gründungsmethode wäre meines Erachtens wesentlich teurer gekommen. Als solche wären vertikal und/oder horizontal verankerte Betonblöcke möglich gewesen, die man in einem offenen, gepölzten Aushub oder im Schutz von Spund- oder Pfahlwänden hergestellt hätte. Die Verankerung selbst hätte durch die obere Gleitschicht geführt werden müssen.

6.1.1./IV Gründung der Limbergbrücke an der Franz-Josefs-Bahn, Niederösterreich (Raschka, 1912)

Erste Querung einer Rutschung durch eine Eisenbahn, wobei die erforderliche Brücke in den Jahren 1910 bis 1912 auf tiefe Pfeiler gegründet wurde.

Der Abschnitt Ziersdorf—Eggenburg der Hauptstrecke der Franz-Josefs-Bahn liegt in Niederösterreich. Das Gelände ist Hügelland, das stark gegliedert und durchschnitten ist, so daß es beim Bau der Bahn unter anderem notwendig war, Dämme bis zu 28 m Höhe zu schütten. Die Bahnlinie wurde im Jahre 1870 vorerst eingleisig hergestellt; 1903 folgte der zweigleisige Ausbau. Der Limberger Damm erwies sich schon zur Zeit des eingleisigen Betriebes als unruhig. Im Zuge des zweigleisigen Ausbaues mußte ein Durchlaß ausgetauscht werden.

Im Jahre 1910 gab es sehr viele Niederschläge. Es wurde dann im Herbst dieses Jahres eine Loslösung der talseitigen Hälfte des Dammes von der bergseitigen wahrgenommen (Abb. 42). Die Bewegung war anfangs kaum merklich und nur an den Fugen des Durchlasses, die sich immer weiter öffneten, mit Sicherheit festzustellen (siehe Abb. 43). Später wurden dann Bewegungen von 3 bis 4 cm pro Tag beobachtet. Gleichzeitig schob sich in den Weingärten und Äckern talseits des Dammes der Boden in einem Wulst nach oben, was eine Bewegung des ganzen Geländes erkennen ließ.

Ein Probeschacht, der noch in den Wintermonaten abgeteuft wurde, erreichte in 19 m Tiefe den Fels. Der Verkehr mußte, zumindest am bergseitigen Gleis, aufrechterhalten werden. Gleichzeitig mit dem Schacht hatte man im

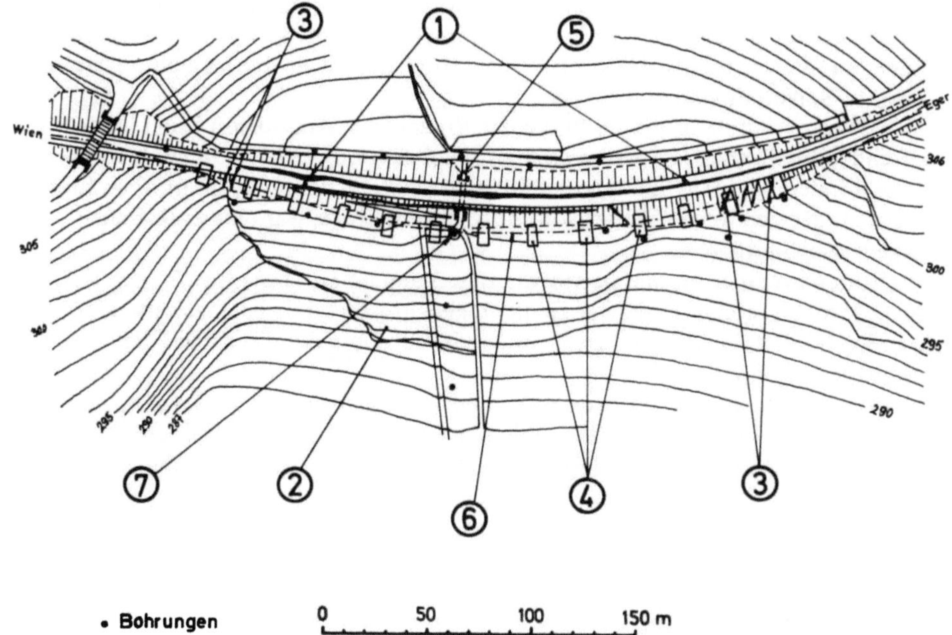

Abb. 42. Lageplan des Rutschgeländes. *1* Anrisse, *2* Aufwölbung, *3* seitliche Anrisse, *4* Brückenpfeiler, *5* Durchlaß, *6* neue Bahntrasse, *7* Schacht

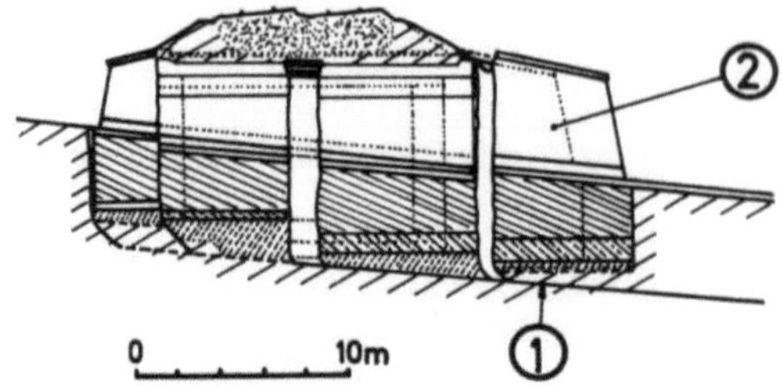

Abb. 43. Schnitt durch den gewölbten Durchlaß, Durchmesser 1,90 m. *1* Gleitfläche,
2 zerstörter gewölbter Durchlaß

Rutschgebiet eine Anzahl von Bohrlöchern bis auf den Felsuntergrund niederge-
bracht und bekam nun einen sicheren Aufschluß über die Bodenart und Lagerung
sowie einige Anhaltspunkte über die Ausdehnung und Ursache der Rutschung.
Der Boden bestand bis in eine Tiefe von 5 bis 15 m aus Schluff bis sandigem
Schluff. Darunter folgte fester Ton, eine dünne Kies- und eine Sandschicht, unter
welcher in wechselnder Tiefe fester Granit angetroffen wurde (Abb. 44). Der
Felsuntergrund fiel stark gegen das Tal und in Richtung Wien—Gmünd; nahe dem
Anfang des Dammes lag er zutage, fiel zunächst rasch auf 12 m und dann gleichmäßig bis zum Ende des Dammes auf 35 m Tiefe unter Bodenoberfläche. Das
tiefste Bohrloch erreichte den Fels erst in 38 m Tiefe. Die Rutschung der Lehne
erstreckte sich auf eine Fläche von rund 150 m Länge und bis zu 50 m Breite.
Im Probeschacht konnte man beobachten, daß bei 6 m Tiefe eine schwach
geneigte Gleitfläche vorhanden war, bis zu welcher der Boden stark gestört und in
Bewegung, unter der hingegen alles in Ruhe war. Der obere Teil des Schachtes
wurde allmählich über 3 m weit verschoben und von dem unteren Teil ganz abgetrennt (Abb. 45). Es war sonach der Boden an dieser Stelle bis zu 6 m Tiefe im
Gleiten. Wenn man diese Tiefe als Durchschnitt annimmt, so war der Inhalt der
gleitenden Massen rund 80.000 m^3. Diese Rutschung war die bis dahin größte
bekannte Bodenbewegung.

Es zeigte sich das typische Bild einer Rutschung: Am oberen Rand weit-
klaffende, durchgehende Spalten *quer* zur Gleitrichtung (Abb. 46), an den seitlichen Rändern kleinere Spalten und Risse *in* der Gleitrichtung, am unteren Ende
ein Wulst, der sich immer weiter vorschob; die Unterlage war eine praktisch
spiegelglatte Gleitfläche.

Vom November bis Mai betrug die Bewegung im Durchschnitt 2,5 cm täglich
oder 0,75 m im Monat, und zwar ziemlich gleichförmig, nur nach anhaltendem
Regenwetter etwas mehr, und zwar immer erst drei bis vier Tage nach den
Regentagen beginnend.

Was die Rutschung auslöste, war allem Anschein nach das Gewicht des
Dammes, verstärkt durch die Belastung und Erschütterung beim Verkehr der Züge,
andererseits aber auch die außergewöhnliche Bodenfeuchtigkeit in dem Regen-
jahre 1910.

Durch den Bau eines zweiten Gleises wurde das Gewicht des Dammes bedeutend erhöht. Die durch den Damm belastete Lehne mag schon früher in nassen
Jahren, wenn die Festigkeit des Schluffbodens durch die Feuchtigkeit verringert
war, dem Grenzzustand des Gleichgewichts nahe gewesen sein, obwohl die Nei-

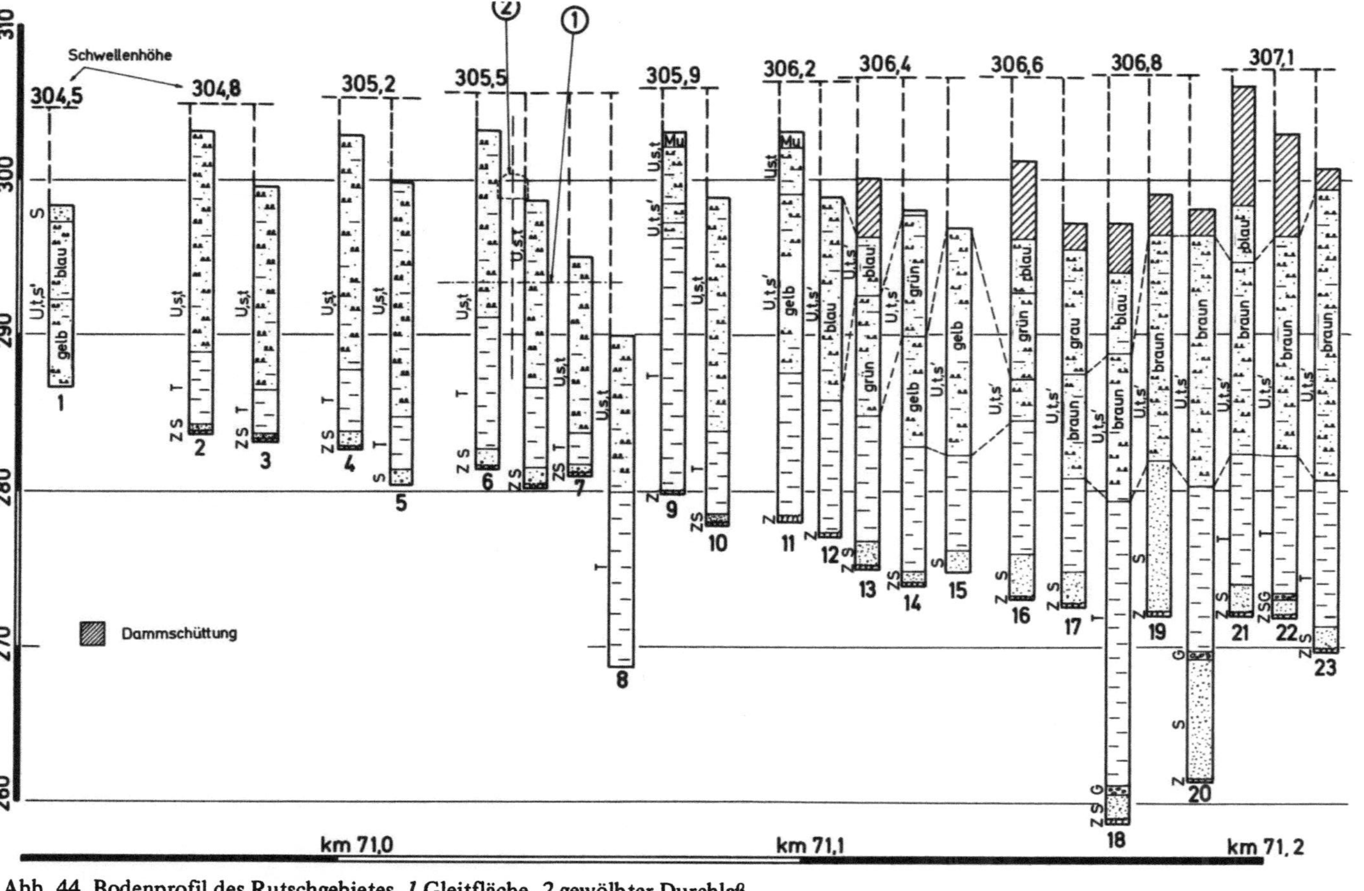

Abb. 44. Bodenprofil des Rutschgebietes. *1* Gleitfläche, *2* gewölbter Durchlaß

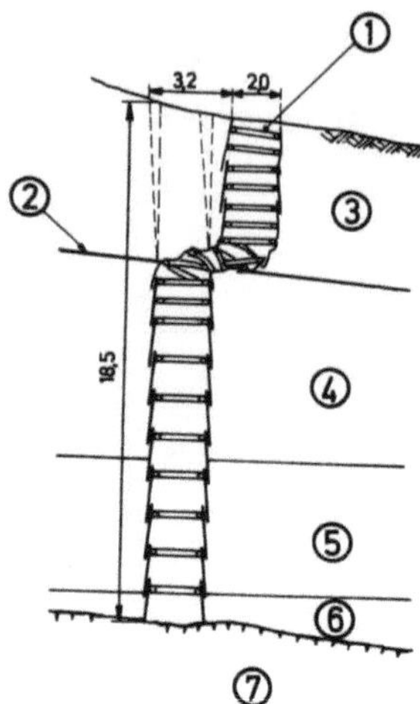

Abb. 45. Verschobener Probeschacht. *1* Probeschacht, *2* Gleitfläche, *3* gelber, sandig-toniger Schluff, *4* gelber, sandig-toniger Schluff, mit zunehmender Tiefe fester, *5* fester, grauer Ton, *6* dicht gelagerter, gelber Sand, *7* Fels

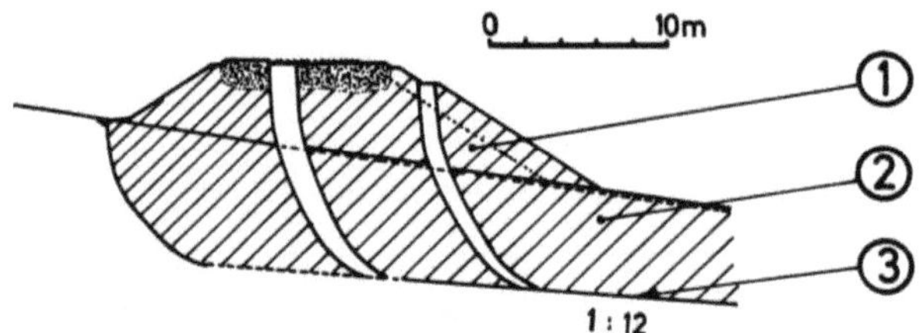

Abb. 46. Typischer Querschnitt der Rutschung. *1* abgerutschter Damm, *2* Dammuntergrund, *3* Gleitfläche

gung der Lehne im Mittel nur 1 : 6 betrug; nach der Vergrößerung der Belastung im Jahre 1903 war 1910 das erste besonders regenreiche Jahr. Der durchfeuchtete sandige Schluff konnte sich unter der vergrößerten Last nun nicht mehr im Gleichgewicht halten und begann zu gleiten. Die Trennung mußte dort erfolgen. wo der Boden trockener und damit fester wurde. daher verlief die Gleitfläche mitten in der mächtigen Schluffmasse.

Als mögliche Abhilfen wurden vier Vorschläge untersucht:

1. Die Ausführung von Steinrippen sowie einer Stützmauer am Fuße des Dammes, stark genug, um die weitere Bewegung des Dammes und der Lehne zu verhindern und das Wiederanschütten der abgerutschten Teile zu gestatten.

2. Eine umfangreiche Entwässerung der ganzen Lehne durch Schlitze und Stollen (Drainagierung).

3. Die Verlegung der ganzen Strecke auf sicheres. rutschungsfreies Gebiet.

4. Der Ersatz des Dammes durch eine hinreichend tief gegründete Brücke (Abb. 47).

Unter diesen vier möglichen Lösungen erwies sich der Einbau einer Stützmauer wegen der großen Gründungstiefe als zu kostspielig; der Entwässerungs-

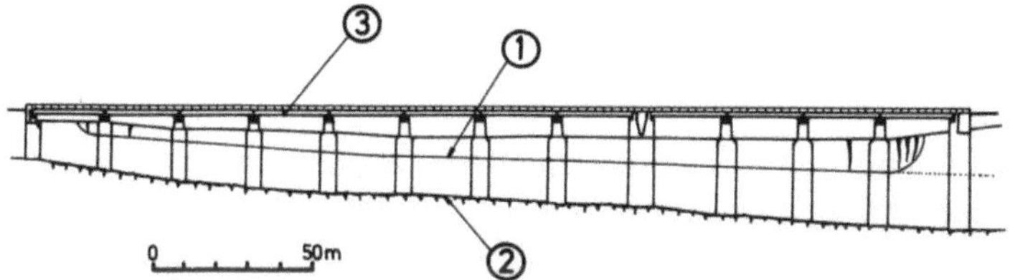

Abb. 47. Längsschnitt durch die den Damm ersetzende Brücke. *1* Gleitfläche, *2* Felsoberfläche, *3* Brücke

anlage konnte man nicht unbedingt sicheren Erfolg vorhersagen. Die Bewegung des Dammes und des Untergrundes kam auch bei einer andauernden Trockenheit im Jahre 1911 zu keinem Stillstand. In einem fetten, kaum durchlässigen Schluff hat auch eine gute Entwässerung nur wenig Wirkung. Gegen eine Verlegung auf sicheres Gebiet sprachen die sehr großen Kosten.

So blieb als sichere und dabei wirtschaftlichste Lösung nur die Übersetzung der Lehne auf Pfeilern, also eine Brücke. Da der Verkehr über den Damm während des Baues nicht unterbrochen werden durfte, konnte man die Brücke nicht in der bestehenden Bahnachse bauen. Sämtliche Pfeiler und Widerlager mußten also außerhalb der bestehenden Gleise gegründet werden, wobei man sich für die Talseite entschied. Die Entfernung der Pfeiler wurde so bestimmt, daß die Feldweite je 20 m betrug und als Tragwerke einfache Vollwandträger ausgeführt werden konnten.

Der Bau der Brücke selbst begann Anfang April 1911. Um das weitere Gleiten des Durchlasses zu verhindern, wurden zuerst die ihm am nächsten liegenden Pfeiler gegründet. Die Jahreszeit war an sich für den Bau ungünstig; der Erfolg bewies jedoch, daß dieses Vorgehen richtig war. Der geborstene Durchlaß kam zur Ruhe und mit ihm der schlimmste Teil der Rutschung. Beim Aushub der mittleren Pfeilerbaugruben wurde freilich die Pölzung trotz aller Verstrebungen aus schwerstem Holz in den obersten 6 m immer wieder zermalmt und der ganze obere Teil der Baugruben um mehr als 2,5 m zu Tal geschoben. Trotzdem gelang es, die Baugruben offen zu halten; nur mußte bergseitig reichlich nachgenommen werden. Bei den anderen Pfeilern war der Druck der gleitenden Massen nicht so stark. Das trockene Wetter begünstigte außerdem den Bau sehr, der im Herbst 1912 vollendet wurde.

Für die damalige Zeit war es das erste Mal, daß Baugruben von solcher Größe wie bei den Pfeilern der Limberger Brücke durch gleitende Massen von 5 bis 6 m Mächtigkeit niedergebracht wurden, um dann noch auf Tiefen bis zu 25 m unter Bodenoberfläche weiterzugehen.

Die gewählte Lösung, die Pfeiler durch den gleitenden Hang bis zur festen Schicht zu führen, wobei sich die rutschenden Massen um den Pfeiler herum bewegen konnten wie ein Fluß um einen Brückenpfeiler, mutet ganz modern an (siehe z. B. 6.1.1./II oder 6.1.1./III).

Heute hätte man die Gründungspfeiler wohl mittels Pfahl- oder Schlitzwänden von der Geländeoberfläche aus gebaut, ohne einen Aushub unter Tag nötig zu haben.

6.1.2. Die in Bewegung befindlichen Bodenschichten werden aufgehalten

6.1.2./I Rutschung in der Türkei (Hamdi, 1969)

Bei diesem Beispiel handelt es sich um ein altes Rutschungsgebiet. Nach einer verhältnismäßig langen Periode der Ruhe trat seit dem Jahre 1963 eine Reihe von Rutschungen auf, welche die dort vorbeiführende Eisenbahnlinie verschob und die Asphaltstraße zerstörte (siehe Abb. 48).

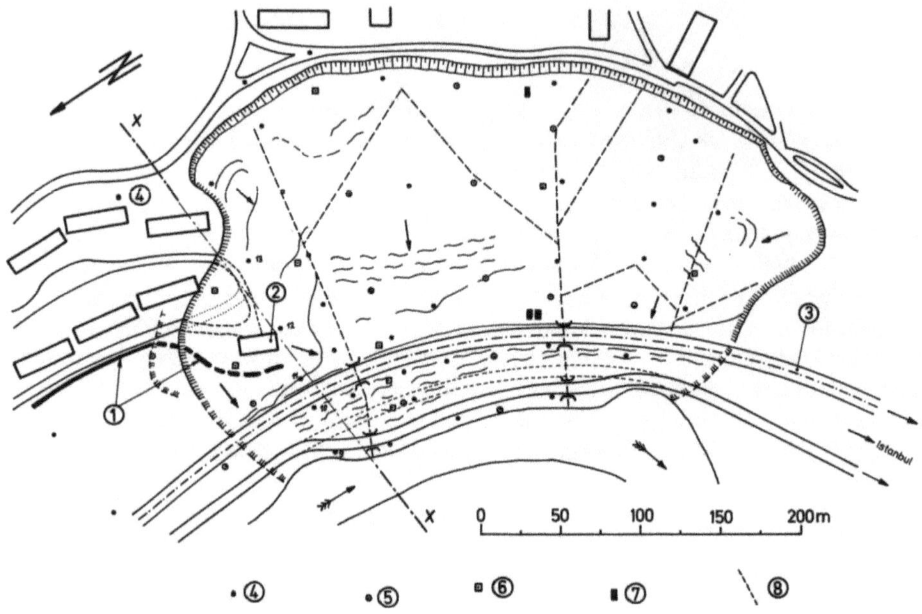

Abb. 48. Lageplan der Rutschung. *1* Stützmauer, *2* Faulbehälter, *3* Eisenbahnlinie, *4* Bohrung mit kleinem Durchmesser, *5* Bohrung mit großem Durchmesser, *6* Brunnen (2,5 × 2,5 m), *7* Pfahlprobebelastung, *8* alte Entwässerungsgräben

Nach jeder Rutschung wurde die Eisenbahntrasse in ihre ursprüngliche Lage zurückverlegt, um den Verkehr aufrechtzuerhalten. Gleichzeitig wurde eine Reihe von Meßpunkten entlang der Strecke gesetzt und laufend beobachtet. Es ergab sich dort innerhalb von 4 Jahren eine Gesamtverschiebung von 4,68 m und bei einer anderen Linie von Meßpunkten in 25 m Entfernung von der Bahn eine Verschiebung von 22,75 m. Die Bewegung des Flußufers in den letzten 10 Jahren betrug etwa 20 m. Abgesehen von der Eisenbahnlinie und der Straße begannen die Bewegungen auch Wohnhäuser, die im Randbereich der Rutschung standen, zu gefährden.

Eine Serie von Bohrungen und Laboruntersuchungen ergab eindeutig, daß weitere Untersuchungen und eine Langzeitbeobachtung notwendig wären, um die Natur der Bewegungen zu bestimmen, ehe man an eine endgültige Sanierung denken konnte. Beruhend auf den ersten Untersuchungen im Jahre 1963 wurde ein genaues Programm entworfen und in den Jahren 1966 und 1967 verwirklicht.

Die Bohrungen im Jahre 1963 hatten gezeigt, daß die Geologie dieses Areals
sehr komplex ist. Um den Zustand des Bodens, der aus Sand, mergeligen und tonigen Schichten bestand, zu erforschen und um ungestörte Bodenproben zu
erhalten, wurden 35 Bohrungen mit kleinem und 16 Bohrungen mit großem
Durchmesser abgeteuft sowie 9 Brunnen mit 2,5 × 2,5 m Querschnitt und 10 m
Tiefe gegraben. Alle diese Bohrungen wurden als Beobachtungsbohrungen
ausgeführt, und zwar die Bohrungen mit kleinem Durchmesser durch ein mit
Magerbeton umhülltes Plastikrohr (siehe Abb. 49), die Bohrungen mit großem
Durchmesser und die Brunnen anstelle der Plastikrohre durch Betonrohre mit 20
bzw. 60 cm Innendurchmesser. Auf diese Weise hatte man 60 Beobachtungsbohrungen, um die Bodenbewegungen zu verfolgen. Die mit Betonrohren eingerich-
teten Bohrungen dienten gleichzeitig zur Beobachtung der Grundwasserverhältnisse. Die Lage der Bohrungen ist in Abb. 48 dargestellt.

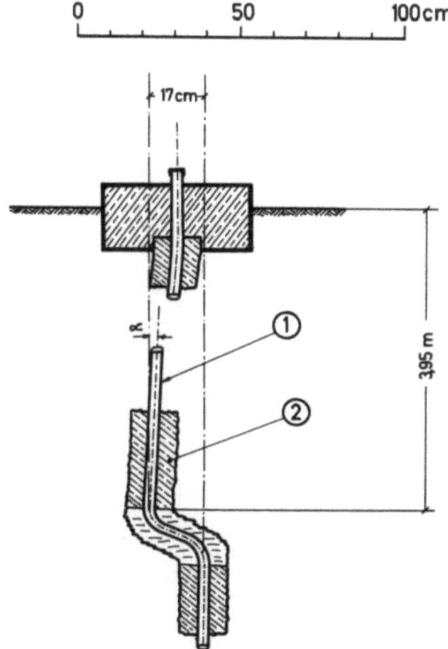

Abb. 49. Verschiebungen an der Bohrung B 11 mit kleinem Durchmesser (vgl. Abb. 50).
1 Plastikrohr, Durchmesser ca. 4 cm, *2* Magerbetonummantelung

Die Grundwasserverhältnisse wiesen eine sehr unregelmäßige Natur auf.
In manchen Sandschichten fand man beispielsweise kein Grundwasser, während
man bei anderen Bohrungen auf aus Sandadern und aus Rissen des weichen bis
sehr harten mergeligen Tones sickerndes Wasser stieß. Das ist dadurch zu erklären,
daß durch die verschiedenen alten, in verschiedenen Richtungen verlaufenden
Rutschungen ein komplexer, unberechenbarer Schichtenaufbau entstanden war,
wodurch die Grundwasserströmung oft geändert und an manchen Stellen unterbrochen worden war. Es versteht sich, daß das Ansteigen des Porenwasserdruckes,
besonders in regnerischen Jahreszeiten und Schneeschmelzeperioden, bedingt

durch den gestörten Schichtenverlauf, eine der Ursachen der Rutschungsbewegungen war.

Art der Bodenbewegungen: Auf Grund der Beobachtungen und Messungen wurde festgestellt, daß es sich um zusammengesetzte Rutschungen handelte, deren Gleitflächen nicht tiefer als 7 bis 10 m lagen. Da Rutschungen auch durch andere, vorausgegangene ausgelöst worden waren, handelte es sich um das Problem von sukzessiven Rutschungen. In Abb. 50 ist ein Schnitt durch den Hang nach den jüngsten Rutschungen im Jahre 1967 dargestellt, welche den Faulbehälter verschoben sowie die Stützmauer und den Weg in diesem Bereich zerstört hatten (vgl. Abb. 48). An der bis zu 6 m hohen Abrißkante bestand der Boden aus gefalteten Lagen von Ton und kalkigen Materialien unter geschichtetem und zerklüftetem groben Kalkstein.

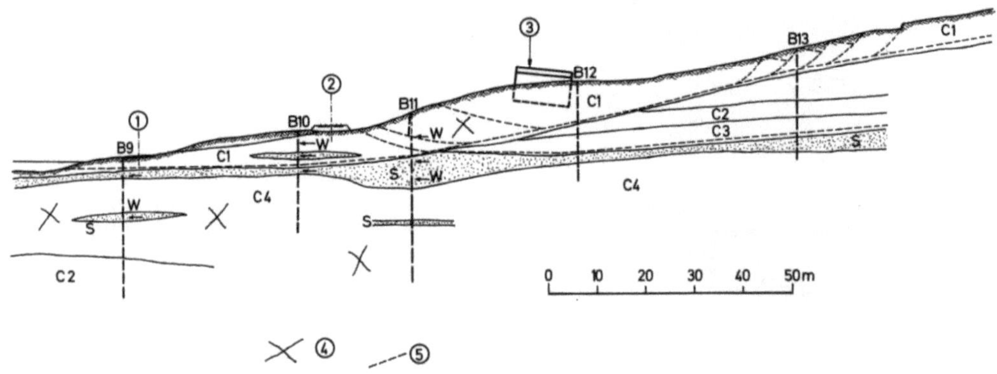

Abb. 50. Schnitt X-X von Abb.48 durch das Rutschungsgelände. *1* Straße, *2* Eisenbahnlinie, *3* Faulbehälter, *4* Risse und gelegentlich Harnischflächen, *5* Gleitflächen, *S* Sand, *C1* gelber Ton, *C2* dunkelgrüner Ton, *C3* steifer, blauer Ton, *C4* sehr steifer, grüner bis blauer Ton, *W* Sickerwasser, *B11* Bohrung 11 (kleiner Durchmesser)

Sanierungsmaßnahmen: Da eine wirkungsvolle Drainagierung des gesamten Areals als praktisch undurchführbar angesehen werden mußte, wurden Maßnahmen überlegt, um den Hang zu stützen.

Die seitlich unbehinderte Druckfestigkeit, welche im Labor bestimmt wurde, variierte zwischen q_u = 25 kN/m² und mehr als 400 kN/m², und dies manchmal sogar bei derselben Bohrung. Bei Scherversuchen mit nicht weniger als 10 Wiederholungen ergab sich ein φ' = 3°−14° und ein c' = 28−20 kN/m². Als überschlägiger Wert der Scherspannungen in einer jungen Rutschung (Abb. 50) wurde τ in der Größenordnung von 18,5 kN/m² bestimmt. Um nun einen Sicherheitsfaktor gegen Rutschungen von etwa 1,35 zu erreichen, wurde die erforderliche horizontale Stützkraft an einer sich bewegenden, 7 m tiefen Bodenmasse von 50 m Länge mit einem τ = 20 kN/m² und ρ = 2,0 t/m³ abgeschätzt. Da der Boden in tieferen Schichten aus sehr steifem bis hartem, rissigem Mergel und mergeligem Ton bestand, wurden als Stützmaßnahme Bohrpfähle empfohlen. Der Beton wurde nach dem Colcrete-Verfahren eingebracht. Zur Ermittlung der Wirksamkeit der Bohrpfähle wurden an drei Stellen horizontale Probebelastungen an Pfählen mit einem Durchmesser von 60 cm durchgeführt.

Als wirkungsvollste Maßnahme, um die Bodenbewegungen zum Stillstand zu bringen, wurde ein Projekt angesehen, das die folgenden drei Stufen vorsah (siehe Abb. 51):

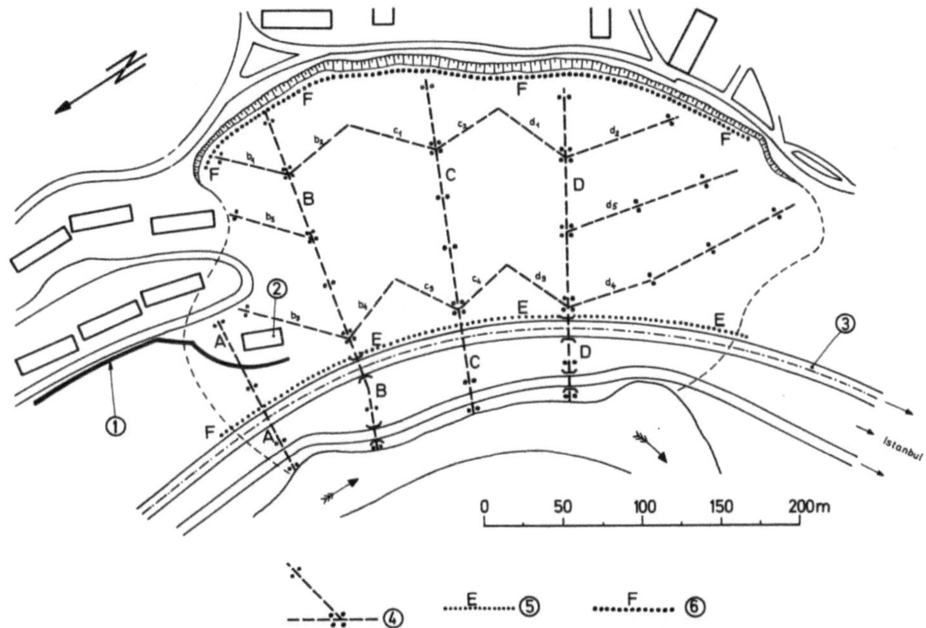

Abb. 51. Lageplan mit den Sanierungsmaßnahmen. *1* Stützmauer, *2* Faulbehälter, *3* Eisenbahnlinie, *4* Drainagegräben mit Nagelpfählen, *5* Stützmauer entlang der Eisenbahnlinie, *6* Stützmauer am Fuß der Abrißkante

1. Schritt: Errichten einer Stützmauer auf Bohrpfählen entlang der Eisenbahnlinie (E–E), und der Drainagegräben A, B und D, wie sie in Abb. 51 dargestellt sind.
2. Schritt: Ausführen des Drainagegrabens C.
3. Schritt: Errichten einer Stützmauer am Fuß der Abrißkante (F–F).
Die Pfähle unter der Stützmauer entlang der Eisenbahnlinie haben einen Durchmesser von 1,0 m. Die Drainagegräben haben eine Breite von 1,0 m und eine Tiefe von 7,0 m. Sie sind mit etwa demselben Material gefüllt, aus dem die Sandschichten in diesem Gebiet bestehen. Als Stützrippen in den Drainagegräben wurden lange Betonriegel mit dem Querschnitt von 1,0 × 1,0 m auf verdichtetem körnigen Material eingebaut, die dazu dienen, die Kräfte parallel zur Bodenoberfläche zu übernehmen. Diese langen Blöcke bilden eine Art von treibenden harten Kernen, welche die Kräfte durch Reibung auf die Nagelpfähle übertragen (siehe Abb. 52).
Die wesentlichsten Punkte, die bei diesem Projekt beachtet wurden, waren
1. der Grundwasserbewegung keine zusätzlichen Widerstände entgegenzusetzen,
2. jede wahrscheinliche Porenwasserdruckerhöhung zu vermeiden,
3. die Bodenbewegungen bis zum Wirksamwerden der Drainagen zu stoppen und

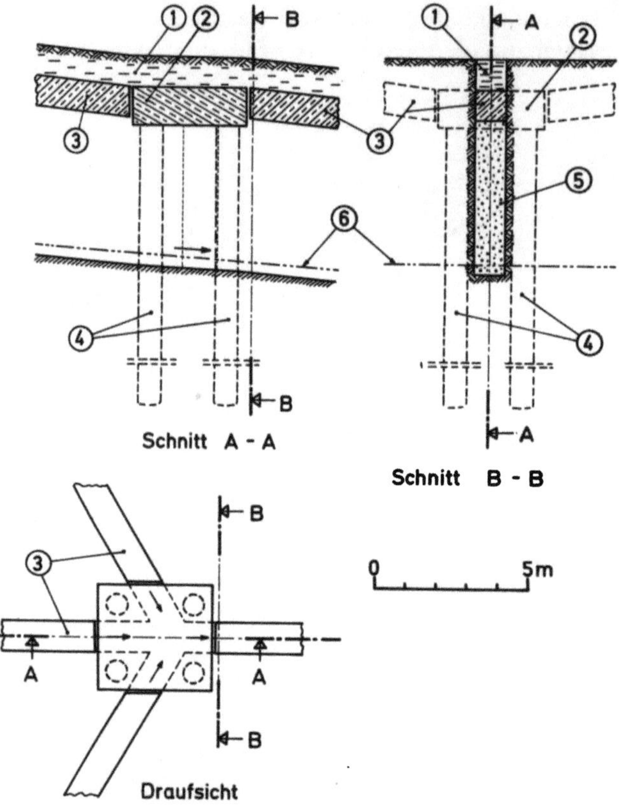

Abb. 52. Detail einer Drainagegrabenverzweigung mit Nagelpfählen. *1* Tonabdeckung, *2* Pfahlkopfplatte, *3* Betonriegel, *4* Nagelpfähle, *5* Drainagegraben, *6* Gleitfläche

4. eine Zerstörung der Drainagegräben durch unerwartete Bodenbewegungen zu verhindern.

Aus einer laufenden Beobachtung ergeben sich eventuell weitere erforderliche Maßnahmen.

Sehr wichtig ist die konsequente, schrittweise Durchführung der Sanierungsmaßnahmen. Vielleicht hätten leicht geneigte, in die Sandschicht eingebaute Filterrohre (siehe 6.1.4.2./I) eine zusätzliche Entspannung des Grundwassers gebracht.

Die Wirksamkeit der Nagelpfähle ist durch das Beispiel 6.1.2./II erhärtet.

6.1.2./II Autobahn Stahlberg (BRD) (Sommer, 1977)
Beispiel einer Kriechrutschung in steifem Ton

Im Zuge einer Autobahndammschüttung in der Bundesrepublik Deutschland sollte ein 12 m hoher Damm auf einem mit 6 bis 8° geneigten Hang geschüttet werden. Nach einer Schüttung von 10 m Erdlast kam der Hang in Bewegung. Als erster Versuch, eine Beruhigung der Gleitung herbeizuführen, wurde eine Gegengewichtsschüttung in Form eines Vordammes vorgenommen (Abb. 53). Die ständig

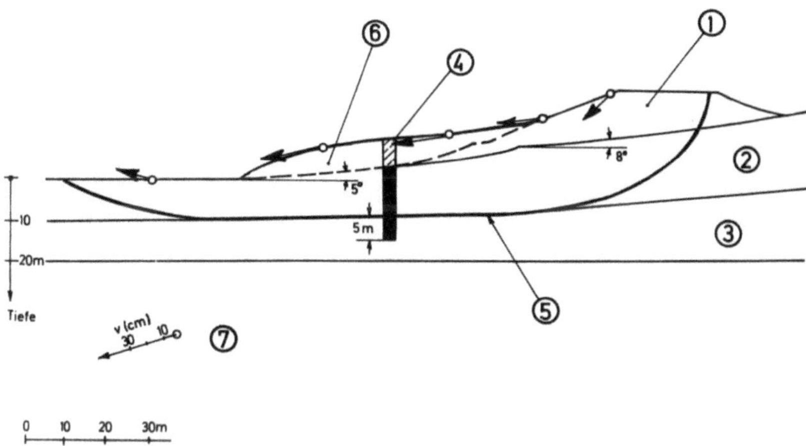

Abb. 53. Schnitt durch das Rutschgelände. *1* abgerutschter Dammteil, *2* bewegte Tonmasse,
3 ungestörter Ton, *4* Stahlbetonbrunnen, Durchmesser 3,0 m, *5* Gleitfläche, *6* Vordamm,
7 Bewegungsvektoren

gemessenen Bewegungen nahmen von 13 mm auf 8 mm pro Monat ab; von einer
totalen Beruhigung konnte jedoch keine Rede sein. Zweifellos handelte es sich
hier um ein typisches Beispiel einer Kriechrutschung.

Mittels Inklinometer wurde die Tiefenlage der Gleitfläche mit 15 m unter
Gelände ermittelt. Eine Nachrechnung der Stabilitätsverhältnisse ergab einen
Restscherwinkel von 8 bis 9°.

Der Untergrund bestand aus einem überkonsolidierten tertiären Ton; die
Bodenkennwerte sind in Abb. 54 angegeben. Der tertiäre Ton war hochplastisch;
unterhalb der Gleitfläche wurde er mit zunehmendem Tongehalt plastischer.
Unterhalb der Gleitfläche waren ferner die Bildsamkeit und der Wassergehalt
höher, das Feuchtraumgewicht war geringer. Die unentwässerte Scherfestigkeit c_u
war unterhalb der Gleitfläche mit 200 kN/m² doppelt so groß wie darüber.

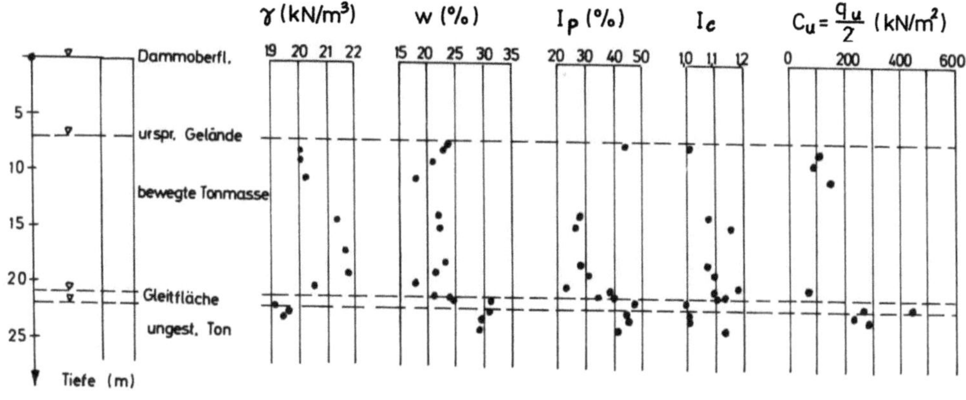

Abb. 54. Bodenmechanische Kennwerte

Es handelte sich hier, wie von Skempton des öfteren behandelt, um ein Rutschproblem, das nicht mit Bodenkennwerten, die im Labor erhalten wurden, gelöst werden konnte, sondern um ein tektonisches Problem, das durch die früheren Verformungen des Hanges bestimmt wurde. Die ursprüngliche Scherfestigkeit war hierdurch auf eine Restscherfestigkeit abgemindert worden.

Die Sanierung wurde mittels Stahlbetonbrunnen mit Durchmesser 3,0 m und 9 m Achsabstand vorgenommen. Die Brunnen wurden 5 m tief unter die Gleitfläche in den festen Untergrund niedergebracht. Ihre statische Wirkungsweise kann als eine Verdübelung verstanden werden. Von zahlreichen anderen sanierten Rutschungen weiß man, daß ein auch nur geringes Anheben des Sicherheitsfaktors von 1,0 auf 1,05 oder 1,1 ausreicht, die Gleitbewegung zu stoppen. Im vorliegenden Fall wurde mit einem Sicherheitsfaktor von 1,1 kalkuliert, wozu eine rückhaltende Kraft von 0,8 MN/m als notwendig errechnet wurde. Die vorher genannten Abmessungen der Brunnen und ihr Abstand wurden nach Brinch Hansen in Funktion des Bodenwiderstandes und dessen Verteilung entlang des Brunnenschaftes ermittelt. Von erheblicher Bedeutung ist die Ermittlung des Bodenwiderstandes im nichtrutschenden Hangbereich. Nach Brinch Hansen wird hierfür der 7,5fache Betrag der undrainierten Scherfestigkeit c_u angesetzt. Letztere wurde aus Versuchen mit 0,15 MN/m^2 ermittelt, was somit einen maximalen Bodenwiderstand von 7,5 × 0,15 = 1,125 MN/m^2 ergab. Bei diesem Druck war auch die entsprechende Sicherheit des Stahlbetonquerschnittes gewährleistet. Bei weiterem Anhalten der Kriechbewegung ist die Installierung zusätzlicher Brunnen vorgesehen. Diese Maßnahme erübrigte sich bis jetzt durch die allmählich erzielte Beruhigung des Rutschgeschehens.

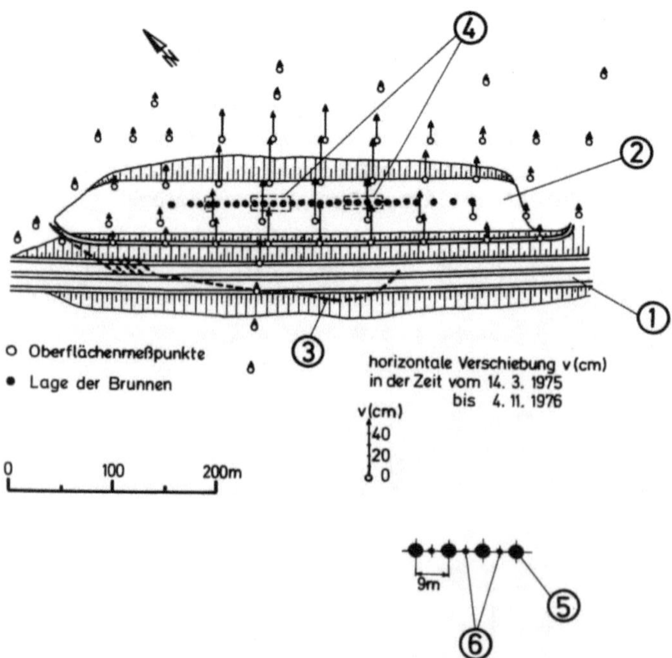

Abb. 55. Anordnung der Brunnen mit Bewegungsvektoren. *1* Autobahntrasse, *2* Vordamm, *3* Anrisse der Rutschung, *4* Lage der Meßbrunnen, *5* Meßbrunnen, *6* Neigungspegel

Die Abteufung der insgesamt 29 Brunnen (Abb. 55) erfolgte mittels Greifer.
Die Wände wurden mit Abbauhämmern von Hand nachgearbeitet. Bei Erreichen
der sogenannten Gleitfuge konnten auf 2 m Höhe glänzende, glatte Harnischflächen festgestellt werden. Der Boden war in diesem Bereich völlig mylonitisiert.
Die Schachtwandung von 10 cm Stärke wurde aus mit Baustahlmatten bewehrtem
Ortbeton hergestellt, wobei eine ringförmige Stahlschalung, die von oben nach
unten in 2 m-Abschnitten eingebaut worden war, mit Beton (Korngröße 0 bis
8 mm) hinterpreßt wurde. In die bis zur Endtiefe fertiggestellten Schächte wurde
der Bewehrungskorb von 20 m Länge, der zweiteilig hergestellt wurde, einge-
hoben. Das Ausbetonieren der Schächte erfolgte im Kontraktorverfahren.

Es wäre denkbar, in bestimmten Fällen die kreisrunden Brunnen durch
T-förmige Schlitzwandelemente zu ersetzen (siehe auch 6.2.9.2).

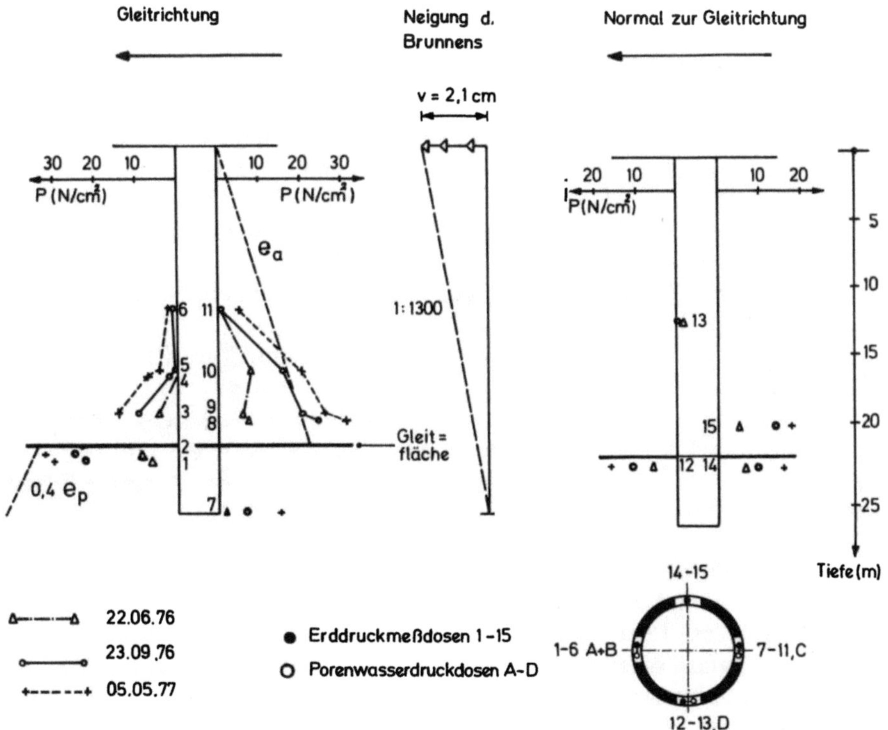

Abb. 56. Erd- und Porenwasserdruckmessungen

Zur Ermittlung der wirkenden Erddrücke und damit auch zur Überprüfung
des statischen Ansatzes wurden an exponierten Stellen der Schachtwandung
mehrerer Brunnen Erddruckmeßdosen und Porenwasserdruckgeber eingebaut
(siehe Abb. 56). Die gemessenen Spannungen erreichten nur 30% der berechneten
Werte. Die Berechnung wurde hinsichtlich des Zahlenwertes nicht bestätigt,
jedoch entsprach die Konzentration der gemessenen Erddruckwerte sowohl im
schiebenden Hang unmittelbar oberhalb der Gleitfläche als auch im erddruckauf-
nehmenden liegenden Hang unterhalb der Gleitfläche dem Ansatz von Brinch

7*

Hansen. Außer dem Erddruck wurde noch der Porenwasserdruck gemessen; er
erreichte ca. 60% der totalen Spannungen. Des weiteren wurde eine Anzahl Ober-
flächen- und Tiefenpegel installiert; sie sollten vor allem anzeigen, ob sich etwa
der Boden zwischen den Brunnen mehr bewegte als die Brunnen selbst. Zu Beginn
der Messungen ergaben sich an der Gleitfläche Verschiebungen, die bis zur Bodenoberfläche zunahmen. Im Mittel betrug die Verschiebung der Brunnenoberkante
2 cm; dies ergab eine Verdrehung der Brunnen von 1 : 1300. Die Bewegungsmessungen an der Gleitfuge und an der Oberfläche des Hanges deuteten darauf hin,
daß die Bewegung allmählich zum Stillstand kam. Auch die Abnahme des Hang-
druckes deutete auf eine Beruhigung der Rutschung hin.

6.1.3. Das in Bewegung befindliche Bauwerk wird aufgehalten

Widerlagersicherung an einer Autobahnüberführung bei Graz (G 19)

Im Bereich des bergseitigen Widerlagers vom Objekt G 19, einer Autobahnüberführung an der Südautobahn (im Raum Nestelbach, östlich von Graz), traten
Anfang Oktober 1967, nach erfolgtem Einschnitt der Autobahntrasse, Rutscher-
scheinungen auf. Diese waren zunächst ziemlich oberflächennah und spielten sich
unter anderem zwischen einer oberen, braunen Lehmschicht und einer unteren,
grauen Tonschicht ab, die beide aus dem Pannon stammen. (Unter dieser zweiten
Schicht konnte stellenweise auch eine stark wasserführende sandig-kiesige Schicht
festgestellt werden.)

Am 16. bzw. 17. Oktober 1967 zeigte die Rutschung bereits größere Aus-
maße. Es war eine Harnischfläche im Bereich des Widerlagers zu erkennen. Der
gesamte Böschungsbereich um das Widerlager wurde dadurch in Mitleidenschaft
gezogen, und es waren Teile des Widerlagers freigelegt worden.

Da die Rutschung offensichtlich durch Anschneiden des an sich ziemlich
labilen Hanges durch die Autobahntrasse verursacht worden war und nun im
Begriffe war, ein immer größeres Ausmaß anzunehmen, erschien eine sofortige
Sicherung des bergseitigen Widerlagers unbedingt erforderlich.

Sicherungsmaßnahmen: Als Sicherungsmaßnahme wurden die in Abb. 57
und 58 dargestellten Scheiben aus Schlitzwänden in Rutschrichtung, sowohl
seitlich als auch unmittelbar vor dem talseitigen Fuß des Widerlagers, gegraben,
um die befürchteten Horizontalverschiebungen zu verhindern. Die Schlitzwände
wurden am Kopf zu einem starren System verbunden (siehe Abb. 57) und im
steifen ,,Opok" eingespannt. Dadurch konnten die Horizontalkräfte, die durch ·
die Gleitbewegung des Hinterlandes auf der erwähnten Harnischfläche entstanden
waren, von den Schlitzwänden aufgenommen und in den festen, unbeweg-
ten Untergrund übertragen werden. Es wurden Schlitzwände gewählt, da Pfahlscheiben wegen der geringen freien Höhe unter der Brücke ausschieden. Weiters
sprach für die Anwendung von Schlitzwänden, daß der labile Hang möglichst
wenig gestört werden durfte, um nicht durch die Sanierungsmaßnahmen selbst
eine weitere Rutschung auszulösen.

Bemessung der Schlitzwände: Die Schlitzwände wurden nach der Theorie
der ,,Palisadenwand" (Fröhlich, 1959) bemessen. Da die Schlitzwände horizontal
praktisch steif miteinander verbunden sind, wurden gleiche Verformungen vorausgesetzt. Das Material ober der Harnischfläche wies einen Reibungswinkel von

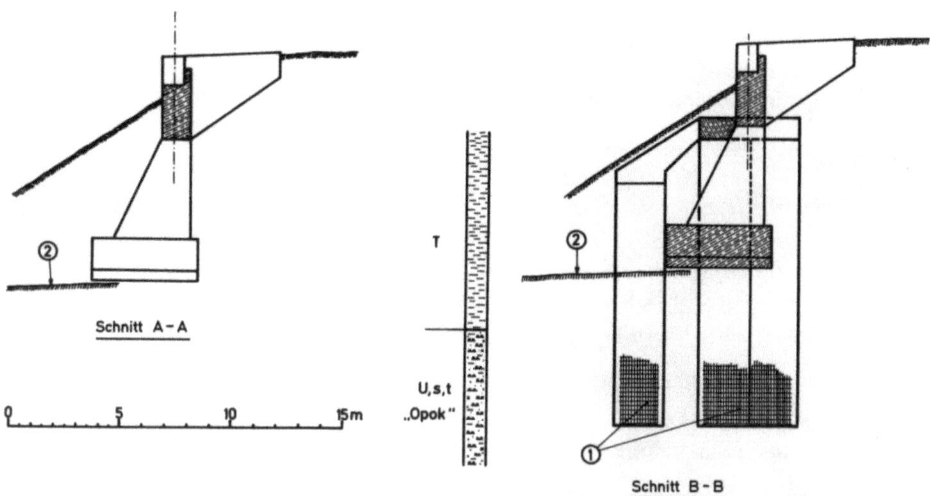

Abb. 57. Schnitte durch das Widerlager vor und nach der Sicherung. *1* Schlitzwandelemente, *2* Harnischfläche

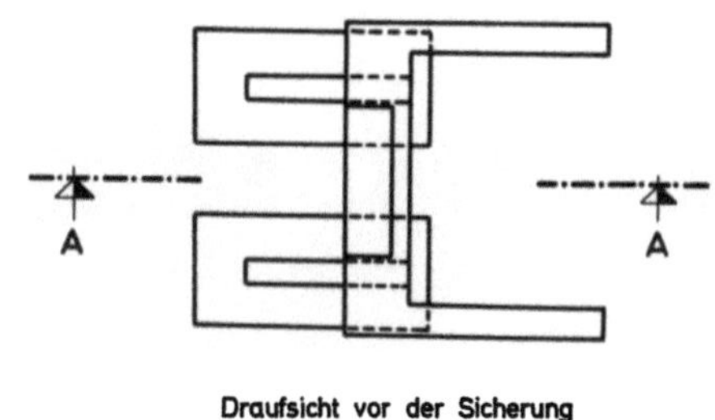

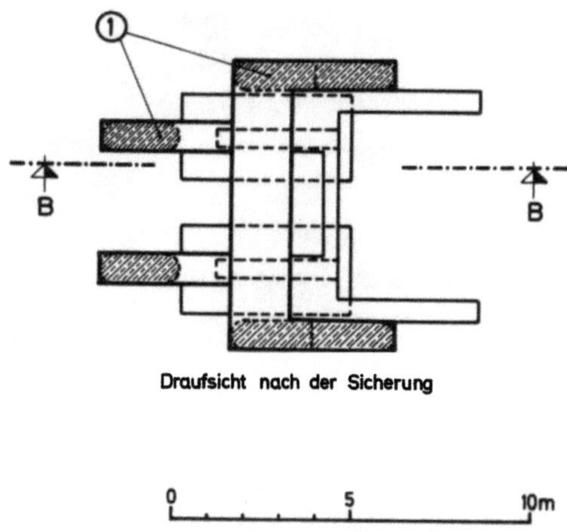

Abb. 58. Grundriß des Widerlagers vor und nach der Sicherung. *1* Schlitzwandelemente

$\varphi' = 24°$ auf (gestörte Bodenprobe, mehrmaliges Abscheren), der wegen der Rutschung für die Rechnung nur mit $\overline{\varphi}' = 12°$ berücksichtigt wurde. Der „Opok" wies als Kennwerte $\varphi' = 22,5°$ und eine Kohäsion von $c' = 0,09$ MN/m² auf. Es folgt in groben Zügen der Rechengang.

Rechengang:

Einwirkende Kräfte:

a) *Ea:* Aktiver Erddruck, gerechnet auf die doppelte Widerlagerbreite (Einflußbereich)

b) *G:* Gewicht des Erdkörpers und der ständigen Lasten der Brücke

c) *R:* Reibungskraft infolge G auf der Harnischfläche, $R = G \cdot \text{tg}\,\overline{\varphi}'$

In Höhe der Harnischfläche auf die Schlitzwand wirkende Belastung:

$H = Ea - R$ als Horizontalkraft

M: Moment aus Ea auf Höhe der Harnischfläche bezogen. Diese Belastung ist durch die Schlitzwände aufzunehmen, und zwar durch:

  a) *Ep:* Passiver Erddruck auf die Stirnflächen der Wände

  b) Mantelreibung an den Seitenflächen der Wände

  c) Sohlpressung der Wände

Erforderliche Nachweise:

1) Nachweis der erforderlichen Einspanntiefe im „Opok":

h ist der Höhenunterschied zwischen der Harnischfläche und der Schlitzwandsohle. Es wird das Momentengleichgewicht um die Sohlmitte als Bezugspunkt aufgestellt:

M_τ: Durch Wandreibung aufnehmbares Moment

M_E: Moment infolge Ep und Ea auf Schlitzwände (unter der Harnischfläche)

M_σ: Durch Sohlpressung aufnehmbares Moment

$$\text{vorh}\ \eta = \frac{M_\tau + M_E + M_\sigma}{H \cdot h + M} \geqq \text{erf}\ \eta = 1,5.$$

Zweckmäßigerweise wird man aber zuerst überprüfen, ob M_τ und M_E allein schon in der Lage sind, die geforderte Sicherheit zu gewährleisten. Ist dies nicht der Fall, muß das Restmoment ΔM in der Sohlfuge abgetragen werden.

$$\Delta M = \text{erf}\ \eta\ (H \cdot h + M) - M_\tau - M_E.$$

2) Nachweis der Sicherheit gegen mechanischen Grundbruch:

Die Berechnung erfolgt nach DIN 4017 und liefert für Tiefgründungen Ergebnisse, die auf der sicheren Seite liegen. Daher wird erf $\eta = 1,5$ angenommen.

Die gewählte Verwendung von Schlitzwandscheiben hatte den Vorteil, den Bestand des zu stützenden Objektes ohne Beschädigung der Konstruktion voll zu erhalten, jede zusätzliche Pölzung zu vermeiden und den labilen Hang nicht zusätzlich zu stören.

Andere Methoden, wie z. B. die Unterfangung mittels offener, gepölzter Baugruben oder Brunnengründungen, hätten auch bei sorgfältiger Arbeit zu einer

Entspannung und damit zu gefährlichen Bewegungen des Bodens geführt und das im labilen Gleichgewicht befindliche Bauwerk empfindlich beschädigen können.

6.1.4. Sanierung durch Verminderung des Porenwasserdruckes

6.1.4.1. Verminderung des Porenwasserdruckes durch Drainagegräben

6.1.4.1./I Hangsanierung Retznei, Steiermark

Im Jahre 1972 traten, bedingt durch die starken Regenfälle der Monate Juni und Juli, im Bereich Retznei der Bahnlinie Graz–Spielfeld Rutschungen auf, die den Streckenbetrieb dieser wichtigen Nord-Süd-Verbindung erheblich gefährdeten. Das Rutschungsgebiet erstreckte sich auf eine Länge von ca. 100 m.

Die Geländesituation wird in Abb. 59 veranschaulicht. Das Gelände wird in Richtung der Fallinie in einen oberen Bereich, eine Böschung I, einen Übergangsbereich, eine Böschung II und eine Berme, die neben dem Bahngleis angelegt wurde, unterteilt.

Bereits im sogenannten oberen Bereich konnten Rutschbewegungen festgestellt werden. Es zeigten sich faltenförmige Aufwölbungen des Bodens. Der Boden in diesem Bereich bestand aus einer 2 bis 3 m dicken, lockeren Verwitterungsschicht über teilweise verwitterten Sandsteinbänken. Die durchschnittliche Geländeneigung betrug ca. 10°. In der unterhalb liegenden Böschung I, die etwa unter 33° geneigt war, zeigten sich in dem mit Buschwerk und Bäumen dicht bewachsenen Gelände zahlreiche Rutschungen. Die Länge der Risse betrug hier teilweise mehrere Meter, wobei der abgerutschte Boden bereichsweise von breiiger Konsistenz war.

Im sogenannten Übergangsbereich wurden infolge von Rutschbewegungen offene Klüfte bis auf den in etwa 2 bis 3 m Tiefe anstehenden Sandstein festgestellt. Örtlich trat sogar der unverwitterte Sandstein zutage.

Die zur Bahnlinie unter 40° abfallende Böschung II bestand zum Großteil aus unverwittertem, frei anstehendem Sandstein. Die teilweise abgerutschten Bodenschollen, welche im wesentlichen mergelige Verwitterungsböden waren, hatten sich auf der Berme am Fuße der Böschung II aufgestaut.

Der Sandstein fiel hangparallel in mehrschichtiger Lagerung ein. Es war nun zu befürchten, daß sich im Zusammenhang mit weiteren starken Niederschlägen Bodenschollen im Hangbereich lösen und in Richtung Gleiskörper bewegen könnten.

Sanierungsmaßnahmen: Um das im oberen Bereich in Richtung Bahngelände anfallende Tagwasser wirksam zu fassen, wurde der Bau einer zu den Schichtenlinien annähernd parallelen Oberflächenentwässerung in Form von offenen Halbschalen durchgeführt. Zur Vermeidung einer Überströmung wurden die Halbschalen talseitig mit einer Nase versehen.

Als Tiefenentwässerung wurde oberhalb der Halbschale ein Drainagegraben mit einer durchschnittlichen Tiefe von 2,0 m gezogen. Die Drainage besteht aus einem geschlitzten Plastikrohr, Durchmesser 20 cm, das zuerst mit Wandschotter überdeckt und des weiteren mit einem Vlies umhüllt wurde (vgl. Kapitel 6.1.4.1./II). Zur Überprüfung der Funktionstüchtigkeit dieser Drainage wurde alle 50 m ein Kontrollschacht angelegt. Sämtliche im oberen Bereich anfallenden Wässer wurden so vor der Böschung abgefangen und in eine Vorflut geleitet.

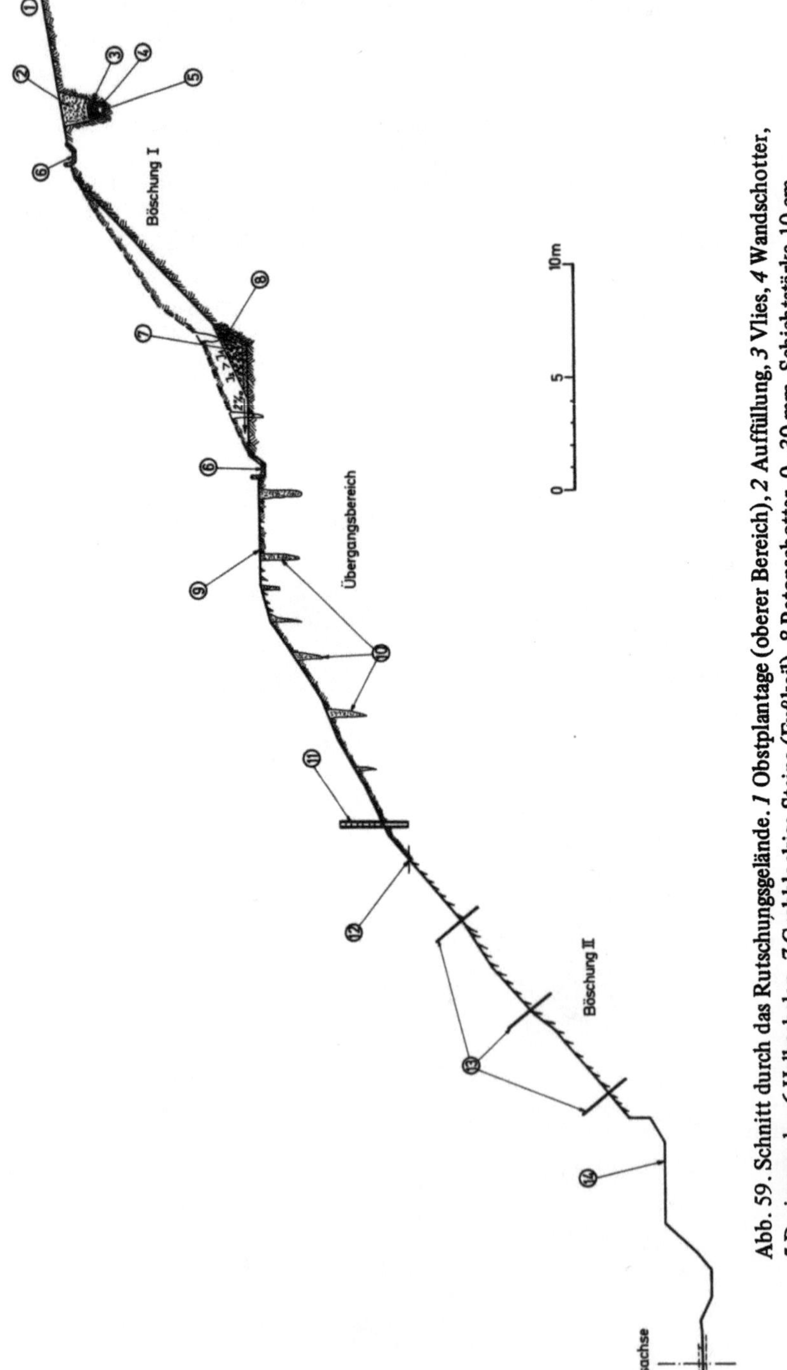

Abb. 59. Schnitt durch das Rutschungsgelände. *1* Obstplantage (oberer Bereich), *2* Auffüllung, *3* Vlies, *4* Wandschotter, *5* Drainagerohr, *6* Halbschalen, *7* Grobblockige Steine (Fußkeil), *8* Betonschotter, 0–30 mm, Schichtstärke 10 cm, *9* Weg, *10* Sand, vermischt mit Zement, Wasser und Bentonit, *11* kombinierter Schienen-Schwellenzaun, *12* Felsoberkante, *13* Auffangvorrichtung mit Horizontalverspannung, *14* Berme

Die obersten, lockeren Schollen der Böschung I wurden entfernt; die so neu entstandene Böschung wurde durch einen Fußkeil gesichert. Der Fußkeil besteht aus grobblockigen Steinen, die auf ein ca. 10 cm dickes, als Filter dienendes Betonschotterbett aufgebracht wurden. Das sich in der Böschung I ansammelnde Tagwasser wurde nunmehr in Halbschalen und von dort in die bestehende Vorflut geleitet.

Die im Übergangsbereich durch die Rutschung entstandenen Anrisse wurden mit einer Mischung aus Feinsand, Zement und Bentonit verfüllt.

Die Böschung II mußte von allen noch auf ihr befindlichen Bodenschollen gesäubert werden, bis der anstehende Sandstein erreicht war. Für die auf der Berme unter der Böschung II aufgestauten Bodenmassen galt dasselbe. Der Kopf der Böschung II wurde durch das Einschlagen eines kombinierten Schienen-Schwellenzaunes befestigt. Die Schienen wurden ausreichend tief (ca. 0,8 m) in den standfesten Boden eingerammt und vermörtelt. Darüber hinaus wurde eine Verbauung der gesamten Böschung II durch entsprechende Auffangvorrichtungen für eventuell herabgleitende Bodenschollen vorgenommen. Zu diesem Zweck wurden Stahlstäbe lotrecht zur Böschungsebene eingeschlagen und horizontal mit Nylonnetzen verspannt. Die Stäbe sind in vertikaler Richtung ca. 5,0 m und in horizontaler Richtung ca. 4,0 m voneinander entfernt. Um eine unnötige Belastung dieser Auffangvorrichtung zu vermeiden, wurde angeordnet, eventuell herabgefallene oder verwitterte Bodenschollen alle 2 bis 3 Jahre zu entfernen.

Die hier geschilderten Sanierungsmaßnahmen machten die bereits ins Auge gefaßte Verlegung der Trasse überflüssig und haben sich bisher gut bewährt. Oberstes Gebot war die Ausführung dreier, praktisch in jedem Fall nötiger Sanierungsmaßnahmen.

1. Das Ableiten der Oberflächenwässer.
2. Das Verschließen der groben Klüfte.
3. Die Begrünung der Hangoberfläche.

Folgende zusätzliche Maßnahmen waren im vorliegenden Fall außerdem erforderlich, und zwar:

4. Tiefendrainage am Kopf der Rutschung.
5. Herstellung eines Fußkeiles aus einer geeigneten Steinpackung unterhalb des oberen Hangabschnittes bzw. auf der Höhe der oberen Berme.
6. Sicherung des unteren, glatten Hangabschnittes durch kombinierte Schienen-Schwellenzäune und verspannte Nylonnetze.

Andere, teure Sicherungsmaßnahmen, wie Spritzbeton, Verankerungen oder gar Stützmauern, konnten entfallen.

6.1.4.1./II Rutschung Graz-Ruckerlberg

Ein aus dem Pannon stammender, an sich nicht sehr steiler Nordhang des sogenannten Ruckerlberges stellt einen Rutschungstyp dar, der relativ oft anzutreffen ist. Das betroffene Gebiet hat eine Länge von ca. 130 m und eine größte Breite von ca. 100 m. Die durchschnittliche Neigung beträgt 9 bis 11°. Der östliche Teil des Rutschgebietes wird als Weideland verwendet, während sich weiter westlich Wohnhäuser und Obstgärten befinden. Zwischen dem Weideland und den Obstgärten verläuft ein Graben, der einen natürlichen Sammler für Oberflächenwässer darstellt. Die Oberfläche des Rutschgebietes war von zahlreichen

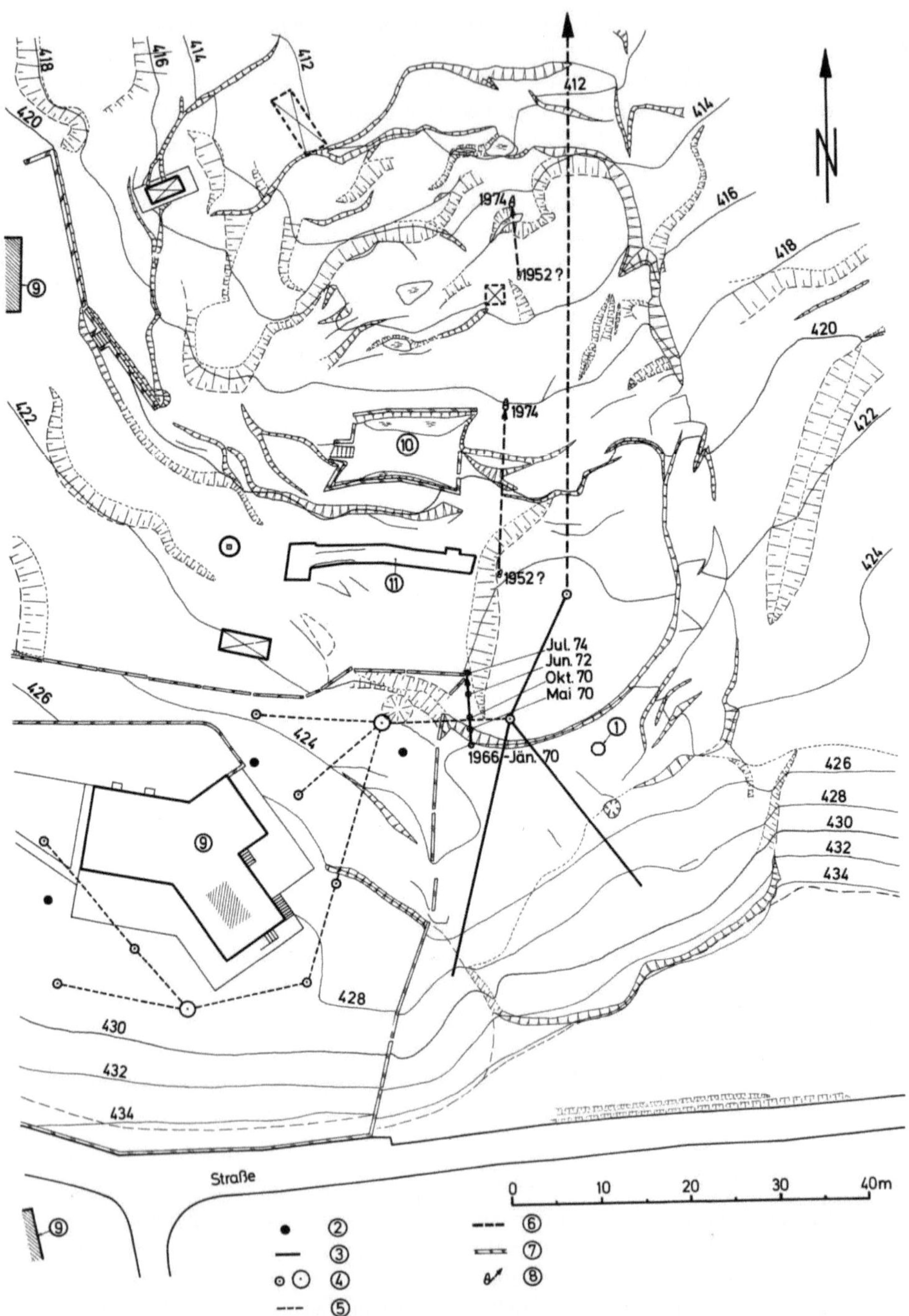

Abb. 60. Lageplan des Rutschgebietes, *1* Probeschacht, *2* Probebohrung, *3* Vliesmanteldrainage, *4* Sickerbrunnen, Durchmesser 1,0 m bzw. 2,0 m, *5* Verbindungsbohrung zwischen Sickerbrunnen, *6* Ableitung mit Kunststoffrohren, *7* Zaun, *8* Verschiebung der Grenzsteine, *9* Haus, *10* Schwimmbad, *11* Kegelbahn (Geodätische Aufnahme: Büro Rinner, Graz)

Rissen und Aufschiebungen gekennzeichnet. Sie wies auch eine Reihe von kleineren Tümpeln mit ständig vorhandenem Wasser und zahlreiche sumpfige Stellen auf (Abb. 60).

Im westlichen Bereich des Kopfes der Rutschung wurde in den Jahren 1966 bis 1969 ein zweigeschossiges Wohnhaus errichtet. Im Zuge des Hausbaues wurde hier auch eine durch eine Mauer gestützte Anschüttung von 3,5 m Höhe aufgebracht. Das Haus wurde unterkellert.

Zur Erkundung des Bodenaufbaues wurde ein Schacht im oberen Teil der Rutschung abgeteuft. Die dabei entnommenen ungestörten Bodenproben wurden im Labor untersucht. Drei weitere, an anderen Stellen durchgeführte Bohrungen vervollständigten das Bild (Abb. 61). Oberflächlich stand bis in eine Tiefe von $-2,5$ m eine Schicht von fest gelagertem schluffigen Sand an, der einen k_f-Wert von 10^{-7} cm/sec aufwies. Der Schluffanteil in dieser Schicht war so groß, daß sie praktisch wasserundurchlässig war und als Wasserstauer wirkte. Von $-2,5$ bis $-5,0$ m folgte dann eine locker bis mitteldicht gelagerte Sandschicht mit einem Durchlässigkeitsbeiwert von 10^{-3} bis 10^{-4} cm/sec. Diese Schicht war stark wasserführend; der Grundwasserspiegel wurde in ca. $-3,15$ m Tiefe angetroffen.

Unter einer Tiefe von ca. $-5,0$ m waren Wechsellagerungen von Sand und Schluff anzutreffen, die bei etwa $-8,0$ m in einen grauen, steifen, undurchlässigen tonigen Schluff (regionale Bezeichnung „Opok") übergingen. Diese Schichten verliefen über größere Strecken annähernd parallel zur Oberfläche. Die wasserführende Sandschicht keilte von Zeit zu Zeit aus. Wurde der Wasserzufluß zur Sandschicht, z. B. während eines starken Regens, intensiver, dann kam der Moment, wo mehr Wasser in die Sandschicht zufloß, als abfließen konnte. Es kam an bestimmten Stellen zum Rückstau des Wassers (Abb. 62). Das durch den Rückstau bewirkte Ansteigen des Wasserstandes konnte durch Messungen in den Bohrlöchern beobachtet werden. An solchen Stellen wirkt der Porenwasserdruck der Schwerkraft entgegen, und der Scherwiderstand kann schließlich kleiner als die treibenden Kräfte werden. Dieser Mechanismus bewirkte derartig starke Bewegungen der Bodenoberfläche, daß sich z. B. eine bestimmte Zaunecke in den Jahren 1970 bis 1974 um 8,3 m verschob (Abb. 60). Hierbei verformten sich bestimmte Bereiche der gleitenden Schicht in der in Abb. 63 dargestellten Form. Dazu sei bemerkt, daß dieses Profil genau dem geodätischen Plan, also nicht überhöht, entnommen wurde.

Die Geländeoberfläche hatte vor der Rutschung eine durchgehende Neigung von $11°$. Die Abschnitte B_1 und F_1 stellen die durch den Wasserdruck von 3,0 m Höhe angehobene Schicht dar. Diese ursprünglich zusammenhängenden Abschnitte F_1 und B_1 wurden getrennt, wobei sich die steilere Böschung E_1 mit einer Neigung 1 : 0,7 und C_1 mit der Gegenneigung 1 : 1 und dem dazwischenliegenden Graben D_1 bildete und sich von der Zone B_1 ein Wulst A_1 mit der Neigung 1 : 1,2 vorschob. Die Neigung des Wulstes A_1 war flacher als die Abrisse E_1 und C_1, weil es sich hier um schon aufgelockertes Material handelte. In anderen Teilen des Rutschgeländes waren diese Geländeformen ebenfalls anzutreffen.

Die Gesamtrutschung setzte sich aus mehreren Einzelrutschungen zusammen. Ihr Mechanismus bestand kurz zusammengefaßt darin, daß der ganze Hang durch die einzelnen Rutschungen infolge des Wasserdruckes von unten nach oben in

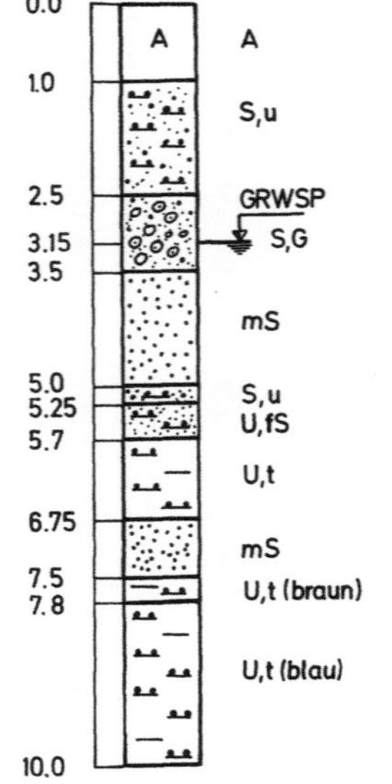

Nummer d Bodenpr.	Tiefe m	e —	m_v m²/kN	k_f cm/sec	T_{LABOR} sec	T_{NATUR} Tage	c' kN/m²	φ' °	w %	Trockenwichte locker γ_d kN/m³	dicht	natürlich	d_{60} mm	d_{10} mm	d_{60}/d_{10} —
3443	1.0–1.5	0.60	$19 \cdot 10^{-4}$	$1 \cdot 10^{-7}$ *	720	47	20	28	17.8						
3447	2.1–2.3	–	–	–	–	–	10	30	22.7						
3448	2.3–2.55	0.626	$1.4 \cdot 10^{-4}$	$1.4 \cdot 10^{-7}$ *	400	26	20	31	20.5						
3449	2.55–2.8	–	–	–	–	–	–	–	16	14.19	–	18.8			
3452	3.2–3.45	–	⌐	–	–	–	–	–	16.2	14.04	–	braun 17.4 blau 19.8	1,4–1,6	0,05–0,08	18–30
3456	4.1–4.3	–	–	–	–	–	0	36	13.6						
3460	5.0–5.25	–	$-2.0 \cdot 10^{-4}$	$5 \cdot 10^{-5}$	10		0	36	12	–	–	Schluff 15.9 Sand 16.2			
3461	5.25–5.45	0.618	$0.8 \cdot 10^{-4}$	$8 \cdot 10^{-8}$ *	400		60	22	26						
3463	5.5–5.7	–	–	–	–	–	55	13	32.3						

*) k_f-Wert aus dem Ödometerversuch
+) k_f-Wert aus dem Durchlässigkeitsversuch

Abb. 61. Bodenmechanische Kennwerte bei der Rutschung Graz-Ruckerlberg

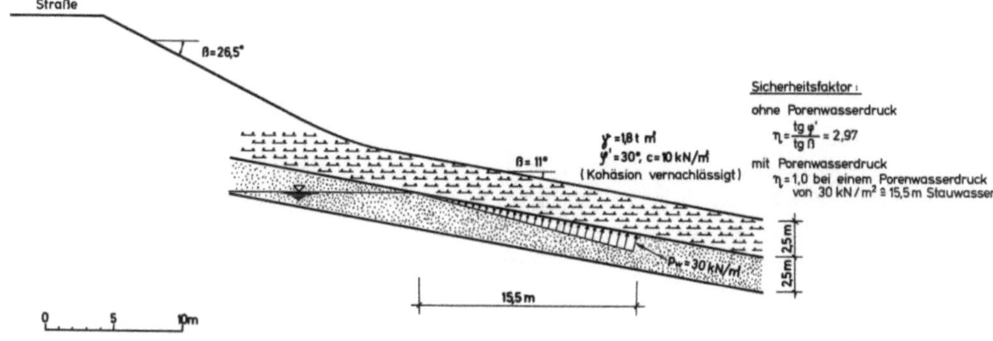

Abb. 62. Schnitt durch den Rutschhang mit Wasserrückstau

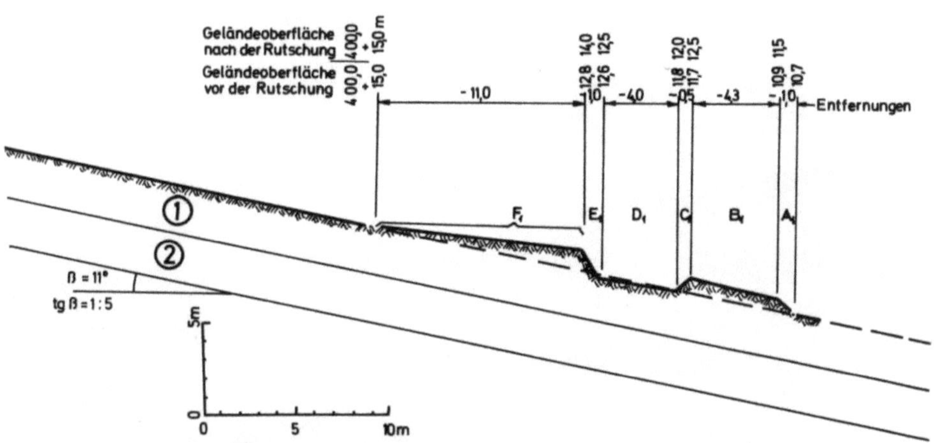

Abb. 63. Verformung der gleitenden Schicht

Bewegung versetzt wurde, wobei der unten liegende Abschnitt dem jeweils oben liegenden weitgehend den Halt nahm und so der Gleitungstendenz nachhalf.

Es erhob sich nun die schwerwiegende Frage, ob die baulichen Veränderungen im oberen Bereich des Rutschhanges in irgendeinem Zusammenhang mit den Gleitungen standen, zumal diese ja erst nach dem Jahre 1969, also nach deren Fertigstellung, eintraten. Das Wohnhaus und die aufgebrachte Schüttung ergaben überschlagsweise eine mittlere Zusatzspannung von 24 kN/m² auf das ursprüngliche Gelände. Laborversuche zeigten, daß sich der Untergrund unter dieser Last in einer Zeit von maximal 47 Tagen völlig konsolidiert hatte. Zur Rutschung kam es in den Jahren 1970 bis 1972, also fast ein Jahr nach der Fertigstellung des Hauses. Die Fundamente waren knapp in der wasserführenden Schicht gegründet worden. Das bewirkte zwar eine geringe Einschnürung des laminar in der Sandschicht strömenden Wassers, die jedoch eine derartig geringe Änderung des Wasserlaufes darstellte, daß ein Einfluß auf die Gesamtrutschung ausgeschlossen werden konnte.

Offensichtliche Schäden im Haus zeigten sich durch Rißbildungen zwischen Hauswand und Gelände sowie durch Risse infolge von Hebungen der zu schwach dimensionierten Kellersohle (Abb. 64). Es ist auszuschließen, daß der Bau des Hauses samt den dabei gemachten Schüttungen die Rutschung verursacht oder ausgelöst haben könnte.

Die Sanierungsmaßnahmen mußten vor allem darauf abgestimmt werden, dem Wasserüberdruck in der Sandschicht wirkungsvoll zu begegnen. Das ursprüngliche Projekt bestand in einer Hangentwässerung durch berg- und talseitig des Wohnhauses angeordnete Tiefdrainagen. Auf Grund von Schwierigkeiten mit Anrainern und Bedenken im Hinblick auf die Herstellung der Tiefdrainagen im Nahbereich des Hauses wurde dieses Projekt verworfen. Zur Ausführung gelangte dann eine Kombination aus Entwässerungsbrunnen und einer Tiefdrainage (siehe Abb. 60).

Die Entwässerungsbrunnen wurden seitlich und bergseitig des Wohnhauses angelegt, und zwar insgesamt 8 Brunnen mit 1,0 bzw. 2,0 m Durchmesser. Die Tiefe der Brunnen richtete sich nach der Tiefenlage der wasserführenden Sand-

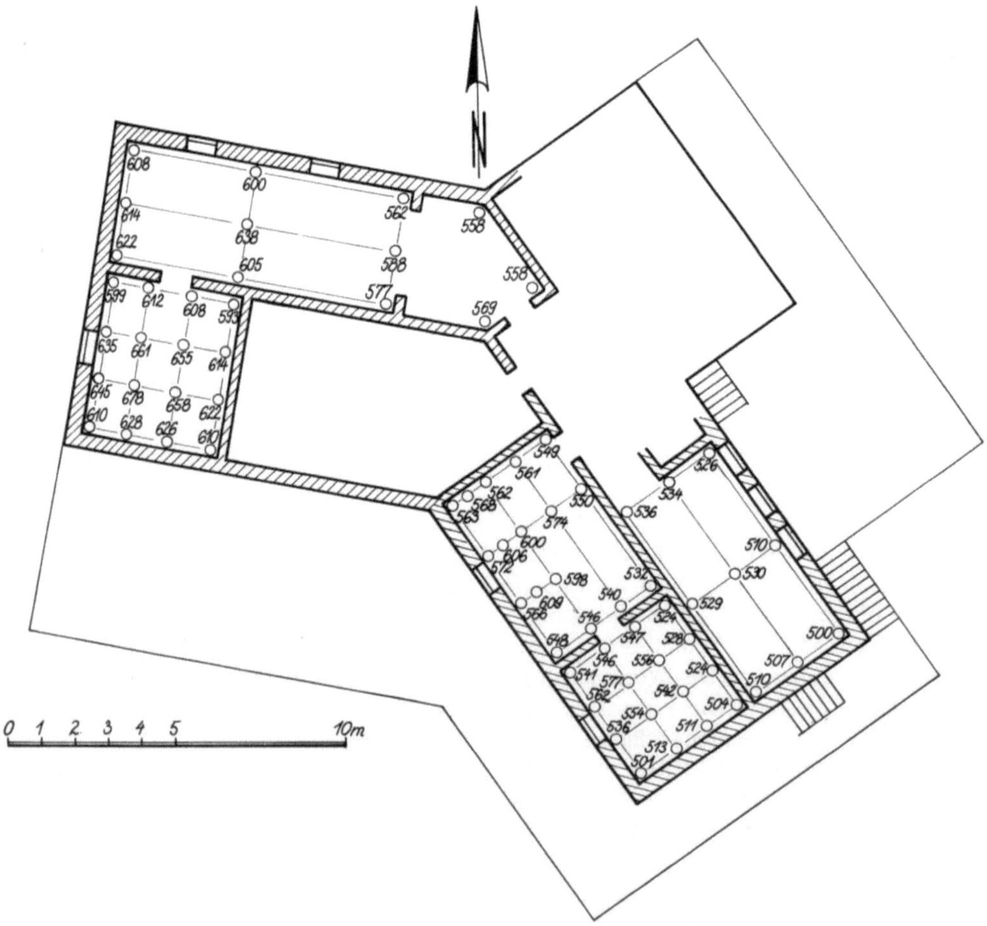

Abb. 64. Hebungen der zu schwach dimensionierten Kellersohle, Höhenangaben in mm

schicht, sie betrug demnach 4,5 bis 5,5 m. Die Ableitung des Sickerwassers aus den Brunnen erfolgte durch Verbindungsleitungen, welche als Rohre in horizontale bzw. leicht geneigte Verbindungsbohrungen zwischen den Brunnen eingeführt wurden.

Die Tiefdrainage wurde am Kopf der Hauptrutschung seitlich des Wohnhauses durchgeführt. Analog den Sickerbrunnen in Gebäudenähe wurde auch die Tiefenlage der Drainage den Bodenverhältnissen entsprechend festgelegt und betrug bis über 4,0 m. Die Gesamtlänge war ca. 70 m. Ausgeführt wurde die Drainage als Vliesmanteldrainage (siehe Abb. 65), wodurch deren Dauerwirksamkeit gewährleistet werden konnte. Die Wässer aus den Sickerbrunnen und der Tiefdrainage wurden in einem Kontrollschacht gefaßt und durch ein PVC-Kanalrohr (Durchmesser 125 mm) in einen Vorfluter (Ragnitzbach) abgeleitet. Durch die kombinierte Anwendung von Entwässerungsbrunnen und Tiefdrainagen konnte ein vollständiger Abbau des Staudruckes der Schichtwässer im Nahbereich des gefährdeten Objektes erreicht werden. Die anfänglich sehr starke Schüttung aus der Entwässerungsanlage von über 1 l/sec ging binnen kurzer Zeit auf einen Bruchteil dieses Wertes zurück.

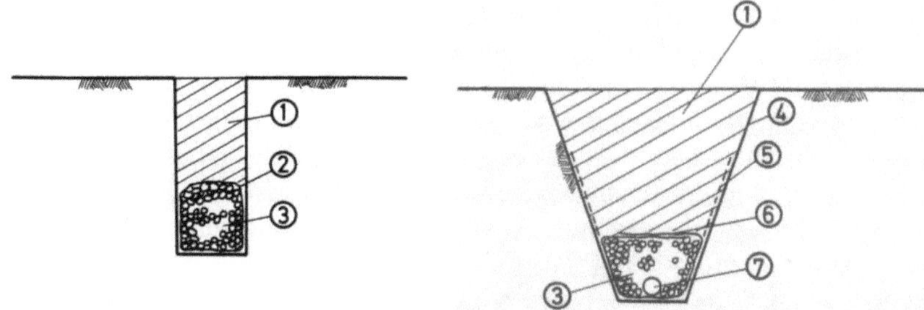

Abb. 65. Zwei Arten von Tiefdrainagen. *1* wenig durchlässige Auffüllung, *2* Vliessack, *3* Kies, *4* Grabenwand, *5* Vlies während Kieseinbringung, *6* umgeschlagenes Vlies, *7* perforiertes Plastikrohr

Im vorliegenden Fall war die wasserführende Sandschicht so ausgedehnt, daß andere Maßnahmen, z. B. horizontale Rohrdrainagen, nicht zielführend gewesen wären. Ferner mußte auf das vorhandene Gebäude Rücksicht genommen werden, und der Grundwasserspiegel in der Nähe des Hauses mußte so reguliert werden, daß er, unabhängig von jahreszeitlichen Schwankungen der Wasserspende durch Regen und Schnee, auf einer konstanten Höhe blieb. So konnte jede Bewegung des Gebäudes vermieden werden und es konnte auch auf sonst nötige Unterfangungsarbeiten, z. B. auf Pfähle, verzichtet werden. Zudem wurde das umliegende Gelände so entwässert, daß jede Gleitbewegung aufhörte.

6.1.4.1./III Rutschung Kleinsölk, Steiermark

Die Trassenführung der Beileitung des Kleinsölkbaches zum Kraftwerk Sölk war ab der Bachfassung auf einer Strecke von etwa 500 m durch ein Gelände mit latenter Rutschtendenz geplant. Die Aufschließungsarbeiten und der Bau einer bergseitig des Hangkanals vorgesehenen Begleitstraße lösten im Frühjahr und Sommer 1977 im Böschungsbereich dieses Abschnittes und im bergseitigen

Gelände rasch fortschreitende Geländebrüche aus, wobei Rißweiten bis über
0,5 m und Abrißhöhen bis 1,5 m entstanden.

Das von der Rutschung erfaßte Gelände bergseitig der Trassenführung weist
überwiegend eine Neigung zwischen 1 : 4 und 1 : 2,5 auf. Weiter bergseitig, das ist
in 50 bis 80 m Entfernung, verflacht es sich auf etwa 1 : 6 und geht dann wieder
in einen steileren Bereich über. Oberflächlich wies das Gelände zum größeren Teil
einen ausgeprägt sumpfigen Charakter auf.

Im Bereich der Trassenführung wurden beim Hanganschnitt überwiegend
Formationen aus schwach tonigem, feinsandigem Schluff mit dünnen durchgehenden Sandlagen sowie örtlich auch schluffiger Hangschutt, welcher von dem
darüber anstehenden Fels stammte, erschlossen. Der Fels besteht aus Hornblende
führendem und quarzitischem Glimmerschiefer mit wechselndem Gehalt an
Glimmer, Hornblende und Granat. Einen im Prinzip gleichen Bodenaufbau
ergaben Aufschlüsse im Bereich des Rutschkörpers; die bindigen Schichten waren
ausgeprägt plastisch und , wie die sandigen Zwischenlagen, wassergesättigt. Die Aufschlüsse im Bereich der Geländeverflachung wiesen unterschiedlich verlehmten
Hangschutt mit ausgeprägten Schichtwasserführungen auf. Die Schüttungen
wurden in Röschen auf 5 bis 10 l/sec geschätzt; bei entsprechendem Rückstau
stellte sich hierbei der Wasserspiegel in Höhe der Geländeoberfläche ein.

Als Ursache der Rutschungen wurde der vorherrschende Bodenaufbau und
die daraus resultierende Wirkung des Schichtwassers erkannt. Das im Böschungsbereich anstehende schluffig-feinsandige Material wies eine um mehrere Zehner-
potenzen geringere Durchlässigkeit als der bergwärts anstehende Hangschutt auf,
so daß das kontinuierlich und intensiv einfließende Schichtwasser im Übergangsbereich einen Rückstau erfuhr, was zum Aufbau eines entsprechenden Staudruckes führte. Örtlich traten demzufolge auch Quellen auf.

Als einzige technisch und wirtschaftlich zielführende Sanierungsmaßnahme
wurde im vorliegenden Fall eine entsprechende Hangentwässerung in Form von
Tiefdrainagen geplant und im Winter 1977/1978 ausgeführt (siehe Abb. 66).
Insgesamt wurden über 1000 m Entwässerungsstränge als Vliesmanteldrainagen
(vgl. 6.1.4.1./II, Abb. 65) ausgeführt; die Tiefen betrugen bis über 5,5 m. Die
einzelnen Stränge wurden so angelegt, daß die Hauptentwässerung des Hanges
bereits im Hangschuttbereich erzielt und der Staudruck dadurch abgebaut werden
konnte. Die weiter talwärts situierten — weitgehend im Staukörper verlaufenden —
Seitenstränge ermöglichten die Erfassung der restlichen Schicht- und Sickerwässer,
wobei insbesondere eine Entwässerung der durchgehenden Sandlagen im Schluff
angestrebt wurde. Durch diese Staffelung der Drainagen wurde eine Entwässerung
des Hangschuttes, ein Abbau des Staudruckes und dadurch eine rasch fortschreitende Konsolidierung des bindigen Materials im Bereich der Rutschungen erzielt.

Von der Anlage der Drainagen wurde bergseitig des 500 m langen Rutsch-
terrains ein Streifen von etwa 100 m Breite erfaßt. Durch jeweils bei Zusammen-
führung von Drainagesträngen angelegte Kontrollschächte konnte die Schüttung
jeder einzelnen Drainage gemessen werden. Die Größtwerte für die Stränge im Hangschuttbereich lagen bei über 5 l/sec (Januar 1978); die Stränge im überwiegend
bindigen Material lieferten verständlicherweise wesentlich geringere Wassermengen.

Schon während der Arbeit konnte man die Verfestigung des Bodens deutlich
bemerken. Nach der Fertigstellung zeigte der Hang keinerlei Bewegung mehr, die

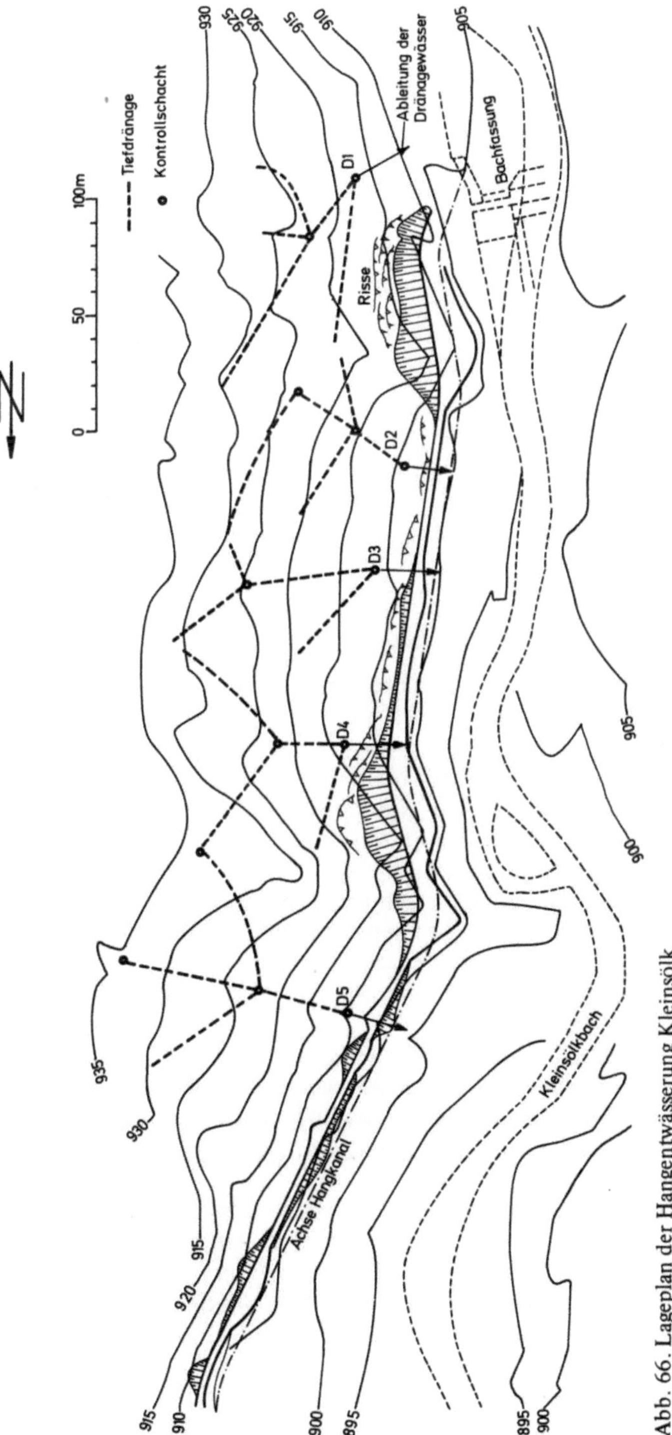

Abb. 66. Lageplan der Hangentwässerung Kleinsölk

getroffenen Maßnahmen hatten also offenbar ihr Ziel erreicht. Andere Maßnahmen, wie etwa der Bau einer Futtermauer, wären unvergleichlich teurer
gekommen.

6.1.4.1./IV Budapest, Dunaújváros (Kézdi, 1976a)

Die Rutschung erstreckte sich 1964 über eine Länge von 1300 m längs des
ca. 50 m hohen Steilhanges des rechten Donauufers in Richtung N–S. Eine dort
am Ufer befindliche Pumpstation wurde um 35 m gegen die Donau verschoben.
Auf der Terrasse oberhalb des Steilhanges liegt die Stadt Dunaújváros.

Der Untergrund der 50 m hohen Steilstufe besteht aus schluffigem Sand
($w = 0{,}20$; $w_p = 0{,}18$; $w_L = 0{,}32$) mit gelegentlichen Tonzwischenlagen
($w = 0{,}20$; $w_p = 0{,}25$; $w_L = 0{,}49$); es handelt sich um windverlagerten pliozänen
Löß mit einer vertikalen Durchlässigkeit, die größer als die horizontale ist (infolge
der abgestorbenen Wurzeln der Pflanzen, wodurch sich vertikale Hohlräume gebildet hatten). Unter der ca. 22 m dicken Lößschicht stehen pannonische Sedimente,
bestehend aus Ton- und Feinsandschichten, an. Ein oberer, freier Grundwasserspiegel befindet sich in ca. 15 m Tiefe, ein unterer, gespannter Grundwasserspiegel
steigt aus einer Tiefe von ca. 30 m bis fast an die Bodenoberfläche.

Die Rutschung wurde durch die Erhöhung der beiden Grundwasserspiegel
um ca. 12 m infolge der industriellen Verbauung der Terrassenoberfläche hervorgerufen (Versickerungen). Der Herd der Gleitung war in einer horizontalen, ca. 40 m
tiefer liegenden schluffig-tonigen Schicht zu suchen.

Sanierungsmaßnahmen:

1. Errichtung eines parallel zur Donau geführten 5,5 km langen Leitwerkes
und zahlreicher, quer dazu gelegter Querdämme. Das Leitwerk war in seinem Kern
aus billiger Hochofenschlacke, an seiner flußseitigen Böschung aus einer Steinpackung und landseitig aus einer Kieslage aufgebaut. Es sollte die Erosion des
Fußes der Böschung verhindern.

2. Der Bereich zwischen dem Leitwerk, den Querdämmen und dem Uferrand
wurde mit einer Mischung aus 1/3 Kies-Sand und 2/3 Löß verfüllt, welcher von der
künstlichen Abtreppung des Steilhanges gewonnen wurde. Der Kies wurde rippenförmig senkrecht zum Fluß geschüttet, um das Hangwasser in der gesamten Länge
störungsfrei abzuleiten.

3. An der südlichen, flußabwärts gelegenen Uferstrecke, die stark zerklüftet
war, wurden die Lößwände mit einer Böschungsneigung von 1 : 2 eingeebnet, die
Böschungen mit Mutterboden abgedeckt und bepflanzt. Schachbrettartig angelegte Flechtzäune dienten als Schutz gegen eine Erosion durch das Wasser. Die
Flechtzäune haben sich gut bewährt.

4. Flußaufwärts wurden drei je 8 bis 10 m tiefe Einschnitte gemacht, um
einerseits das Grundwasser anzuzapfen und durch Gräben zur Donau abzuleiten
und außerdem die Verdunstung zu intensivieren. Die Einschnitte wurden durch
eine auf einer Filterschicht liegende Bruchsteinböschung gegen den Austritt von
Feinteilchen gesichert, wobei das Grundwasser jedoch ungehindert austreten
konnte.

5. Der Steilhang wurde unterhalb der Stadt durch das Anlegen von etwa 6 m
hohen und ebenso breiten Terrassen gesichert, deren horizontale Abschnitte gegen
den Hang, zu dort gelegten Betonhalbschalen, geneigt waren, um das Wasser nicht

über die Böschung fließen zu lassen. Senkrecht dazu wurden Einschnitte zur Austrocknung der Erdmassen gemacht.

6. Ein System von Entwässerungsstollen, 709 und 400 m lang, wurde angelegt, um unterirdisch das Grundwasser und das im Lößhügel hinter der Pumpstation unter Druck stehende Schichtwasser abzusenken.

7. Außer den Stollen wurden als zusätzliche Absenkungsmaßnahme 26 Brunnen im gegenseitigen Abstand von ca. 16 m gebohrt. Ferner wurden 20 Beobachtungsbrunnen angelegt.

8. Am oberen Rand des Lößhanges wurden bis 34 m tiefe Schachtbrunnen mit einem Innendurchmesser von 2,8 m abgeteuft.

Die Schächte wurden in der Lößzone bis 21,0 m Tiefe mit Stahltübbigen und unterhalb, im Schluff, mit einem Mauerwerk, hinter welchem ein Kiesfilter eingebaut wurde, verkleidet. In 30 m Tiefe wurden zur Vergrößerung des Wirkungsradius im Schluff Horizontalbrunnen vorgepreßt (siehe 6.1.4.3.). Von der Schachtsohle bei 34 m wurde ein Filterbrunnen bis 43,50 m als Auftriebssicherung gebohrt. Alle diese Maßnahmen führten gemeinsam zu einer Stabilisierung des Hanges.

6.1.4.2. Verminderung des Porenwasserdruckes durch Horizontalbohrungen vom Gelände aus

6.1.4.2./I Rutschung Graz-Ries

A. Einleitung

In der Nacht vom 15. auf 16. Juli 1972 trat auf der Ries im östlichen, aus dem Pannon stammenden Randgebiet von Graz eine bedeutende, für diese Gebiete charakteristische Rutschung auf. Der Rutschung waren starke Regenfälle vorausgegangen (siehe die folgende Tabelle).

	Graz-Andritzer Raum	Universität Graz
10. 7. 1972	53,0 mm Niederschläge	59,5 mm Niederschläge
11. 7. 1972	18,6	18,4
12. 7. 1972	1,5	1,9
13. 7. 1972	12,4	16,6
14. 7. 1972	39,4	43,7
15. 7. 1972	34,8	35,4
	Σ = 159,7 mm	Σ = 175,5 mm

Das betroffene Grundstück liegt auf einer Länge von ca. 85 m parallel zu einer Straße. Es ist über ca. 75 m gegen Südwesten geneigt, und zwar weist der obere, nordöstliche Teil über etwa 30 m eine Neigung von 33% auf; der untere, südwestliche Teil ist 11% geneigt.

Bebauung: (siehe Grundriß, Abb. 67)

Der *Baukörper A* (ca. 15 m × 12 m — Wohnhaus) ist zweigeschossig und auf Streifenfundamenten gegründet, welche auf Holzpfählen (Durchmesser 20 cm) von 4 bis 5 m Länge und ca. 1,5 m Abstand ruhen.

Der *Baukörper B* (ca. 12 m × 11 m — Hallenbad), der an Baukörper A anschließt, ist eingeschossig und ist auf einer durchgehenden, 50 cm dicken und stark bewehrten Fundamentplatte gegründet (keine Holzpfähle).

8*

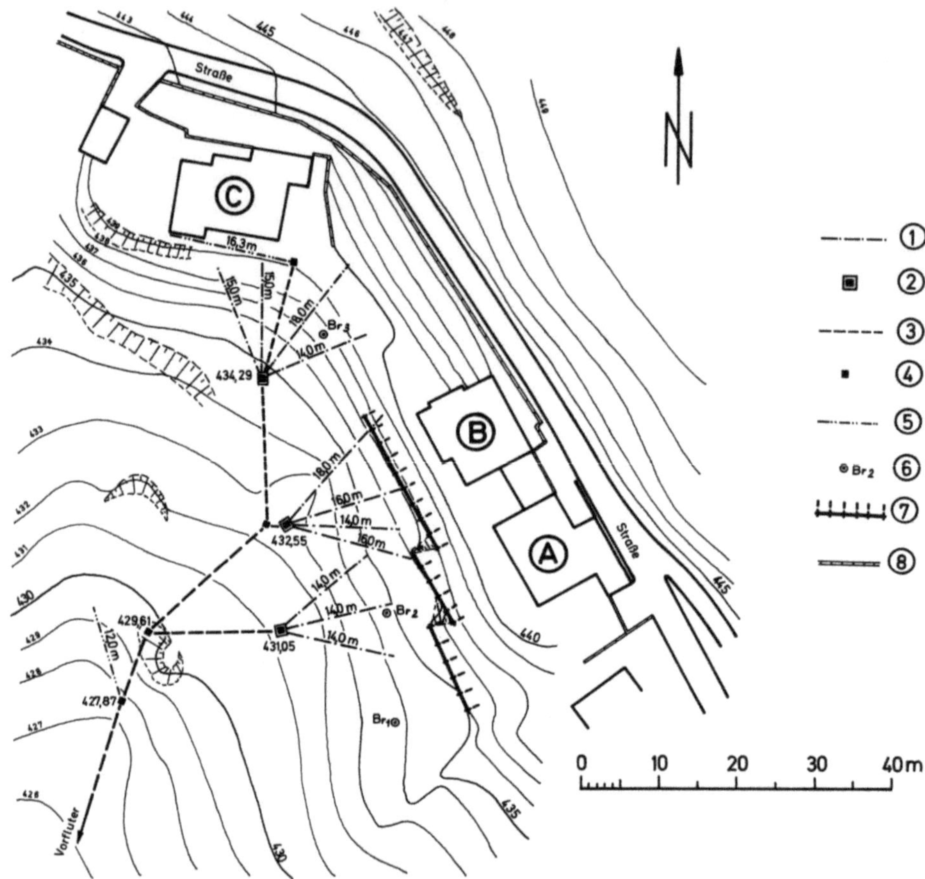

Abb. 67. Lageplan des Rutschgeländes mit ausgeführten Sanierungsmaßnahmen.
1 Horizontalfilterrohre, Durchmesser 4,0 cm, *2* Baugruben bzw. Schächte, 80 × 80 cm, für Horizontalfilterrohre, *3* Abflußrohre, Durchmesser 8,0 cm, *4* Sammelschacht, 50 × 50 cm, *5* Drainagerohr, Durchmesser 8,0 cm, verlegt in Drainagegraben, *6* Brunnen 2, *7* Krainerwand aus Holz, *8* Mauer

Der *Baukörper C* (ca. 17 m × 12 m — Wohnhaus) ist ähnlich wie der Baukörper A gegründet, und zwar auf Streifenfundamenten mit Holzpfählen.

B. Beschreibung der Geländeoberfläche

Am Kopf der Rutschung bildete sich ein sehr ausgeprägter Geländesprung von fast 2 m Höhe, der die Südfront des westlichen Gebäudes (Baukörper C) tangentiell berührte. Weiters unterfuhr dieser Geländesprung den Baukörper B und hatte vom Baukörper A einen Abstand von 2 bis 3 m. Somit war die Standfestigkeit aller drei Gebäude unmittelbar bedroht, und am Gebäude C waren auch einige Risse zu sehen.

Im Bereich talwärts vom Gebäude A trat eine grabenartige Vertiefung (Absackung) auf, welche durch steile Böschungen berg- und talseitig begrenzt war. Am Fuß der Rutschung wölbte sich das Gelände vor, und es kam zur Bildung von

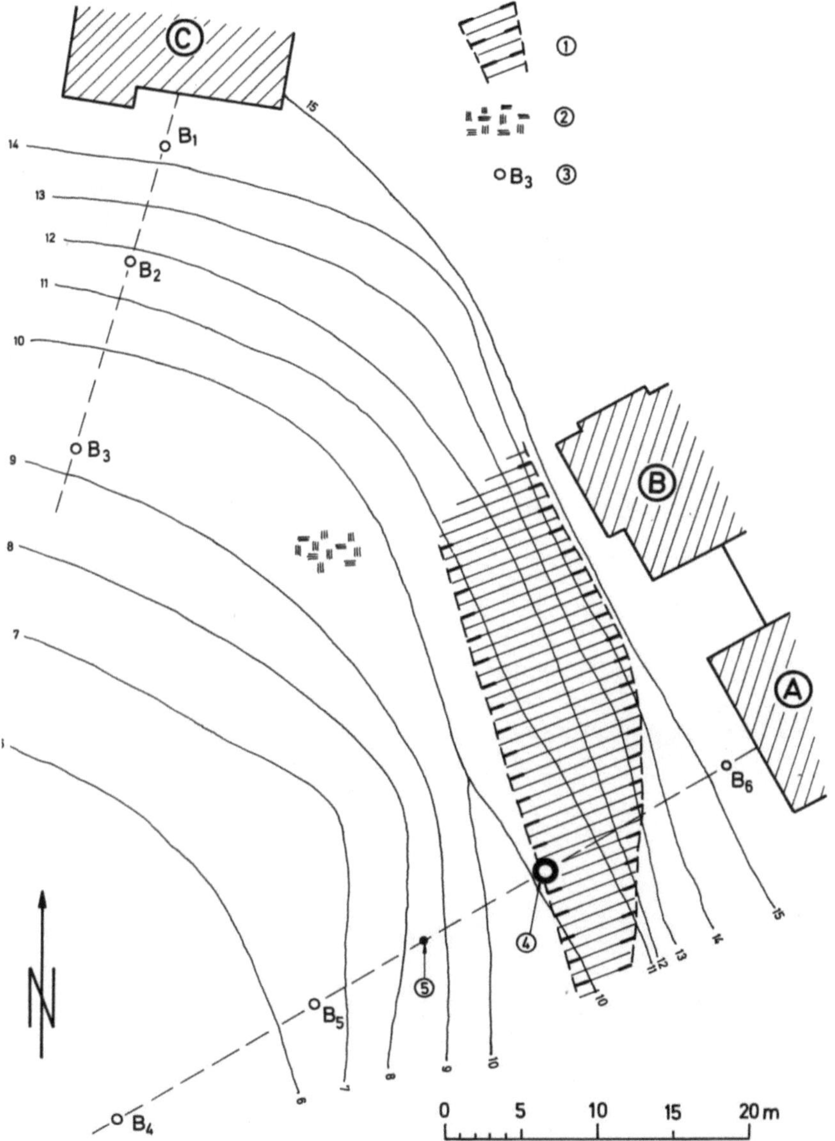

Abb. 68. Lageplan des von der Rutschung am stärksten betroffenen Bereiches. *1* abgesackter Geländeteil, *2* feuchte Stelle, *3* Bohrung 3, *4* Schacht, *5* Standrohr

zahlreichen Wülsten und Wassertümpeln. Diese Erscheinungen ließen den Schluß zu, daß weiche Schichten aus dem durch die Absackung gekennzeichneten Bereich ausgepreßt worden waren (vgl. Abb. 68). Im Rutschbereich stellten sich auch Bäume schief und starben teilweise in der Folge ab.

Am Rand der Rutschung und oberhalb der Straße konnte man auch unregelmäßige alte Wülste mit schiefstehenden Bäumen von früheren Rutschbewegungen feststellen. Im Bereich der feuchten Zone unterhalb des Schwimmbades (Baukörper B) konnte beim Graben einer Rösche eine verschüttete, unwirksame Drainage entdeckt werden.

C. Beschreibung des Untergrundes

Zur Erkundung des Untergrundes teufte man am talseitigen Rand der Absackung, genau in der sehr steil verlaufenden Böschung, einen Schacht (Innendurchmesser 1,0 m) ab, um dadurch gleich zwei Schürfprofile zu gewinnen und die Ursachen der Rutschung genauer zu ergründen (siehe Abb. 68). Wie aus den Bodenprofilen (Schacht) zu ersehen war, war der bergseitige Teil ab etwa 4,5 m Tiefe locker gelagert und von Sandschichten durchzogen. Erst ab ca. 6,5 m Tiefe wurde der Boden lehmiger und fester. Talseitig konnte im großen und ganzen derselbe Boden angetroffen werden, nur war er bedeutend fester gelagert.

Eine Probe aus dem Schacht aus 5,00 m Tiefe ergab folgende Kornverteilung:

$$0 \quad - 0,002 \text{ mm} \quad \text{(Ton)} \quad \text{ca.} \quad 1\%$$
$$0,002 - 0,06 \quad \text{mm} \quad \text{(Schluff) ca.} \quad 44\%$$
$$0,06 \quad - 2,0 \quad \text{mm} \quad \text{(Sand)} \quad \text{ca.} \quad 31\%$$
$$> 2,0 \quad \text{mm} \quad \text{(Kies)} \quad \text{ca.} \quad 24\%$$

Ferner wurden 6 Aufschlußbohrungen abgeteuft, um weitere Bodenaufschlüsse zu erhalten und den Wasserhaushalt im Rutschgebiet zu überblicken. Die Lage der einzelnen Wasserstände in den Sondierbohrungen bzw. im Schacht (siehe Abb. 69) sowie die lockere Lagerung der wasserführenden Schicht bekräftigten die Annahme, daß der erhöhte horizontale Wasserdruck bzw. der erhöhte Porenwasserdruck im allgemeinen sowie die Aufweichung des Bodens infolge Wasseraufnahme als Rutschungsursache in Frage kamen.

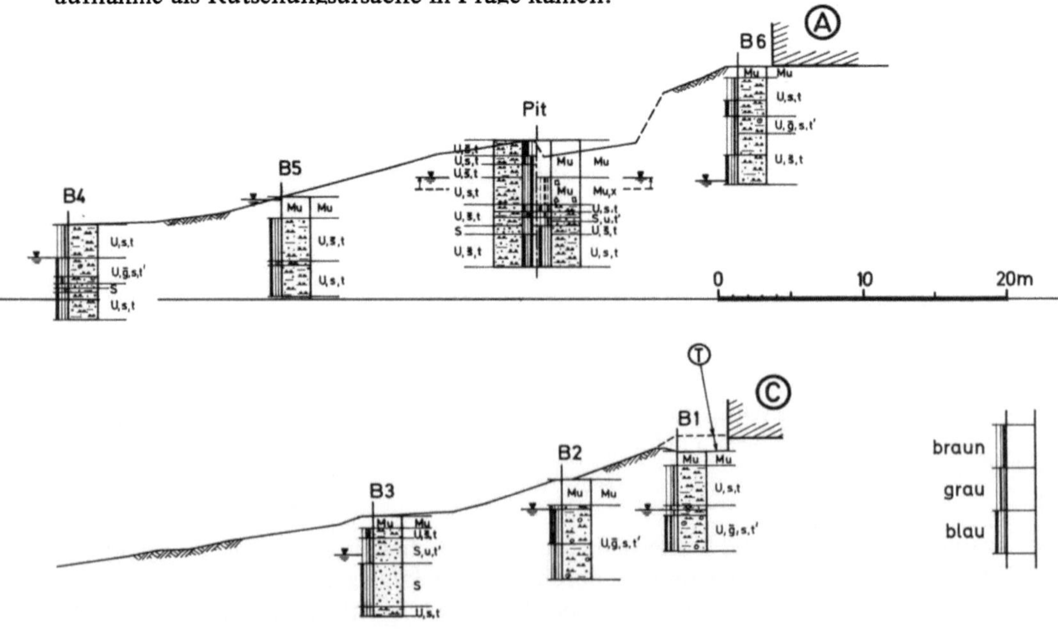

Abb. 69. Schnitte durch das Rutschungsgebiet mit Bohrprofilen. *T* abgesackte Terrasse, *B3* Bohrung 3, *Pit* Schacht

Im Schacht stieg das Wasser verhältnismäßig rasch an, und der Spiegel stellte sich auf ca. 2,6 m unter Geländeoberfläche ein. Bei erneuten Niederschlägen und damit ansteigendem Grundwasserspiegel bestand die akute Gefahr neuer Bewegungen.

D. Rutschungssanierung:

Um eine ausreichende Standsicherheit des Geländes zu erhalten, mußten die Ursachen der Rutschung beseitigt werden, das heißt, daß man Maßnahmen treffen mußte, um den Wasserdruck im Boden abzubauen. Aus dem Schürfprofil des Probeschachtes erkannte man, daß die wasserführende Schicht etwa 6,0 m unter der Geländeoberfläche lag. Ein wirksamer Drainageschlitz, der also mindestens in diese Tiefe hätte reichen müssen, wäre bei den örtlichen Gegebenheiten bei einwandfreier Herstellung nur mit sehr hohen Kosten möglich gewesen.

Um die Möglichkeit einer Wasserabsenkung durch Brunnen zu erforschen, wurde im Schacht ein Pumpversuch durchgeführt. Zur Grundwasserspiegelbeobachtung wurde ein Wasserstandsrohr zwischen dem Schacht und der Aufschlußbohrung B5 gesetzt (siehe Abb. 68). Die Pumpmenge betrug 75 bis 80 (100) Liter pro Stunde. Die Wasserabsenkung beim Pumpversuch war aber infolge des geringen k_f-Wertes zu wenig ausgedehnt, so daß eine Absenkung des Wasserspiegels durch Brunnen nicht erfolgversprechend erschien.

Endgültige Sanierung: Es wurden zunächst drei Bohrbrunnen (Durchmesser 32 cm, Filterrohr-Durchmesser 12,5 cm, Tiefe 6,0 m) gebohrt. Diese Brunnen dienten zur weiteren Bodenerkundung und wurden weiters für länger dauernde Versuchspumpungen benützt. Hierdurch wurde auch eine teilweise Entwässerung des Schwimmsandes bewirkt und damit die Einbringung der Horizontalfilter auf die nötige Länge in den Schwimmsandhorizont erleichtert.

Von drei provisorisch gepölzten Baugruben, 2,0 × 3,0 m, mit 2 bis 3 m Tiefe wurden fächerförmig drei bis vier Horizontalbohrungen von 14 bis 18 m Länge vorgetrieben (Durchmesser 12,5 cm, Kokos-Vollfilterrohr-Durchmesser 4,0 cm). Diese Horizontaldrainagen wurden jeweils in nachher betonierten Schächten (80 × 80 cm) zusammengefaßt, und das anfallende Wasser wurde mit PVC-Rohren (Durchmesser 8 cm) abgeführt. Die Anordnung der Drainagen und Schächte ist aus Abb. 67 zu ersehen. Der Zufluß zu allen Horizontalfilterrohren betrug Mitte 1976 etwa 0,3 l/sec.

Weiters wurden Drainagegräben angelegt, und zwar unmittelbar südlich vom Gebäude C und im unteren Bereich des Hanges. Es wurden PVC-Drainagerohre (Durchmesser 8 cm) in 40 cm breiten und durchschnittlich 1,5 m tiefen Gräben verlegt und mit einem Filter aus Schotter umhüllt. Die Gräben wurden sodann mit Aushubmaterial aufgefüllt. Das Überschußmaterial wurde in die bestehenden Spalten verfüllt. Ferner wurden in den Bereichen südwestlich der Gebäude A und B Krainerwände aus Holz errichtet. Der talseitige Fundamentstreifen vom Gebäude C wurde an vier Stellen durch Brunnen (Durchmesser 1,0 m) unterfangen.

Zur endgültigen Sanierung Ende 1972 wurde das Gelände planiert, die Böschungsflanken wurden verdichtet, humusiert und besämt, um ein Versickern der Oberflächenwässer möglichst zu vermeiden. Seit 1973 ist die sanierte Zone völlig beruhigt.

Durch die beschriebenen Maßnahmen wurde die Ursache der Rutschungen, nämlich der durch starke Niederschläge verursachte, besonders hohe Porenwasserdruck, beseitigt, und zwar mit relativ einfachen Mitteln.

Es war also nicht nötig, wie ursprünglich in Erwägung gezogen worden war, sämtliche Gebäude durch besonders teure Tiefgründungen zu unterfangen.

6.1.4.2./II Memphis

Als weiteres Beispiel für die Wirkung des strömenden Wassers in sandigen Böden sei der in Redlich, Terzaghi, Kampe (1929) beschriebene Tageinbruch von Memphis, Tennessee, im Juli 1927 erwähnt.

Der Mississippistrom fließt dort am Fuß eines ca. 30 m hohen Steilhanges, und hier wurde eine unter dem Flußspiegel ausmündende Sandschicht, welche unter dem Druck einer 10 m hohen Wassersäule stand und durch eine mächtige, sie überlagernde Tonschicht am Ausfließen gehindert worden war, angeschnitten: das abströmende Grundwasser setzte den Sand an der Ausgangsstelle in Bewegung, und die Sandschicht wurde zum Ausfließen gebracht.

Eine 30 m über dem Flußspiegel liegende und ca. 70 m vom Flußufer entfernte Kohlungsanlage sank, mit einem Bodenstreifen von 200 m Länge und 30 m Breite, mit einer Geschwindigkeit von ca. 30 cm/h etwa 20 m ein und bewegte sich, sich schiefstellend, ca. 15 m gegen den Fluß. Der Sand hatte eine wirksame Korngröße von ca. 0,2 mm.

Um das Ausfließen des Sandes rechtzeitig zu verhindern, wären seine ausgiebige Entwässerung durch horizontale Drainagerohre und die Sicherung des Fußes durch einen Terzaghifilter nötig gewesen.

6.1.4.3. Verminderung des Porenwasserdruckes durch Brunnen mit Horizontaldrainagen

Rutschung Kirchschlag, Niederösterreich

A. Einleitung

Im Bereich eines Straßendammes zwischen Kilometer 0,9 und Kilometer 1,03 der Bundesstraße Nr. 61 (jetzt Landesstraße Nr. 149) von Kirchschlag nach Karl (Niederösterreich, Bucklige Welt) war Ende März 1970 eine Rutschung eingetreten, die die Fahrbahn schwer beschädigte (siehe Abb. 70). Der Damm hatte, gemessen vom talseitigen Fuß bis zur Krone, eine maximale Höhe von über 12 m. Die Fahrbahnbreite betrug 6,0 m, die Kronenbreite etwa 8 m, die Böschungsneigung zu beiden Seiten 1 : 2.

Der Damm querte eine ursprünglich sumpfige Mulde. Die mittlere Neigung der Dammaufstandsfläche betrug ca. 1 : 4 gegen SW. Schon beim Bau dieser Straße als Ersatz für die alte, kurvenreiche und höher gelegene Straße kam es im dazwischenliegenden Hangbereich zu Rutschungen. Als Gegenmaßnahme wurden talwärts der alten Straße Entwässerungsgräben und ein Horizontalfilterbrunnen gegraben. Dieser Horizontalfilterbrunnen, von dem ein PVC-Rohr mit Durchmesser von 10 cm zum Schacht 1 führte (siehe Abb. 71), erwies sich als sehr wirksam. Von hier wurde das anfallende Wasser samt dem Oberflächenwasser durch einen Schwerlast-Rohrdurchlaß unter dem neuen Damm durchgeleitet.

Das Schüttmaterial für den Damm entnahm man dem unmittelbar in

Abb. 70. Straßendamm nach der Rutschung (Blickrichtung Karl)

Richtung Kirchschlag folgenden Einschnitt. Schon bei der Errichtung des Dammes im Jahre 1968 zeigten sich einzelne Anrisse, die ein Verflachen des Dammprofiles infolge des nicht besonders geeigneten Schüttmaterials erforderlich machten.

Nach einem größeren Wasserandrang infolge der Schneeschmelze traten im März 1970 die oben erwähnten Rutschungen auf. Im Straßenbelag und im Dammkörper entstanden schräg verlaufende Abrisse. Infolge dieser Bewegungen zerbrach der Rohrdurchlaß, und dies führte zu einer weiteren Durchnässung des Untergrundes.

B. Beobachtungen an der Geländeoberfläche

Es konnten an der bergseitigen Dammflanke grabenartige Vertiefungen, annähernd parallel zur Fahrbahn, beobachtet werden, die eine Trennungslinie zwischen bewegtem und unbewegtem Dammaterial darstellten. Bergseitig traten auch kleinere örtliche Ausmuschelungen auf, wie sie auch für die Einschnittsböschungen dieses Bauabschnittes charakteristisch waren. Weiters konnten an der talseitigen Dammflanke Vorwölbungen des Dammkörpers beobachtet werden. Das Dammaterial war dort, ähnlich wie beim Randwulst einer Geländerutschung, gelockert und völlig wassergesättigt und hatte breiige Konsistenz. In weiterer Folge bildeten sich im talseitigen Vorland des Dammes zahlreiche Rutschungsschollen aus. Ferner wurde in diesem Bereich eine unregelmäßige Schrägstellung des Dammes festgestellt.

Diese Beobachtungen führten zu dem Schluß, daß sich die Gleitfläche vorwiegend im Dammkörper ausgebildet hatte und nicht tief in den gewachsenen

Boden reichte. Diese Vermutung wurde auch dadurch bestätigt, daß sich Bäume sehr unregelmäßig schräg stellten. Die starke Wassersättigung des an sich gut verdichteten Dammaterials wurde durch den damals ungewöhnlich starken Andrang von Schmelzwasser hervorgerufen. Ungünstig wirkten sich auch ein großes Längsgefälle und eine einseitige Querneigung der Fahrbahn aus. Diese stellte somit ein großes Einzugsgebiet für Niederschläge dar, und sämtliche Oberflächenwässer drangen zwangsläufig in das noch lockere talseitige Bankett ein.

C. Beschreibung des Untergrundes

Es wurde eine Reihe von Probebohrungen abgeteuft. Sie ergaben folgenden Bodenaufbau (siehe auch Abb. 71):

Dammschüttmaterial: Eine Probe vom Dammfuß enthielt weniger als 3% Ton, ca. 26% Schluff, ca. 11% Feinsand, weiters Grobsand und Steine. Der natürliche Reibungswinkel lag über 30°, und im erdfeuchten Zustand war auch eine geringe Kohäsion vorhanden. Bei voller Sättigung geht die Kohäsion jedoch verloren,und Böden dieser Zusammensetzung weisen dann auch meist ein Fließverhalten auf. Die *Dammaufstandsfläche* bestand teilweise aus Humus. In allen Bohrungen waren jedenfalls Wurzeln zu finden.

Der *oberste Bereich des gewachsenen Bodens* war bei vorwiegendem Schluffanteil feucht und plastisch, bei vorwiegendem Sandanteil trocken, jedoch nur locker bis mitteldicht gelagert. Dieser Bereich umfaßte ca. 4 bis 5 m.

Der *darunterliegende Bereich* zeigte deutlich einen höheren Anteil an Grobsand und einen geringeren Schluffanteil. Häufig wurden auch Kieslinsen oder Steine angetroffen; diese sind im schluffigen Grobsand linsenförmig eingelagert, so daß dort die Kornverteilung Diskontinuitäten aufweist.

D. Sanierungsvarianten:

a) Als erste Variante war eine *Sanierung des bestehenden Dammes* vorgesehen gewesen. Dazu war es erforderlich, den sich in langsamer Gleitbewegung befindlichen Damm zu sichern und die auslösenden Ursachen zu beseitigen.

Als Maßnahmen waren vorgesehen:

— Ausführung eines 3 m tief reichenden und 3 m breiten Schlitzes aus Steinbrocken bzw. Steinschlichtung vor dem talseitigen Fuß des Dammes. Verlegen eines gelochten, von Filterkies und Vlies umgebenen Betonrohres in der Sohle des Aushubes, möglichst auf einer Sauberkeitsschicht aus Magerbeton.

— Belastung des Dammfußes und der Dammflanke durch eine Gegenwichtsschüttung auf einer 30 bis 40 cm starken Filterschicht, die in den Stützkörper einbindet. Dadurch sollte die Dammneigung auf etwa 1 : 2,5 verringert werden.

— Abriegeln des schluchtartigen Bachlaufes durch eine 3 m hohe, 8 bis 10 m lange Stützmauer und Ableiten des Wassers in einem befestigten Gerinne.

— Herstellen von 1,5 bis 2,0 m tiefen Sickerschlitzen und eines Sammelschachtes bergseitig des Dammes.

— Bohren eines neuen Durchlasses zum Auslauf bei der talseitigen Stützmauer.

— Beseitigung der Straßenwässer durch das Anlegen von Gräben an beiden Straßenseiten und kontrolliertes Ableiten des Wassers über die Dammflanken.

— Nach einem Beobachtungszeitraum von etwa einem Jahr sollte die endgültige Fahrbahndecke hergestellt werden.

b) *Überqueren des Rutschungsgebietes durch eine Hangbrücke.* Im August 1970 wurde infolge der hohen Kosten einer Dammsanierung die Variante einer

Hangbrücke in Betracht gezogen. Als Lösung bot sich eine Dreifeldbrücke an (Stützweiten rund 41–49–41 m). Ein Kostenvergleich ergab jedoch, daß die Brücke etwa 1 1/2mal so teuer wie die Dammsanierung gewesen wäre. Die Brücke hätte jedoch den Vorteil gehabt, eine absolut sichere Maßnahme zu sein.

Für das Widerlager Kirchschlag war eine Flachgründung vorgesehen, für die beiden Pfeiler und das Widerlager Karl wurden Tiefgründungen als erforderlich angesehen.

Erforderliche Maßnahmen:
— Abtragen des Dammes bis unter die Tragwerksunterkante und Verflachen der Böschung auf 1 : 2,5.
— Ausbilden der Pfeilergründungen als möglichst schlanke Scheiben (Schlitzwand oder sich überschneidende Bohrpfähle) mit den Maßen von z. B. 0,6 bis 0,8 × 6,0 m, welche einerseits einen möglichst geringen Kraftangriff in Rutschungsrichtung bieten und andererseits eine genügende Seitensteifigkeit aufweisen.
— Das Wasser von der Bergseite des alten Dammes hätte durch einen offenen Einschnitt abgeführt werden sollen.

Die Planungen für diese Brücke dauerten bis etwa Anfang 1972.

c) *Verlegen des Dammes in Richtung Bergseite und Stabilisierung des Untergrundes durch Anordnung von Horizontalfilterbrunnen* (ausgeführte Variante, siehe Abb. 71). Aus Kostengründen wurde die Variante b) — Hangbrücke — im Jahre 1972 (definitiv Anfang Dezember 1972) fallengelassen. Gegen den Bau einer Brücke sprachen auch über die geplanten Widerlager hinaus weitergehende Risse, die ein Verlängern der Brücke erforderlich gemacht hätten, wie auch die bei dieser Variante nötig gewesenen, umfangreichen Entwässerungsmaßnahmen. Es wurde die bergseitige Verlegung des Dammes beschlossen, um einerseits die Dammhöhe und -länge zu verringern und um andererseits von dem steilen Abfall des südwestlich liegenden Geländes (schluchtartiger Bachlauf) wegzukommen.

Ende September 1972 wurden im fraglichen Bereich 5 Schürfröschen gegraben. Dabei konnte festgestellt werden, daß der Boden vom bestehenden Gelände bis in eine Tiefe von etwa 0,7 m aus braunem Lehm und von 0,7 m bis etwa 1,5 m Tiefe aus graublauem, schluffigem Lehm bestand, welcher mit zunehmender Tiefe sandiger wurde. Ab einer Tiefe von etwa 1,5 m konnte überall Wasser angetroffen werden.

Da die Ursachen für die Dammrutschung primär im erhöhten Wasserandrang, somit im erhöhten hydrostatischen Druck und Strömungsdruck auf den Gleitkörper, sowie in einer Verschlechterung der Materialeigenschaften infolge Durchnässung zu sehen waren, wurde eine Absenkung des Grundwasserspiegels mittels *Horizontalfilterbrunnen* durchgeführt. Es wurden zwei Brunnen bergseits (I und II) und ein Brunnen talseits (III) der neuen Trasse gegraben. Sie wurden in Spritzbetonbauweise abschnittsweise abgeteuft, hatten einen lichten Durchmesser von 3,0 m und eine Tiefe von ca. 8,0 m. Die Horizontalfilter (Plastikrohre mit Umhüllung aus Bast, Durchmesser innen 4 cm, Durchmesser außen 6 cm), die bis zu 30 m lang waren, wurden spiralenförmig angeordnet, und zwar bei den oberen Brunnen in zwei Lagen, beim unteren Brunnen in einer Lage. Die Bohrungen wurden zum Teil als Kernbohrungen ausgeführt. In der Brunnensohle wurden ein 30 cm dicker Kiesfilter und ein 50 cm dicker Sohlbeton eingebaut und eine Auftriebsentlastungsbohrung, Durchmesser 15 cm (Filterrohr-Durchmesser 10 cm),bis

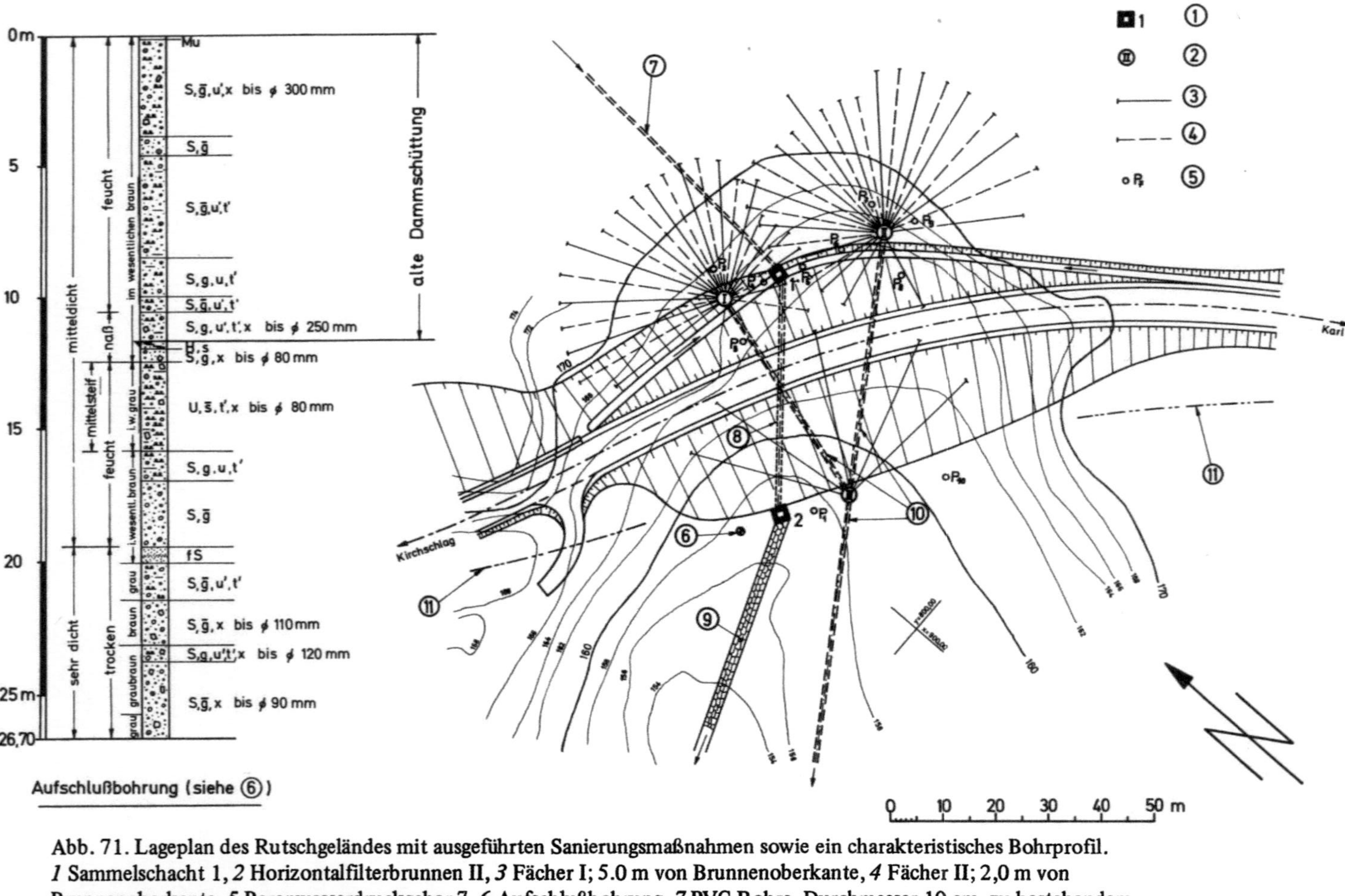

Abb. 71. Lageplan des Rutschgeländes mit ausgeführten Sanierungsmaßnahmen sowie ein charakteristisches Bohrprofil. *1* Sammelschacht 1, *2* Horizontalfilterbrunnen II, *3* Fächer I; 5.0 m von Brunnenoberkante, *4* Fächer II; 2,0 m von Brunnenoberkante, *5* Porenwasserdruckgeber 7, *6* Aufschlußbohrung, *7* PVC-Rohre, Durchmesser 10 cm, zu bestehendem Brunnen, *8* Schwerlastrohr, Durchmesser 80 cm, *9* gepflastertes Gerinne, *10* verzinktes Stahlrohr, Durchmesser 20 cm, *11* Achse der abgerutschten Straße

zur Tiefe von 10,0 m unter Brunnensohle abgeteuft. Die Ableitung des Wassers von Brunnen I und II zum Brunnen III und von dort in die Schlucht erfolgte über verzinkte Stahlrohre, Durchmesser 20 cm (siehe Abb. 71). Der Wasserandrang zu allen Horizontalfilterbrunnen betrug beispielsweise am 12. November 1974 7 l/min, am 1. Juli 1975 bei Regen etwa 13 l/min. Die Funktionstüchtigkeit der Filterrohre und der Ablaufrohre muß zweimal jährlich überprüft werden. Zur Kontrolle der Wirksamkeit der Wasserabsenkung wurden die Porenwasserdrücke vor und nach dem Installieren der Filterbrunnen mittels Porenwasserdruckgebern (System Glötzl) gemessen. Man konnte mit dem Wirksamwerden der Brunnen einen starken Abfall des Porenwasserdruckes feststellen. Dieser stellte sich auf einen niedrigen Wert ein und ist nur geringen Schwankungen infolge von Niederschlägen unterworfen.

Die Tagwässer wurden bergseitig in einem offenen Gerinne und einer Fußdrainage gesammelt und über den Schacht 1 und ein Schwerlastrohr (Durchmesser 80 cm) der Talseite (Schacht 2) zugeleitet. Am talseitigen Dammfuß wurde eine Fußdrainage gebaut. Zusätzlich wurde auf die ganze Dammaufstandsfläche eine ca. 30 bis 40 cm starke Filterschicht (Kies 0 bis 30 mm) aufgebracht. Hierzu mußte zuerst die braune Lehmschicht bis zur Oberfläche der graublauen Schluffschicht abgeräumt werden, um eine mögliche Gleitfläche auszuschalten.

Für die Herstellung des Dammes wurde eine lagenweise Verdichtung (Schütthöhe ca. 25 cm) gewählt. Die Böschungsneigung betrug maximal 1 : 2. Die noch verbliebenen Reste des alten Dammes wurden eingeebnet bzw. entfernt. Diese Arbeiten erfolgten im Jahre 1974. Zur endgültigen Sanierung erfolgte schließlich eine humuslose Begrünung und Bepflanzung des ehemals bewaldeten Gebietes mit tiefwurzelnden Bäumen. Seither hat sich das Gelände vollständig beruhigt.

Von den oben beschriebenen Varianten a), b), c) war die ausgeführte Variante c) jene, welche das Übel bei der Wurzel faßte; es wurde der schädliche Porenwasserdruck im Untergrund abgebaut.

Die Variante a) hätte nur den Damm, nicht aber den Untergrund, saniert, und eine Dammrutschung hätte auf dem labilen Untergrund nach größeren Niederschlägen jederzeit wieder erfolgen können.

Die Variante b), d. h. der Bau einer Brücke, deren Pfeiler in der Rutschzone auf Schlitzwandelementen oder Bohrpfählen gegründet worden wären, wäre wohl rasch durchzuführen gewesen, aber viel teurer gekommen.

Eine weitere Variante, die Errichtung einer Stützmauer am Dammfuß, wäre ohne die ausgeführten Entwässerungsmaßnahmen praktisch nicht ausführbar gewesen und wurde daher abgelehnt.

6.1.4.4. Verminderung des Porenwasserdruckes durch Kurzschlußleiter nach Veder

6.1.4.4.1. Allgemeines
Von F. Hilbert

Bei dieser Sanierungsmethode werden Kurzschlußleiter (z. B. Torstahlstäbe oder Wasserleitungsrohre) senkrecht so in den Boden gerammt, daß sie die Gleitschicht der Rutschung durchstoßen und noch 1 bis 2 m in den darunterliegenden, ungestörten Boden hineinragen.

Wie aus Kapitel 7.2.2.4.2. und 7.2.2.5. zu entnehmen ist, eignet sich die Methode hauptsächlich zur Sanierung von Rutschungen in Lehm- und Tonböden, bei denen eine abgegrenzte Gleitschicht zwischen einem reduzierenden Boden (blauer bis dunkler Lehm etc.) und einem oxidierenden Boden (z. B. gelber bis rotbrauner Lehm) existiert. In solchen Fällen kann die Gleitschicht durch eine elektroosmotische Wasseranreicherung entstanden sein. Da die Elektroosmose einen Unterschied der elektrischen Potentiale und einen Stromfluß in dem Porenwasser voraussetzt, kann sie durch die metallisch leitende Verbindung der Bodenschichten zurückgedrängt werden. Dabei fließt ein elektrischer Strom durch die Kurzschlußleiter, der im Prinzip durch Reduktion von Bestandteilen der oxidierenden Bodenpartien und Oxidation von Bestandteilen der reduzierenden Schicht bzw. Auflösung des Kurzschlußleiters selbst erzeugt wird (Veder, 1963). Schematisch dargestellt ist der Vorgang in Abb. 72. Die Gleitschicht liegt in solchen Fällen im allgemeinen an der Grenze zwischen oxidierendem und reduzierendem Boden, aber in der reduzierenden Bodenschicht (vgl. Kapitel 7.2.2.5.). Durch das reichliche Vorhandensein von Oxidationsmitteln, die Elektronen aufnehmen (in Abb. 72 symbolisiert durch Eisen(III)ionen, es sind aber auch z. B. Luftsauerstoff und Manganverbindungen beteiligt), kommt es in (1) zu einer Abgabe von Elektronen aus dem Metall. In der reduzierenden Bodenschicht (2) herrscht bereits Elektronenüberschuß, so daß hier der Kurzschlußleiter nur Elektronen aufnehmen kann, z. B. durch die Reaktion $Fe^{2+} \rightarrow Fe^{3+} + e^-$, wobei das freiwerdende Elektron in das Metall übertritt. Gleichwertig ist die Auflösungsreaktion des Metalles selbst, bei der für jedes entstehende Eisen(II)ion zwei Elektronen im Kurzschlußleiter zurückbleiben. Diese Elektronen strömen im Kurzschlußleiter ab und werden in der oxidierenden Schicht durch Reduktionsreaktionen wieder abgegeben. Insgesamt entstehen also in der reduzierenden Schicht positive Ladungen, während in der oxidierenden Schicht positive Ladungen verschwinden und entsprechend Elektronen im Kurzschlußleiter strömen. Dieses Entstehen und Verschwinden von positiven Ladungen muß durch einen entgegengesetzt gerichteten elektrischen Stromfluß im Elektrolyten ausgeglichen werden; da die negativen Ladungen im Ton und Lehm weitgehend unbeweglich sind, muß dieser Strom durch eine entgegengesetzt gerichtete Wanderung von positiven Kationen gedeckt werden. Dieser Strom von Kationen bedeutet aber einen elektroosmotischen Transport von Wasser in die gleiche Richtung (vgl. Kapitel 7.2.2.4.2.), wie das in Abb. 72 durch das eingeklammerte H_2O bei dem Strom der Natriumionen angedeutet ist. Günstig wirkt sich aus, daß die Auflösung des Kurzschlußleitermetalles sich hauptsächlich in der wasserreichen Gleitschicht abspielt, weil Eisen bzw. Aluminium sich nur lösen kann, wenn Wasser zur Hydratisierung der entstehenden Ionen zur Verfügung steht.

Kurzschlußleiter haben dementsprechend eine dreifache Wirkung:

1. Unterdrückung der natürlichen Elektroosmose, die einen Zustrom von Wasser zur Grenzschicht oxidierender Boden—reduzierender Boden bewirkt, durch Abbau der elektrischen Potentialdifferenzen,

2. darüber hinaus entsteht eine entgegengesetzt gerichtete Elektroosmose, die eine Entwässerung der Gleitschicht bewirkt, und

3. werden einwertige Ionen aus der Gleitschicht in der Nähe des Kurzschlußleiters abtransportiert und durch höherwertige Ionen ersetzt, was ebenfalls eine Verfestigung hervorruft (s. Kapitel 7.2.2.3.).

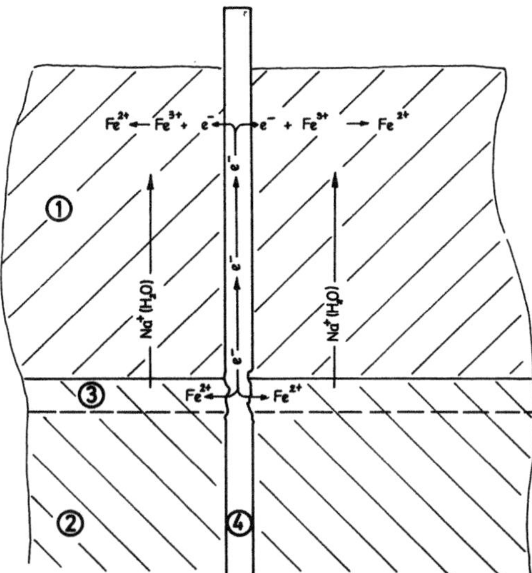

Abb. 72. Schematische Darstellung der Vorgänge an einem Kurzschlußleiter nach Veder.
1 oxidierende Bodenschicht (z. B. brauner Lehm), *2* reduzierende Bodenschicht (z. B. dunkler Tonstein), *3* wasserreiche, weiche Gleitschicht, *4* Kurzschlußleiter (Eisenstab). Das Metall des Kurzschlußleiters wird langsam angegriffen und nach einer Reihe von Jahren kann der Kurzschlußleiter sogar durchkorrodiert werden; die durch Entwässerung und Ionenaustausch bewirkte Verfestigung der Rutschungsschicht bleibt aber erhalten

Diese Wirkungen werden in Abb. 73 (insbesondere Abb. 73 b) deutlich demonstriert.

Zur praktischen Durchführung ist zu bemerken, daß sich die Kurzschluß-leitermethode nach Veder prinzipiell nur zur Sanierung von Rutschungen in bindigen Böden mit relativ hohem Anteil an elektrochemisch veränderlichen Ton-mineralen eignet (das sind die Minerale mit hoher Wasseraufnahme- und hoher Ionenaustauschfähigkeit aus Tab. 3, Kapitel 7.2.2.), wenn diese Rutschungen durch eine relativ dünne Gleitschicht an der Grenze zwischen oxidierendem Boden (gelbe bis rotbraune Farbe) und reduzierendem Boden (dunkle bis blaue Farbe) hervorgerufen werden. Da solche Rutschungen häufiger auftreten, als man annehmen sollte, und da das Setzen von Kurzschlußleitern wohl mit Abstand die billigste Sanierungsmethode ist, sollte im Bereich ihrer Anwendbarkeit die Methode jedenfalls immer in Betracht gezogen werden.

Kurzschlußleiter müssen ziemlich eng (meist in schachbrettartiger Anord-nung mit einem Abstand von maximal 3 bis 4 m, vgl. Abb. 73 und Kapitel 6.1.4.4.2.) gesetzt werden, da ihre Wirkung wegen des hohen elektrischen Widerstandes im Boden nicht weit ausstrahlt. Sind im Rutschungsgebiet wasserdurchlässige und wasserführende Schichten, Spalten oder Klüfte vorhanden, so müssen diese zusätz-lich nach herkömmlichen Methoden drainagiert werden; ebenso ist für raschen Abfluß von Oberflächenwasser zu sorgen, da entsprechend dem geschilderten Mechanismus die gewünschte Wirkung sonst nicht erzielt werden kann.

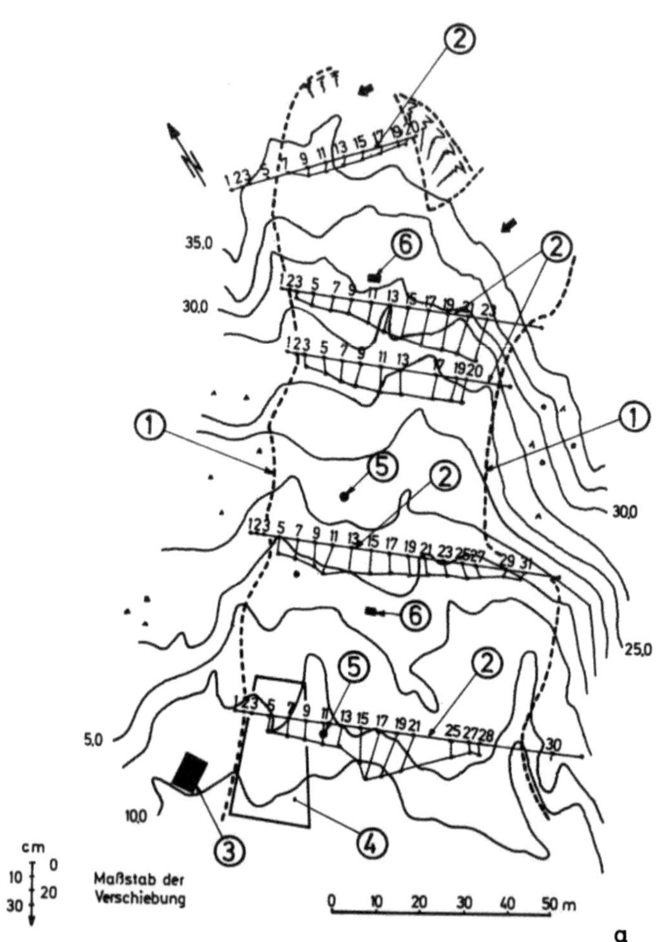

Abb. 73. Versuchsfeld mit Kurzschlußleitern einer großflächigen Rutschung in Sarukuyoji, Japan. a) Gesamtplan der Rutschung, *1* Rand der Rutschung, *2* Beobachtungsprofil, *3* Meßhütte. *4* Probefeld, *5* Brunnen, *6* Porenwasserdruckgeber; b) Veränderungen von elektrischem Boden-potential, *pH*-Wert und Wassergehalt durch die Kurzschlußleiter; c) Detailplan des Kurzschluß-leiterfeldes; d) Meßergebnisse in einem Schacht bei Oso, Japan

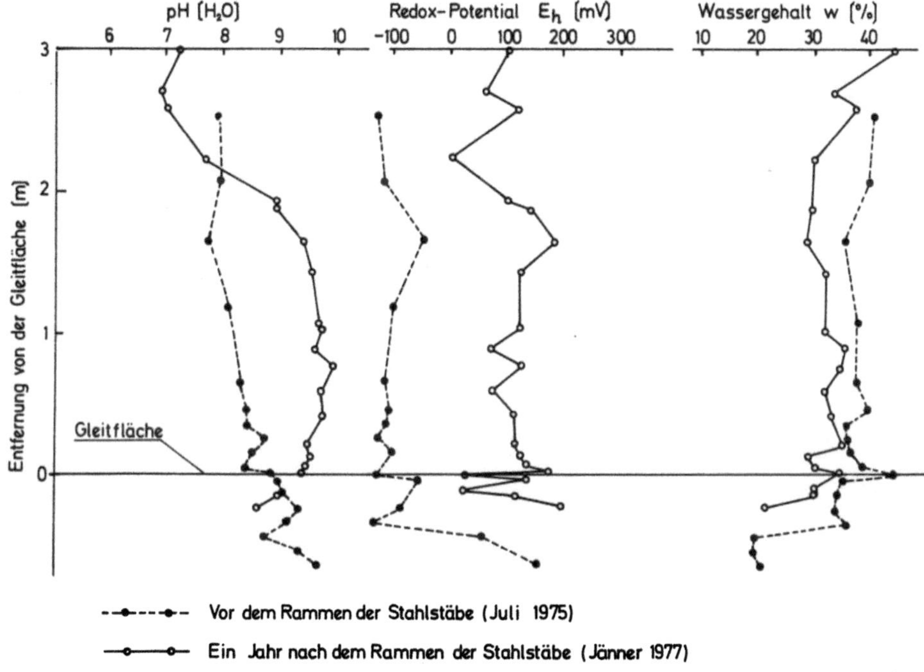

--•---•-- Vor dem Rammen der Stahlstäbe (Juli 1975)

--o---o-- Ein Jahr nach dem Rammen der Stahlstäbe (Jänner 1977)

b

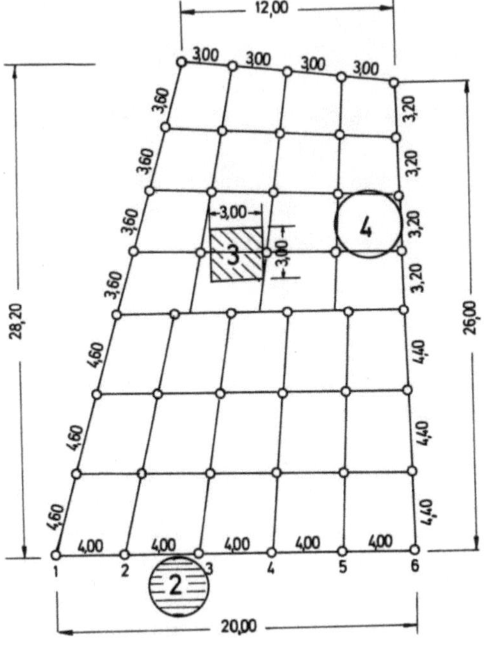

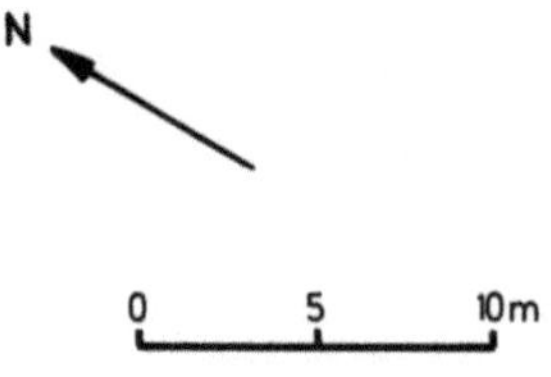

Schacht Nr.	Datum u. Stand der Messungen
Nr. 2	Juli 1975 vor dem Rammen der Stahlstäbe
Nr. 3	Jänner 1976 eine Woche nach dem Rammen der Stahlstäbe
Nr. 4	Jänner 1977 ein Jahr nach dem Rammen der Stahlstäbe

o Stahlstab

c

9 Veder; Rutschungen

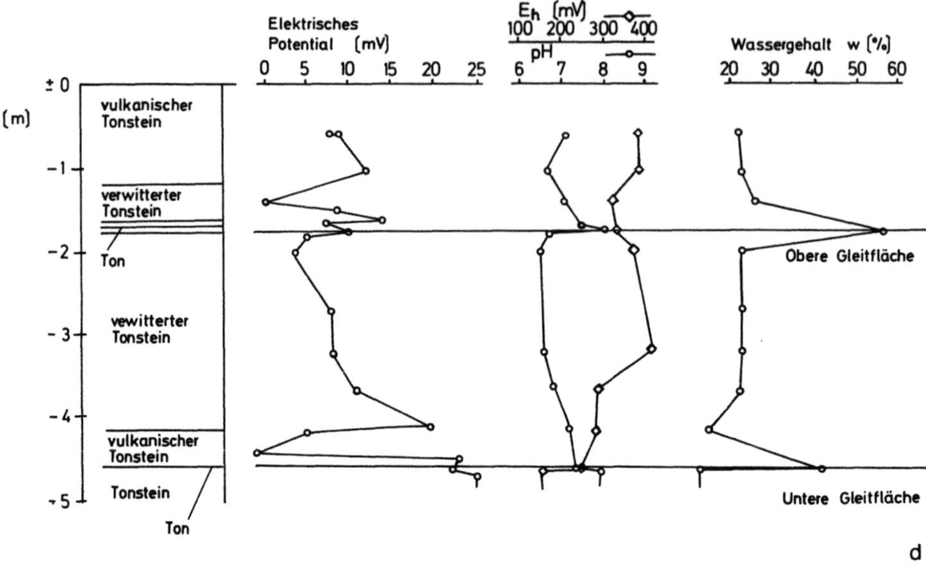

6.1.4.4.2. Praktische Anwendungen

Die Methode, Rutschungen dadurch zu sanieren, daß die sich an der Grenzfläche zwischen zwei chemisch verschiedenen Tonschichten aufbauenden elektrischen Potentialdifferenzen durch Kurzschlußleiter abgebaut werden, wurde von Veder in die Praxis eingeführt (Veder, 1957, 1962, 1963, 1964, 1966, 1968, 1972, 1973). Als Kurzschlußleiter verwendet man meist Stahlstäbe von ca. 25 mm Durchmesser.

In der Folge werden drei Beispiele solcher Rutschungen gebracht (6.1.4.4.2./I. II und III).

In den letzten Jahren wurden zahlreiche Sanierungen dieser Art durchgeführt, welche in Veder (März 1972) zusammengestellt sind. Ebendort sind auch die bodenphysikalischen Daten einer mit Kurzschlußleitern sanierten Rutschung zu finden. Es sei erwähnt, daß die Wirkung der Kurzschlußleiter versagt, wenn durchlässige, mit Wasser gesättigte Sand- und sandige Schluffschichten nicht vorher entwässert werden.

6 1.4.4.2./I Rutschung bei St. Marein/Mürztal, Steiermark (Hochspannungsmast)

Im Bereich eines Winkelabspannmastes einer 220 kV-Leitung bei St. Marein im Mürztal (Steiermark) kam es im Frühjahr 1967 zu einer Rutschung, deren Abrißkante bis zum Sockel des Hochspannungsmastes reichte. Der Fuß der Rutschung war durch Naßflecke gekennzeichnet. Am Mast selbst konnten noch keine Bewegungen festgestellt werden.

Auf Grund von Bohraufschlüssen im Bereich des Mastes wurde bis in eine Tiefe von 1,0 bis 1,5 m eine Ton-Schluffschicht mit Sandeinlagen festgestellt, welche eine geringe Sickerwasserführung aufwies. Darunter folgte eine braune, stark tonige Schluffschicht, die in einer Tiefe von ca. 4,5 m in eine graublaue, ebenfalls stark tonige Schluffschicht überging. Diese Aufschlüsse und die Lage des Rutschhanges führten zu dem Beschluß, die Stabilisierung des Hanges mit Hilfe von Kurzschlußleitern durchzuführen. Für die genaue Untersuchung im Hinblick auf diese Sanierungsmethode wurde im Rutschungsbereich ein Probeschacht in 10 m Entfernung vom Mast auf 8,0 m Tiefe abgeteuft. In diesem Schacht, dessen Betonauskleidung mit Fenstern versehen war, konnte jederzeit der elektrische Potentialverlauf in vertikaler Richtung gemessen werden. Im Zuge der Schachtung wurden auch ungestörte Bodenproben entnommen und untersucht.

An einer Probe aus ca. 4,20 m Tiefe ergaben sich folgende Bodenkennwerte: Natürlicher Wassergehalt w = 54,8%, Fließgrenze w_L = 64%, Ausrollgrenze w_P = 51%. Daraus ergab sich die Konsistenzzahl mit I_c = 0,71. Der Boden befand sich also in einem weichen, bildsamen Zustand und konnte daher zu Kriechbewegungen neigen, welche durch eine mögliche geringfügige Wasseraufnahme noch begünstigt werden konnten. Der Reibungswinkel φ' wurde im Triaxialgerät mit 20,5° bestimmt. Bei einer Abschergeschwindigkeit von 0,1% der Probenhöhe je Minute zeigte sich beim konsolidiert-unentwässerten Versuch, daß der Reibungswinkel der Gesamtspannungen nur mehr 14,5° betrug. Dies war ein Zeichen dafür, daß der Porenwasserdruck rasch anstieg und somit ein Abfallen des Reibungswinkels zur Folge hatte. Der Boden war dort fast vollständig gesättigt (Sättigungsgrad S_r = 97,6%), so daß schon kleinste mechanische oder hydraulische Bewegungen oder ein Wassertransport durch Elektroosmose zu einem Ansteigen des Porenwasserdruckes führen konnten.

Die Bodenkennwerte der anderen ungestörten Bodenproben zeigten im Grunde die gleichen Eigenschaften, jedoch war der natürliche Wassergehalt w wesentlich niedriger und die Konsistenzzahl I_c größer als 1. Die Kornverteilung zeigte jeweils einen relativ großen Tongehalt des Schluffmaterials.

Im Schacht selbst wurden die elektrischen Potentialunterschiede der Bodenschichten gemessen (siehe Abb. 74). Im Bereich zwischen den Meßpunkten 3 und 6 trat ein Potentialunterschied von 15 mV auf. Die Spitze im Punkt 2 ist auf ein Strömungspotential in den feinen Sandeinlagen zurückzuführen und hängt mit dem Sickerwasserhorizont zusammen.

Sanierungsmaßnahmen:
1. Durch Schlagen von Kurzschlußleitern in dem in Abb. 75 dargestellten Raster wurde der Boden in der Tiefe von 4,5 m durch Abbauen der Potentialdifferenz stabilisiert und der elektroosmotisch aufgebaute Wasserdruck beseitigt. Es wurden 6 m lange Tiefenerdungsstäbe (Durchmesser ca. 20 mm, Kupplungen alle 1,5 m) in eine Tiefe von 60 bis 80 cm unter die Bodenoberfläche geschlagen, um eine landwirtschaftliche Bearbeitung des Bodens zu ermöglichen. Die Stäbe erreichten also eine Tiefe von 6,60 bis 6,80 m und erfaßten somit den gesamten Bereich der Spannungsspitze.

2. Da die oberflächennahen Schichten mit Sandlinsen durchzogen und somit in der Lage waren, Oberflächenwässer rasch bis zu den undurchlässigen Schichten aus Ton und Schluff zu führen, wurde bergseits des Hochspannungsmastes ein Drainageschlitz angelegt, um die Sickerwässer noch oberhalb des Rasters abzuleiten. Der Abfluß aus dem 1,0 bis 1,5 m tiefen Drainagegraben erfolgte durch ein Plastikrohr mit einer Neigung von 3% in den nahe gelegenen Graben (siehe Abb. 76).

9*

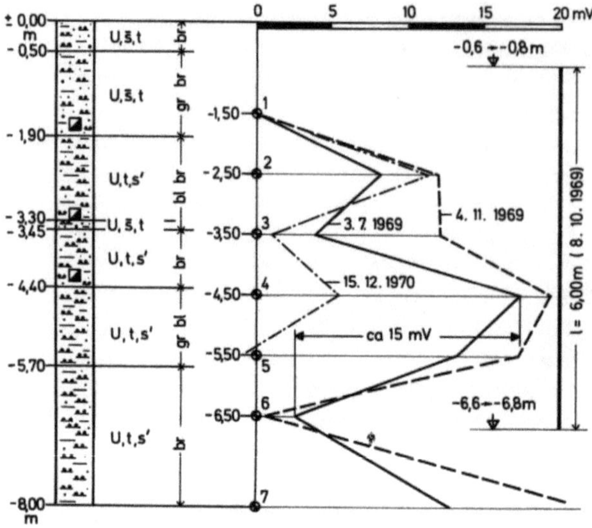

Ungestörte Bodenprobe

Meßpunkt

Farbe des Bodens : br braun
gr grau
bl blau

Abb. 74. Bodenprofil im Schacht und elektrische Potentialunterschiede zwischen den Meßpunkten

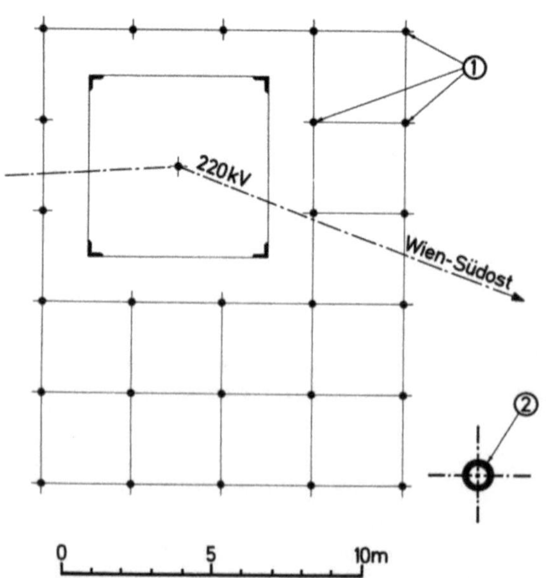

Abb. 75. Raster der um den Hochspannungsmast geschlagenen Kurzschlußstäbe. *1* Kurzschlußstäbe (27 Stück, *l* = 6,0 m, Durchmesser = 20 mm) im Raster von 3 × 3 m, *2* Probeschacht

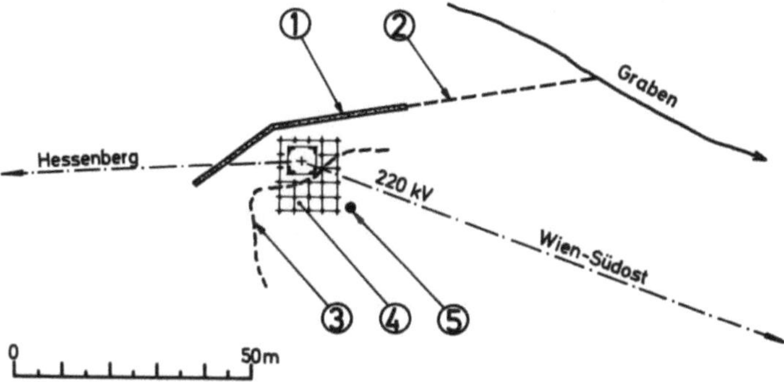

Abb. 76. Lageskizze des Rutschgeländes mit ausgeführten Sanierungsmaßnahmen.
1 Drainageschlitz, *2* PVC-Rohr, *3* Abrißkante der Rutschung, *4* Kurzschlußleiterfeld,
5 Probeschacht

3. Es wurde der Rutschhang begrünt, um einen direkten Wasserzutritt in die Ton-Schluffschichten möglichst zu verhindern. Bei den Planierungsarbeiten war nämlich die Humusdecke abgetragen worden, und es zeigten sich schon tiefe Erosionsrinnen. Schließlich war es erforderlich, die Sanierungsmaßnahmen zu kontrollieren, und zwar in bezug auf neuerliche Verschiebungen, auf den Potentialverlauf und auf den Wassergehalt des Bodens. Diese Messungen wurden im Probeschacht durchgeführt.

Die beschriebene Sanierung vermied jeden schädlichen Bodenaushub, wie er für die als Variante ins Auge gefaßten Unterfangungsarbeiten nötig gewesen wäre. Eventuelle Drainagen hätten sehr tief geführt werden müssen und wären jedenfalls viel aufwendiger gewesen als die gewählte Methode. Die eingebauten Kurzschlußleiter verhinderten die weiterschreitende Aufweichung des Bodens durch osmotisch gefördertes Wasser, ohne den Boden im geringsten zu stören.

Nach 10 Jahren ist keinerlei Bodenbewegung oder Durchnässung des Bodens festzustellen.

6.1.4.4.2./II Rutschung an der Westautobahn bei Viehdorf, Niederösterreich (Borowicka jun., 1963)

Die hier behandelte Rutschung befindet sich zwischen Kilometer 191.200 und Kilometer 191.800 an der Westautobahn in Niederösterreich. Die Lage der Autobahntrasse erforderte einen 5 bis 7 m tiefen Einschnitt in dem sehr flach mit 2° bis 3° nach NNO einfallenden Hang. Den Untergrund bildet dort blau- bis schwarzgrauer Ton bis Schieferton („Schlier"), der von einem 3 bis 4 m mächtigen, gelb- bis graubraunen sandig-schluffigen Ton („Lehm") mit wasserführenden Kieslagen überlagert ist.

Nach Herstellung des Einschnittes zeigten sich am 30. September 1965 erste Bewegungen, und am folgenden Tag begann die obere, braune Schicht auf der grauen Schicht abzugleiten, wobei in und oberhalb der Böschung staffelförmige Anrisse entstanden (siehe Abb. 77).

Zur Sanierung der Rutschung wurde die Böschung vorerst verflacht und durch Hangdrainagen, welche allerdings nicht bis zum „Schlier" reichten, ent-

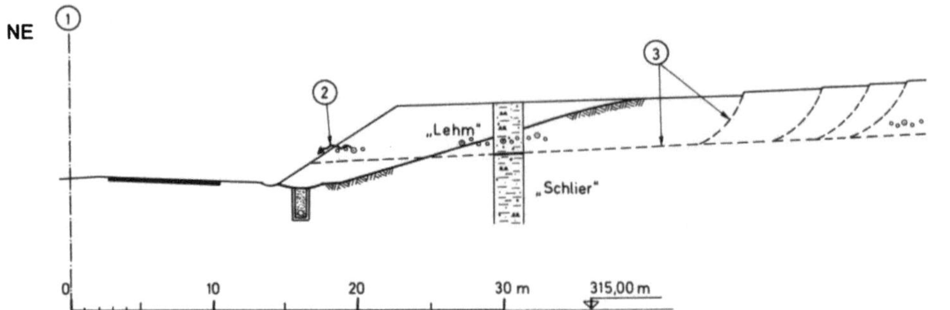

Abb. 77. Schnitt durch das Rutschungsgebiet. *1* Autobahnachse, *2* Wasseraustritt, *3* Gleitflächen

wässert. Die Rutschungen konnten durch diese Maßnahmen jedoch nicht zum Stillstand gebracht werden, sondern sie dehnten sich sogar weiter aus, und im Sommer 1966 war der gesamte 600 m lange Hangbereich in Bewegung.

Als Gegenmaßnahme wurde die Böschung zunächst auf 1 : 3 bis 1 : 5 abgeflacht und drainiert. Als Hauptursache für die anhaltende Rutschtendenz mußte ein zwischen den beiden Bodenschichten (braun und grau) vorhandenes elektrisches Potentialgefälle angesehen werden, das den Grundwasserspiegel anhob bzw. ihn auf dem vorhandenen Niveau hielt. Als zusätzliche Sanierungsmaßnahme wurden daher im östlichen, stärker bewegten Bereich 3, 4 und 6 m lange Kurzschlußleiter in Abständen von 4,5 m geschlagen. Seither waren keine nennenswerten Hangbewegungen mehr festzustellen.

Dieser Fall ist besonders charakteristisch für die Möglichkeit der Unterbindung des schädlichen Porenwasserdruckes an der Grenzfläche zwischen Tonschichten verschiedener Natur.

Im Falle Viehdorf hätten traditionelle Drainagen praktisch keinen Erfolg gehabt, da die zuströmende Wassermenge sehr gering war und man die Drainagestränge jedenfalls ganz dicht nebeneinander hätte legen müssen.

Ein Bodenaustausch, d. h. die Entfernung der oberen Schicht und ihr Ersatz durch Sand und Kies wäre selbstverständlich erfolgreich gewesen, hätte aber große Massenbewegungen und Kosten verursacht.

6.1.4.4.2./III Sarukuyoji-Rutschung in Japan (Oyagi, Fujita, Nakamura, 1977)

Die Sarukuyoji-Rutschung befindet sich im westlichen Teil der Niigata-Präfektur, einer der schneereichsten Gegenden von Zentral-Japan. Diese Rutschung, sie ist ca. 1700 m lang und im Mittel 250 m breit, wurde vom Forschungsinstitut der öffentlichen Arbeiten unter der Leitung von Watari als Probefeld für die Entwicklung und Verbesserung von Verfahren zur Beobachtung und Sanierung von Rutschungen ausgewählt. Siehe auch Kapitel 6.3., Tab. 2.

Unter anderem wurde hier auch ein Feld von 44 Kurzschlußleitern angelegt und deren Wirkung in einem Probeschacht beobachtet (siehe Kapitel 6.1.4.4.1., Abb. 73).

Geschichte der Rutschung. Gleitbewegungen dürfte es hier schon immer gegeben haben. So erzählt die Legende, daß um 1100 n. Ch. Ackerland durch eine Rutschung verwüstet und daß ein buddhistischer Priester als menschliches Opfer zur

Abwendung der Gefahren, welche eine Rutschung mit sich bringt, dort begraben wurde. 1937 fand man seine Gebeine in einem großen Gefäß am Fuße der Rutschung. 1900 erfolgte eine starke Rutschung am Kopf des Geländes, und ein Erdstrom bedeckte fast die ganze Fläche der Rutschung. Der mittlere Teil der Rutschung wurde während des großen Kanto-Erdbebens (M = 7,9), eines der katastrophalsten Erdbeben der japanischen Geschichte, dessen Epizentrum 240 km südlich von Sarukuyoji lag, wieder aktiviert (1923). Ab 1943 wurde eine Kriechbewegung in der Nähe des Fußes beobachtet; einige Häuser und eine große Fläche Ackerlandes wurden beschädigt.

Ab 1970 geriet auch der obere Teil der Rutschung in Bewegung. Gegenwärtig beträgt die Rutschbewegung im mittleren Teil ca. 3 m im Jahr.

Geologie und Topographie. Eine Reihe von Rutschungen umgibt den 571,6 m hohen tafelförmigen Jogayama-Berg. Diese Rutschungen finden im Mergel der Teradomari-Formation des Miozän statt, welcher zu den schwierigsten Böden in Japan zählt.

Der Mergel streicht 20° nach NO und fällt 30° gegen SO. Die Rutschung zieht sich gegen Südwest von der Höhe 450 bis 500 m gegen den am Fuß fließenden Okuma-Fluß.

Strukturelle Kennzeichen. Die Rutschung ist gekennzeichnet durch eine kriechende Bewegung einer unkonsolidierten Bodenmasse. Das Material stammt vielleicht von den Gleitmassen am Kopf der Rutschung.

Die Rutschbewegung erfolgt etwa senkrecht zum Fallen der Schichten. Die Dicke der Rutschmasse wechselt zwischen 12 und 15 m am Kopf, 5 m in der Mitte und 10 bis 15 m am Fuß.

In der Nähe des Probefeldes ist die Bodenoberfläche etwas gewellt, mit im Mittel 10° Neigung und zwei etwas steileren Abschnitten mit 25 bis 30°. In der Rutschzone können zahlreiche Risse beobachtet werden. Der scharfe Anriß am Kopf ist wahrscheinlich ein Teil der Gleitfläche des Jahres 1900.

Materialeigenschaften. Die gleitende Masse in der Mitte der Rutschung ist in zwei Schichten geteilt. Die obere Schicht aus braunem Ton ist 1 bis 3 m dick und wasserundurchlässig. Darunter befindet sich eine Schicht von 2 bis 4 m aus dunklem, grauem Ton; unter dieser Schicht wurde eine 1 bis 2 cm dicke Gleitschicht mit 50% Wassergehalt beobachtet. Darunter liegt direkt der harte, feste, nicht gleitende Mergel.

Der mineralogische Aufbau der zwei Tonschichten, oben braun und unten grau, ist praktisch gleich, und zwar herrscht Montmorillonit vor. Der Wassergehalt an der Rutschfläche ist mit 50% um ca. 10% höher als jener des grauen Tones.

Es wurden eingehende Messungen des Wassergehaltes, des Redoxpotentials und des pH-Wertes vor und nach Einführung der Kurzschlußleiter durchgeführt (siehe Kapitel 6.1.4.4.1., Abb. 73).

In der oberen, braunen Schicht wurden bis 3 m Tiefe Leptothrix - und Sedrothrix-Bakterien festgestellt. Es sind Untersuchungen im Gange, um zu klären, ob diese Bakterien am Umwandlungsprozeß des grauen in den braunen Ton beteiligt sind[3].

---

[3] Nach soeben bekanntgewordenen Forschungen von F. Blümel, Bundesanstalt für Kulturtechnik und Bodenwasserhaushalt, Petzenkirchen, Österreich, und H. W. Ford, University of Florida, Institute of Food and Agricultural Sciences, Lake Alfred, Florida, U. S. A., sind

Jüngste Bewegungsmessungen. Es wurden in der Rutschzone zahlreiche Messungen mittels Extensometer, Inklinometer und Beobachtung der Bewegung von Testpunkten an der Oberfläche durchgeführt.

Die Längsverformung beträgt 1 bis 3 m pro Jahr und ist beim stärker geneigten Hang größer als beim flachen. Die Rutschbewegung wird beeinflußt durch die starken Regenfälle im August, den Baiu-Taifun und durch das auf die starken Schneefälle (bis zu 4 m) im Winter folgende Schmelzwasser im Frühjahr. Die Höhe des Grundwasserspiegels spielt bei der Gleitbewegung eine große Rolle. Das Niederschlagswasser dringt durch zahlreiche Risse nur in die obere, braune Schicht ein, aber nicht bis zur Gleitfläche in ca. 5 m Tiefe.

Die Gleitbewegung ist stark, wenn der Grundwasserspiegel nur 0,7 m tief unter der Geländeoberfläche liegt; die Bewegung nimmt rasch ab, wenn der Grundwasserspiegel absinkt, um ganz aufzuhören, wenn er auf tiefer als 1,5 m fällt.

Die Scherfestigkeit des Tones an der Gleitfläche in Funktion des Wassergehaltes hat folgende Werte:

Natürlicher Wassergehalt	Scherfestigkeit
50%	4 kN/m²
45%	6 kN/m²
40%	10 kN/m²

Ein kleiner Abfall des natürlichen Wassergehaltes erhöht also die Scherfestigkeit beträchtlich.

Sanierungsmaßnahmen. Es wurden sowohl oberflächliche als auch tieferliegende Entwässerungsmaßnahmen, vor allem im braunen Ton, durchgeführt. Außerdem wurde im Ostteil der Rutschung eine Wand aus Bohrpfählen errichtet. Beide Maßnahmen sind offenbar erfolgreich.

Durch das Einführen der Kurzschlußleiter im Probefeld ging der Wassergehalt von 50% auf 40% zurück, was zu einer deutlich merkbaren Verminderung der Gleitbewegung auf dem Probefeld führte[4]. In der Zeit von Dezember 1976 bis Juni 1977 ergab sich eine Verminderung von 60 cm außerhalb des Feldes auf 20 cm im Probefeld. Die Beobachtungen werden laufend fortgesetzt.

Meiner Meinung nach sollte das Probefeld auf die ganze Breite der Rutschung ausgedehnt werden, um die volle Wirksamkeit der Kurzschlußleitermethode unter Beweis zu stellen.

Leptothrix tatsächlich Eisenbakterien, welche oxidierend auf eine zweiwertige Eisenverbindung, z. B. im grauen bzw. blauen Ton, wirken. (Persönliche Mitteilung von F. Blümel.)

[4] Die Kurzschlußleiter (Stahlstäbe, Durchmesser 25 mm) wurden von der Firma Taisei bis zu einer Tiefe von 7 m eingebohrt. Hierbei haben sich die Herren Imai, Nakao, Aoto, Jihoshi, Kaneko und Suzuki besonders bemüht. Dieselbe Gruppe hat auch ein 60 × 35 m großes Feld bei Oso, in der Nähe von Kobe, durch Einführen von Kurzschlußleitern mit Erfolg behandelt (Abb. 73 d).

6.1.5. Erhöhung der inneren Reibungskräfte, Verfestigung des Bodens

6.1.5.1. Verfestigung durch Zementinjektionen (Claquage, Soil Fracturing)
Hart bei Gleisdorf und Ganzsteintunnel, Steiermark

Die Injektionen dienen dazu, den Boden zu verfestigen und abzudichten, wobei das Injektionsgut in die Poren des Bodens eindringt. Für Sand- und Kiesböden werden Zementsuspensionen, für feinsandige Böden chemische Injektionen verwendet; bei solchen Injektionen bedient man sich mit Vorteil der Manschettenrohre, um das Injektionsgut dort in den Boden zu leiten, wo es benötigt wird. Solche Injektionen wurden mit Erfolg zur Stabilisierung und Abdichtung von Lockerböden, zur Sanierung von Rutschungen, aber auch beim Tunnelbau, z. B. beim U-Bahnbau in Wien, in Mailand und in einigen Städten der Bundesrepublik Deutschland angewendet.

Bei sehr feinkörnigen Böden, wie z. B. Löß, Schluff, schluffiger Ton und Ton, dringt das Injektionsgut nicht in die Poren des Bodens ein. In solchen Fällen können durch einen vorübergehenden Druckstoß von etwa 5 bis 30 bar vertikale und horizontale Klüfte geöffnet werden, welche dann unter ganz geringem Druck mit einem erhärtenden Stoff, z. B. Zementmörtel, gefüllt werden (siehe Abb. 78). Bei diesem „Claquage" oder „Soil Fracturing" genannten Verfahren kann durch geeignete Wahl von Entfernung und Reihenfolge der zu injizierenden Punkte ein Netz von verfestigten Verästelungen und Rippen geschaffen werden, wobei die Stabilitätsverhältnisse des Bodens wesentlich verbessert werden können.

Dieses Verfahren konnte bei der Rutschungssanierung bei Hart, 8,5 km nördlich von Gleisdorf, angewendet werden (Straßenkilometer 99,5 bis 99,8) (Austrobohr 1978). In diesem Fall handelte es sich um eine kriechende Gleitbewegung eines relativ flachen, dem Pannon zuzuordnenden Hanges aus tonig-

Abb. 78. Kontrolle der Zementinjektion (Claquage) durch Ausgraben

sandigem Schluff gegen einen Bachlauf zu. Auf der Straße Nr. 54, Gleisdorf—Hartberg, traten ständig Längsrisse auf, welche immer wieder verschlossen werden mußten. Es handelte sich um einen Fall, wie in 3.5.1.4. beschrieben, wobei das strömende Wasser bei relativ schwacher Wasserspende die Kriechbewegungen auslöste.

Als Sanierungsmaßnahmen wären eventuell Entwässerungsmaßnahmen nach 6.1.4.1. oder 6.1.4.2. in Frage gekommen, jedoch war der Boden relativ undurchlässig, so daß die Drainagen sehr eng aneinander hätten angeordnet werden müssen und dieses Verfahren daher unwirtschaftlich gewesen wäre. Eine elektroosmotische Entwässerung wäre ebenfalls sehr teuer zu stehen gekommen. Kurzschlußleiter nach Punkt 6.1.4.4. kamen nicht in Frage, da es sich hier nicht um Grenzflächenerscheinungen handelte.

So entschloß man sich zur Anlage eines ca. 530 m langen und 15 bis 25 m breiten Feldes, in welchem in Abständen von ca. 6 m Injektionslanzen mit verlorener Spitze 4,5 bis 12 m tief in den Boden eingerammt wurden.

In diese wurde ein Gemisch von Zement und Kalksteinmehl unter Zusatz von stabilisierenden und plastifizierenden Mitteln eingepreßt. Der Wasser-Feststoff-Faktor wurde so niedrig gewählt, daß die Mischung zwar fließfähig war, aber nach der Erhärtung sehr wenig ungebundenes Wasser enthielt. Durch die Verpressung entstand ein Porenwasserüberdruck, welcher nach 10 bis 30 Tagen abgebaut wurde; in diesem Zeitraum traten auch noch geringe Bewegungen im Boden auf. Der erhärtete Zementmörtel wies eine Festigkeit von σ_B = 500 bis 900 N/cm^2 auf.

Insgesamt wurden zwischen Juni und November 1969 auf einer Fläche von 8500 m^2 2000 Tonnen Feststoffe mittels 7000 m Injektionslanzen verpreßt. Kurze Zeit nach Beendigung der Arbeiten hörte die Gleitbewegung auf, und der Hang ist seither in völliger Ruhe. Es spielte beim Verfestigungsvorgang wahrscheinlich auch eine chemische Reaktion Kalk—Schluff eine Rolle, wie sie in 7.2.2. beschrieben ist.

Im Tunnelbau, bei Durchfahrung von zum Nachbruch neigenden Böden, liegt der Nachteil der Anwendung der Claquage darin, daß keine wirkliche Garantie für die nötige Verpreßmenge und für den Erfolg gegeben werden kann. Mittels Großversuchen muß daher die Einsatzmöglichkeit dieses Verfahrens weiter erforscht werden. Diese Injektionen oder Claquage können von der Ortsbrust aus durchgeführt werden, wobei allerdings der Nachteil der Behinderung des normalen Vortriebes in Kauf zu nehmen ist. Wenn man dies vermeiden will, kann bei seicht liegendem Tunnel von der Bodenoberfläche aus injiziert werden. Während des Vortriebes des Ganzsteintunnels bei Mürzzuschlag (Steiermark), Straßenbreite 7,5 m, floß das gefürchtete, aus dem Semmering-Mesozoikum stammende Quarzit-Dolomit-Zerreibsel[5], mit Wasser vermischt, in den Tunnel und

---

[5] Die bodenmechanischen Kennzeichen dieses Materials sind folgende:

Tonfreies Quarzit-Dolomit-Zerreibsel

d_{10}	d_{60}	w	w_L	w_P	φ'	
0,005 mm	0,02 mm	17%	–	–	46°	5 kN /m^2

Tonhältiges Quarzit-Dolomit-Zerreibsel

	d_{10}	d_{60}	w	w_L	w_P	φ'	
im Tonbereich	0,008 mm		18,7%	22%	15%	27°	5 kN /m^2

verhinderte einen normalen Baufortschritt. Es bildete sich ein ca. 10 m tiefer Tagbruch aus. Es wurde nunmehr beschlossen, die Ulmen durch Bohrwandpfahlwände zu schützen sowie bergseitig vorauseilend eine Grundwasserabsenkung vorzunehmen, während die Kalotte durch Einpressen von Zementmörtel gesichert wurde. Dieser wurde während des Vortriebes als gut erhärtete, 1 bis 3 cm dicke Betonplatte im Bereich der Kalotte vorgefunden. Alle diese Maßnahmen sowie die Unterteilung des Vortriebes in Ulmen- und nachfolgenden Kalottenausbruch ermöglichten den klaglosen Vortrieb des Tunnels.

6.1.5.2. Entwässerung und Verfestigung durch Elektroosmose nach L. Casagrande

6.1.5.2.1. Allgemeines

Von F. Hilbert

Die theoretischen Grundlagen der elektroosmotischen Entwässerung werden in Kapitel 7.2.2.4.2. besprochen; die ausführliche Darstellung einer praktischen Anwendung zur Sanierung eines rutschgefährdeten Hanges findet sich in Kapitel 6.1.5.2.2. Hier sollen nur einige allgemein gültige praktische Gesichtspunkte besprochen werden.

Die Anwendung der elektroosmotischen Entwässerung kann prinzipiell mit zwei verschiedenen Absichten erfolgen: einerseits kann eine nur temporäre Absenkung des Grundwasserspiegels bzw. eine temporäre Verhinderung von Rutschungen beabsichtigt sein (im allgemeinen zur Offenhaltung einer Baugrube oder zum Vortrieb eines Tunnels oder Einschnittes bis zur Fertigstellung des endgültigen Bauwerkes); andererseits kann auch eine dauernde Verhinderung des Abrutschens von Böschungen bezweckt werden.

Je nach diesem beabsichtigten Ergebnis muß die Methode differenziert angewandt und insbesondere auch bedacht werden, daß nicht alle Bodenarten gleich gut geeignet sind.

Für eine zeitweilige Offenhaltung läßt sich Elektroosmose günstig einsetzen bei tonigen Schluff- und Lehmböden mit kleiner Plastizitätszahl und relativ kleinem elektrochemisch veränderbarem Tonanteil (nicht mehr als 15 bis 20%) und einer Kornverteilung etwa nach Abb. 79. Als elektrochemisch veränderliche Tonminerale sind dabei die in Tab. 3, Kapitel 7.2.2. als stark quellfähig und stark ionenaustauschfähig angegebenen Minerale zu betrachten.

Für eine dauernde Verfestigung muß die reine elektroosmotische Entwässerung durch einen gleichzeitig wirkenden Konsolidierungsdruck und/oder eine elektrochemische Veränderung der Bodenbeschaffenheit ergänzt werden (vgl. dazu Kapitel 7.3.3.2. und die folgenden Ausführungen über Bodenveränderungen durch Elektroosmose). Dementsprechend läßt sich eine Dauerverfestigung um so eher erreichen, je höher der elektrochemisch veränderbare Tonanteil des Bodens ist. Ausgenommen davon sind rein chemisch wirkende Verfestigungsverfahren, auch wenn die verfestigenden Chemikalien durch Elektroosmose in das Kapillarsystem des Bodens eingebracht werden (siehe Kapitel 6.1.5.3.1./C).

Eine elektroosmotische Entwässerung sollte möglichst bereits vor den Aushub- oder Abschiebungsarbeiten beginnen, weil ein auflastender Erddruck sowohl die Entwässerung als auch eine gleichzeitige Konsolidierung beträchtlich verbessert.

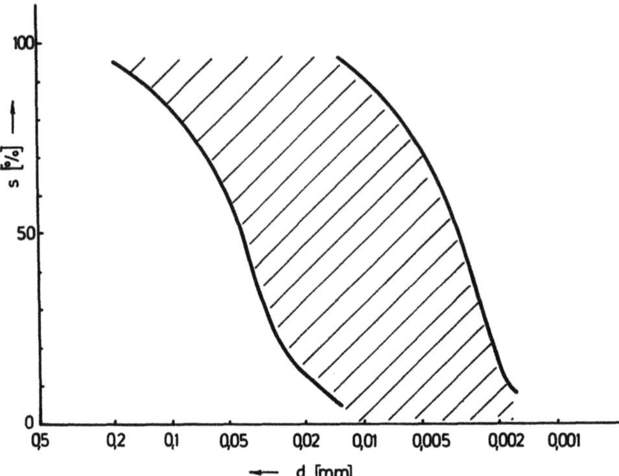

Abb. 79. Im schraffierten Bereich liegen die Siebkurven von schluffigen Lehm- und Tonböden, bei denen eine zeitweilige Absenkung des Grundwasserspiegels bzw. Entwässerung durch Elektroosmose wirtschaftlich sein kann (nach L. Casagrande). *s* prozentueller Siebdurchgang. *d* Korndurchmesser in mm

Wesentlich für den praktischen Einsatz der Elektroosmose ist besonders auch die Homogenität des Bodens. Bei einem geschichteten Aufbau aus Material mit kleiner Durchlässigkeitsziffer (Schluff, Lehm, Ton) und Material mit hoher Durchlässigkeitsziffer oder bei Vorhandensein von wasserführenden Rissen und Spalten treten Schwierigkeiten auf; die tonig-lehmigen Bodenpartien können aus den durchlässigen Schichten wieder Wasser aufnehmen, so daß sie nicht entwässert, sondern nur durchströmt werden. Daher ist vor der praktsichen Anwendung ein Feldversuch neben den Laboratoriumsmessungen immer erforderlich, außer die Elektroosmose wird als letzter Ausweg unter Zeitdruck eingesetzt.

Als Feldversuch genügt meist die Anlage eines Filterrohrbrunnens mit eingebauter Kathode (Wellpoint) und die Anordnung von 2 bis 3 Anoden (z. B. Torstahl oder Wasserleitungsrohr) in Entfernungen von 1 bis 5 m. Brunnen und Elektroden sollen etwas unter die zu entwässernde Bodenschicht reichen. Wird die durch Abpumpen festgestellte Zuflußmenge des Brunnens durch Anlegen der Gleichspannung zwischen Kathode und einer der Anoden beträchtlich gesteigert, ohne daß eine zu hohe Leistung aufgebracht werden muß, und tritt eine entsprechende Entwässerung und Verfestigung in der Umgebung der Anode ein, so kann die Anwendbarkeit der Elektroosmose angenommen werden.

Vor Anlage eines Feldversuches müssen selbstverständlich im Laboratorium die ungefähren Kennwerte von ungestörten Bodenproben bestimmt werden, insbesondere die hydraulische Kennziffer k_h (die elektroosmotische Entwässerung ist nur anwendbar bei $k_h < 10^{-7}$ bis 10^{-8} m · s^{-1}), die elektroosmotische Kennziffer k_e, der spezifische Bodenwiderstand ρ und die Plastizitätszahl. Der spezifische Widerstand kann auch aus dem Feldversuch für 2 Elektroden nach

$$\frac{U}{I} = \frac{\rho}{\pi \cdot L} \ln\left(\frac{d}{r}\right)$$

bestimmt werden (U = Spannung, I = Stromstärke, L = Elektrodenlänge unterhalb des Grundwasserspiegels, d = Elektrodenabstand, r = Elektrodendurchmesser). Die Fördermenge Q kann abgeschätzt werden aus $Q = k_e \cdot p \cdot I$.

Die Plastizitätszahl soll niedrig liegen, damit ein geringer Wasserentzug bereits eine hinreichende Festigkeitssteigerung erzeugt; durch Elektroosmose ist nämlich einerseits nur ein begrenzter Teil des Wassers entziehbar (praktisch kann bis zu jenem Gehalt entwässert werden, bei dem die Deformierbarkeit verschwindet), andererseits ist das Verfahren um so langwieriger und teurer, je näher man dieser maximal entziehbaren Wassermenge kommt, weil die Förderleistung etwa exponentiell mit der Zeit abnimmt

$$Q = W_0 [1 - e^{(-k_e \cdot E \cdot t)}]$$

(Q = Fördermenge, W_0 = Porenvolumen, E = Feldstärke).

Bei praktischen Entwässerungen wird meist mit Gleichspannungen zwischen 15 und 150 V bei einem Abstand zwischen Anoden und Kathoden von 1 bis 5 m gearbeitet, mit maximalen Feldstärken von 10 bis 100 V $\cdot$ m^{-1}. Meist werden die Kathodenbrunnen in einer oder mehreren Reihen senkrecht zur Neigungsrichtung der Böschung angeordnet; die Anoden liegen in einer oder zwei Reihen parallel bzw. bei mehreren Kathodenreihen auch dazwischen. Seltener wird eine schachbrettartige Anordnung von Kathodenbrunnen und Anoden angewandt. Die angelegte Spannung soll so niedrig gehalten werden, daß in der zur Verfügung stehenden Zeit noch die geforderte Reduzierung des Wassergehaltes eintritt, weil mit höherer Spannung die nötige Leistung ansteigt und weil bei höherer Spannung die Gefahr einer Austrocknung rund um die Anoden größer wird. Diese Austrocknung erfolgt einerseits durch den Temperaturanstieg infolge der Stromheizung, andererseits dadurch, daß das durch Kapillarkräfte bewirkte Nachsteigen des Wassers zu den Anoden langsamer wird als der Wasserentzug durch die Elektroosmose. Die Austrocknung führt immer zu einem starken Anstieg des Widerstandes und damit zum Aufhören der Elektroosmose; daher muß auf jeden Fall die Spannung bzw. die Stromstärke so gewählt werden, daß der Temperaturanstieg 10 cm um die Anoden maximal etwa 5°C beträgt.

Ein Abpumpen bzw. Ableiten des Wassers aus den Kathodenbrunnen ist stets erforderlich, wenn die Nulldruckfläche wirksam gesenkt werden soll. Besonders günstig scheint die Kombination mit einer Vakuumentwässerung zu sein, wie sie auch im Beispiel des Kapitels 6.1.5.2.2. angewandt wurde.

Soll die Elektroosmose zu einer dauernden Verfestigung des Bodens führen, so müssen wesentlich höhere Stromstärken bzw. Spannungen angewandt werden (bis 30 A/m^2 der Elektrodenreihe), wobei nach längerem Stromfluß elektrochemische Veränderungen der Tonminerale einsetzen (Absinken des pH-Wertes um die Anoden und durch Auflösung des Anodenmaterials — Eisen oder besser Aluminium — Einbringung höherwertiger Ionen in den Boden).

6.1.5.2.2. Praktische Anwendung

Kootenay Kanal, British Columbia, Kanada

L. Casagrande führte um 1930 den Grundgedanken der elektroosmotischen Entwässerung und Verfestigung in die Baupraxis ein. Eine jüngere Anwendung (Griffin, Wellpoint Corp., 1972) sei im folgenden beschrieben.

Ein 30 m hoher Abhang aus sehr losem, sensitivem Schluff oberhalb des Krafthauses des Kootenay Kanals, British Columbia, Kanada, wurde mittels 5 Elektrodenreihen mit einer hangparallelen Länge zwischen 100 und 300 m konsolidiert. Die einzelnen Elektroden reichten bis zu einer Tiefe von 30 m, wo der Fels anstand. Die paarweise installierten Elektroden waren 10 m voneinander entfernt, wobei als Kathoden Wellpoints eingebaut wurden und als Anoden, in 3 m Entfernung talseitig von den Kathoden, Stahlrohre mit einem Durchmesser von 56 mm eingespült wurden.

Der Aufbau der Wellpoints war folgender: Zunächst wurden Stahlrohre mit einem Durchmesser von 25 bis 30 cm bis in 30 m Tiefe eingespült. Nachdem das Bodenmaterial aus dem Inneren der Rohre entfernt worden war, wurde Sand eingefüllt und das Rohr gezogen, so daß eine Sandsäule im Boden und im Grundwasser verblieb. In dieser Sandsäule war ein 50 mm-Rohr, in welchem sich ein 32 mm-Rohr befand, eingebettet. Durch das äußere Rohr wurde Wasser unter hohem Druck eingepreßt und durch eine Venturidüse in das innere Rohr geleitet, wodurch das Grundwasser mit hochgerissen wurde.

Das Wasser wurde durch den Boden, infolge des eingeleiteten Stromes von 100 bis 150 V, zu diesem Rohrsystem geleitet, wobei letzteres als Kathode wirkte. Es wurden an 30 Wellpoints der obersten Reihe 160 Liter Wasser pro Minute gepumpt.

Der Erfolg zeigte sich nach etwa einer Woche: der bis dahin nur unter 1 : 5 stabile Hang konnte auf 1 : 2 versteilt werden, um die tieferen hangparallelen Elektrodenreihen zu setzen.

Nach 6 Monaten war der ganze Hang stabilisiert. Ein 100 kW Gleichstrommotor und zwei Sechszoll-Zentrifugalpumpen waren während dieser Zeit eingesetzt worden.

Zur Prüfung der Stabilität des Hanges nach der elektroosmotischen Behandlung wurden zwei Probeschlitze in der Nähe des Fußes der Böschung bis zu einer Tiefe von ca. 10 m gezogen. Die Seitenwände dieser Schlitze standen lange Zeit ohne Pölzung, ohne abzugleiten vollkommen senkrecht. Es kann mit Sicherheit angenommen werden, daß die elektroosmotische Festigung eine definitive ist.

Die bodenmechanischen Werte zeigten folgende Veränderungen:

1. Der Gehalt an Schluff ging durch Agglomeration von 55 bis 25% auf 18 bis 0% zurück.

2. Bei 30% Wassergehalt stieg die konsolidierte, undrainierte Scherfestigkeit von 0,14 bis 0,56 MN/m² auf 0,40 bis 1,00 MN/m².

3. Die Neigung der Mohrschen Hüllkurve stieg von 27° bis 32° vor der Behandlung auf 35° nach sechsmonatiger Behandlung mit Elektroosmose.

Man kann sagen, daß bei Vorhandensein von wassergesättigtem Schluff (ca. 20 bis 55% Schluff) die Entwässerung mittels Elektroosmose das einzig mögliche Mittel zur Konsolidierung rutschgefährdeter Hänge ist.

6.1.5.3. Verfestigung durch Einbringung von Kalzium-, Magnesium-, Aluminiumoder Eisenverbindungen

6.1.5.3.1. Allgemeines

Von F. Hilbert

Der Ersatz vorhandener einwertiger Kationen in Lehm- und Tonböden durch mehrwertige bewirkt grundsätzlich eine Verfestigung (Kapitel 7.2.2.3.). Dieser

Ionenaustausch kann auf zwei Arten praktisch bewerkstelligt werden: entweder durch rein mechanische Methoden oder durch elektroosmotische Einwanderung von Ionen.

A. Mechanische Einbringung fester oder gelöster Kalzium- und Magnesiumverbindungen. Praktisch erprobt und bewährt ist zur Rutschungssanierung bisher vor allem die Behandlung des Bodens mit ungelöschtem Branntkalk, wie in Kapitel 6.1.5.3.2. beschrieben. Die Wirkung beruht einerseits darauf, daß ungelöschter Kalk stark wasseranziehend ist und daher das Material austrocknet. Zum zweiten wird durch den Austausch von Alkaliionen des Bodens gegen 2-wertige Kalziumionen eine Verfestigung erzielt. Der dritte Effekt ist eine rein chemische Verfestigung durch die Bildung fester Kalziumverbindungen (z. B. Kalziumkarbonat mit dem Karbonatgehalt einsickernden Regenwassers). Überdies wird durch die Erhöhung der elektrischen Leitfähigkeit des Porenwassers die hydraulische Durchlässigkeit erhöht und daher der Boden besser drainagiert. Wegen der erwähnten rein chemischen Verfestigung ist das Verfahren nicht nur für Lehm- und Tonböden, sondern auch für schluffig-sandige Böden mit geringer hydraulischer Durchlässigkeit geeignet, wobei allerdings ein höherer Kalkzusatz erforderlich ist.

Andere Ausführungsformen, wie etwa die Einmischung von gemahlenem, ungebranntem Kalkstein, von Magnesit oder Dolomit, wurden bisher nur in der Literatur diskutiert.

Die Behandlung mit Salzlösungen wurde bis jetzt nicht für die Rutschungssanierung in Betracht gezogen, obwohl sich die Aufbringung von Kalziumsulfitablauge aus Papierfabriken für die Verfestigung von Macadamstraßen sehr bewährt hat.

B. Elektrochemische Einbringung von Aluminium-, Eisen-, Kalzium- und Magnesiumionen. Bei der üblichen Verwendung von löslichen Eisen- und Aluminiumanoden bei der Entwässerung bzw. Bodenverfestigung nach L. Casagrande (Kapitel 6.1.5.2.) ist die Bodenstabilisierung in der Umgebung der Anoden zumindest teilweise auf die Einwanderung von höherwertigen Ionen zurückzuführen, ebenso bei der Kurzschlußleitermethode nach Veder (Kapitel 6.1.4.4.). Andere praktische Durchführungen sind bisher nicht bekannt geworden, obwohl natürlich die Möglichkeit diskutiert wird, die Anodenbettung mit z. B. Kalziumchlorid zu durchmischen, wodurch eine elektrolytische Einwanderung von Kalziumionen in Richtung auf die Kathoden erfolgen muß.

C. Chemische Verfestigung. Eine rein chemische Verfestigung des Bodens wird im Prinzip dadurch erreicht, daß der Boden mit Lösungen von Chemikalien behandelt wird, die in der Folge entweder mit Bestandteilen des Bodens oder von sich aus feste Verbindungen bilden, die eine Verkittung der Bodenpartikel verursachen. Auch hier ist wieder eine rein mechanische Einbringung (durch Einpressen) oder eine elektrolytische Infiltration möglich. Im zweiten Fall wird allerdings meist gleichzeitig die Injektionslösung unter Druck gesetzt, der aber weit geringer ist als beim rein mechanischen Einpressen. Als Anoden werden dabei z. B. perforierte Stahlrohre eingesetzt, die in einer wasserdurchlässigen Packung liegen und mit der Injektionslösung gefüllt werden. Als Injektionslösung wird z. B. $Mg[SiF_6]$ in 40%iger Lösung genannt (Fritsch, 1976).

Die Anwendbarkeit der rein chemischen Verfestigung wird durch die hohen
Chemikalienkosten und die arbeitsintensive Durchführung stark eingeschränkt;
die Methode dürfte nur in Sonderfällen wirtschaftlich sein.

6.1.5.3.2. Praktische Anwendung

6.1.5.3.2./I Mooskirchen, Steiermark (Homann, 1975)

Als junges Anwendungsbeispiel soll die Sanierung einer Böschungsrutschung
durch Kalkstabilisierung beschrieben werden. Im Anstieg der Südautobahn auf die
Pack, unmittelbar nach der Anschlußstelle Mooskirchen, wurden tertiäre Schluffe
zum Teil mergelig-sandig, bis 10 m tief angeschnitten (Abb. 80). Als Böschungs-
neigung wurde 2 : 3 gewählt; im Anfangsabschnitt blieb die Böschung bei dieser
Neigung und einer Böschungslänge von 30 m stabil. Im weiteren Verlauf, genau
unterhalb eines Wohnhauses, zeigten sich im Zuge der Böschungsherstellung
Anrißflächen (Harnische), die sich mit ca. 60° in Böschungsrichtung ausbildeten.
Eine zuerst von der Bauleitung angeordnete Böschungsverflachung brachte keinen
Stillstand der bereits ausgelösten Bewegung, und die damit zurückversetzte
Böschungsstirn kam bedrohlich nahe an das Wohnhaus zu liegen. Der Entschluß,
diese Böschung, in Lagen mit Kalk stabilisiert, unter Verwendung des dort anfallenden Materials vom Böschungsfuß an neu aufzubauen, mußte rasch getroffen
werden. Der Vorteil dieser Maßnahme bestand in der kurzen Ausführungszeit
von nur zwei Tagen, bei einer Massenbewegung von rund 1700 m³ Material, unter
Einsatz einer Schubraupe, eines zeitweilig im Einsatz stehenden Ladegerätes, von
2 LKWs und dem Kalkstabilisierungszug, bestehend aus Bodenfräse und Verteiler-
gerät.

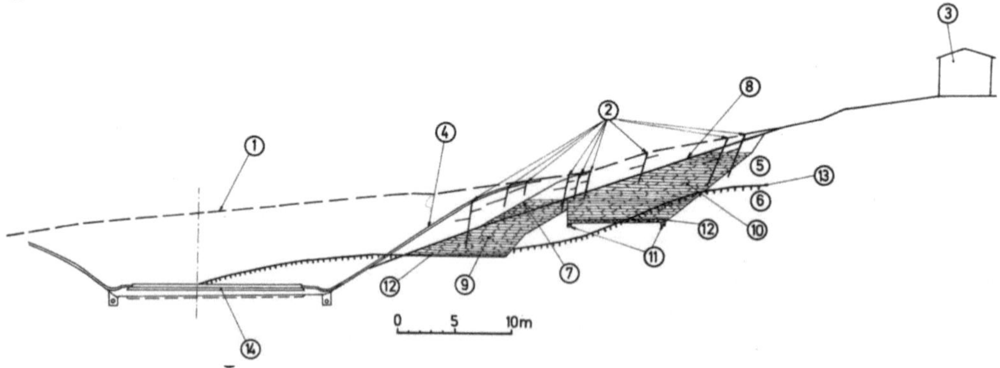

Abb. 80. Schnitt durch das Rutschgelände mit dargestellter Sanierung. *1* ursprüngliches Gelände.
2 Hanganrisse, *3* Haus, *4* projektierte Böschung, *5* sandiger Verwitterungslehm, *6* mergeliger
Schlufftonstein, *7* 1. Böschungsangleichung, *8* ausgeführte Böschung, *9* Kalkstabilisierung I.
1. Sanierung, *10* Kalkstabilisierung II, 2. Sanierung, *11* Entwässerung, *12* Drainagekies.
13 potentielle Gleitschicht, *14* Autobahn

Das Bodenmaterial wurde von der Schubraupe bei gleichzeitigem Unterschneiden der Böschung bzw. der Harnische gewonnen. Der Aufbau der neuen
Böschung erfolgte in durchschnittlich zwei Arbeitsspuren der Bodenfräse. In etwa
halber Höhe der Böschung wurde eine wasserführende Schicht angetroffen, die
offensichtlich für die Gleitung verantwortlich war. Sie wurde mit Drainagekies

an die Böschungsaußenseite entwässert und zunächst provisorisch über die
Böschung abgeleitet. Die Wasserführung lag bei ca. 1 l/min. Das befürchtete
Weitergreifen der Rutschung in Richtung des Wohnhauses wurde mit sehr kurzem
Arbeitsaufwand verhindert. Eine sonst in der Steiermark übliche Böschungssanie-
rung mittels Steinmaterials hätte zeitlich ca. eine Woche Arbeit in Anspruch genommen, wobei dies die vollständige Entfernung des Böschungsmaterials erfordert
hätte. Das Material wäre dabei als nicht brauchbar auf Deponie zu schütten und
durch Steinmaterial zu ersetzen gewesen. Diese hier aufgezeigte Methode konnte
allerdings nur durchgeführt werden, da es möglich war, eine Böschungsverflachung
auf nahezu 20° durchzuführen. Gleichzeitig war die Voraussetzung die, daß das in
der Böschung angetroffene Bodenmaterial für eine Kalkstabilisierung geeignet war.

6.1.5.3.2./II Herstellung von Kalkpfählen

Brandl (1973, 1976a) berichtete erstmalig über die Stabilisierung von
Rutschhängen mit Kalkpfählen. Hierzu werden vertikale Löcher mit 1 bis 3 m
Achsabstand und einem Durchmesser von 8 bis 50 cm in eine Tiefe von ca. 10 m
gerammt oder gebohrt. In diese wird sodann Branntkalk eingefüllt und durch
laufendes Stampfen oder durch Preßluft verdichtet. Im Hinblick auf die relativ
geringe Diffusionsgeschwindigkeit von Kalziumionen in den meisten bindigen
Böden sind kleine Durchmesser und ein entsprechend dichter Raster vorzuziehen.

Broms und Boman (1976) beschreiben eine andere Art von Kalkpfählen
(eigentlich Kalk-Lehmpfählen). Hier wird z. B. Ton ($w \cong 100\%$, $w_L \cong 90\%$, $c_u =$
12 kN/m^2) durch Einmischen von ungelöschtem Kalk und geeigneten Zusatzmitteln, und zwar ohne Materialentnahme, stabilisiert. Mittels eines auf einem
fahrbaren Bohrgerät montierten Quirls können derartige Kalk-Lehmpfähle mit 0,5m
Durchmesser bis 10 m Tiefe in ca. 15 min gebohrt werden, wobei das Stabilisie-
rungsmittel in einer Menge von 5 bis 8% der Trockenwichte des Bodens einge-
rührt wird. Ein Probepfahl in tonigem Schluff hatte zwei Monate nach der Herstellung die Hälfte seiner Endfestigkeit erreicht. Nach etwa einem Jahr hatte er, voll
ausgehärtet, eine 50mal höhere Festigkeit als unstabilisierter toniger Schluff und
bei postglazialem Ton eine 5fache Festigkeit. Vor einer Großanwendung empfehlen sich eingehende Laborversuche, da die Wirkung der Kalkpfähle je nach den
Untergrundverhältnissen unterschiedlich ist.

Die Autoren berichten von Versuchen an einem 5,2 m tiefen Graben, wo
übereinandergreifende Kalk-Lehmpfähle anstelle von stählernen Spundwänden
verwendet wurden. Zur Rutschungssicherung ist diese Methode bisher noch nicht
angewandt worden, sie dürfte aber meines Erachtens sehr wirkungsvoll sein.

Der Vorteil beider Arten von Kalkpfählen liegt darin, daß eine Rutschmasse
bis zu einer Tiefe von 5 bis 10 m stabilisiert werden kann, also manchmal tiefer,
als in 6.1.5.3.2./I beschrieben.

6.1.5.3.2./III Sonnenbergstraße, Schweiz

Im Zuge des Baues der Nationalstraße N2 mußte aus Gründen der zügigen
Trassierung, oberhalb der Ortschaft Itingen (Kanton Basel), ein zu Rutschungen
neigender Talhang, der sogenannte Sonnenberghang, überquert werden
(Jedelhauser, 1970).

Die notwendige Schütthöhe des 300 m langen Dammes über dem gewachsenen Boden betrug 2 bis 9 m, bei einer Dammkronenbreite von 30 m. Der Sonnenberghang ist als Rutschhang bekannt. Die Untergrundverhältnisse sind folgende: Über einer hangparallel ca. 1 : 4 geneigten Oberfläche des Opalinustones liegt eine verschieden dicke Überlagerungsschicht aus Gehängelehm.

Von den bergseits liegenden, wasserundurchlässigen Sowerbyi- und Murchisonaeschichten gelangt das eindringende meteorische Wasser auf die Oberfläche des Opalinustones, fließt entlang dieser ab und durchweicht die Kontaktfläche zwischen Opalinuston und dem darüberliegenden Gehängelehm.

Unter diesen Umständen konnte der Damm nicht ohne Gefahr für seine Stabilität auf den Gehängelehm geschüttet werden, sondern es mußte dieser auf seine ganze Tiefe (im Mittel ca. 6 m) bis zur Oberfläche des Opalinustones ausgehoben werden.

Diese Schlußfolgerung ergab sich aus der Tatsache, daß der natürlich anstehende Gehängelehm folgende relativ geringe Kennwerte hatte:

$$w = 18\%, \quad \varphi'_{vorh.} = 20°-22°$$
$$w = 22\%, \quad \varphi'_{vorh.} = 16°-18° \qquad \rho_{vorh.} \cong 1{,}95 \text{ t/m}^3,$$

während sich aus der Berechnung der Stabilität des Dammkernes mit Gleitkreisen folgende erforderliche Werte ergaben ($\eta = 1{,}5$):

In den höheren Dammlagen $\varphi'_{erf.} = 22°$
$\rho_{erf.} = 1{,}9 \text{ t/m}^3$

In den unteren Dammlagen $\varphi'_{erf.} = 32°$ ⎫ Diese Werte wurden
$\rho_{erf.} = 2 \text{ t/m}^3$ ⎭ nicht ganz erreicht

Das nicht mit Kalk stabilisierte Material war also für die Schüttung des Dammes mit Stützfunktion ungeeignet.

Dieser Gehängelehm wurde nun abschnittsweise mit Branntkalk stabilisiert und als Dammkern von der Oberfläche des Opalinustones aufwärts geschüttet. Die Zugabe des ungelöschten Kalkes wurde (siehe Abb. 81) so dosiert, daß in dem unteren, ca. 6 m hohen Dammkern 35 kg/m^3 und im oberen, ca. 5 m hohen Teil 18 kg/m^3 Kalk eingemischt wurden. Diese Kalkzugabe war auf einen Wassergehalt des Gehängelehms von 18% abgestimmt. Bei höherem Wassergehalt mußte die Kalkmenge erhöht werden.

Da die Öffnung der Baugrube nur über Strecken von ca. 10 m erfolgen durfte, um nicht Gleitungen hervorzurufen, konnte die Baugrube nicht hangparallel, sondern mußte unter 45° quer zum Hang abschnittsweise geöffnet werden. Der anstehende Gehängelehm wurde über eine Tiefe von jeweils 25 bis 27 cm mit Kalk vermischt und sodann wurde dieses stabilisierte Material als Dammkern eingebaut. Vor dem Einbau war es erforderlich, den bergseitigen Hang mit einer 30 cm dicken Drainageschicht zu bedecken und Sickergräben zu dem parallel zur Trasse gelegten Vorfluter zu führen. Die 30 cm hohen Lagen wurden mit Dumping- sowie vibrierenden Glattwalzen verdichtet.

Im Feldlabor wurde vor Beginn jeder Ausbeutung einer Abtragsfläche der natürliche Wassergehalt des anstehenden Materials ermittelt. Danach konnte der Unternehmung die pro Quadratmeter zu streuende Kalkmenge angegeben werden.

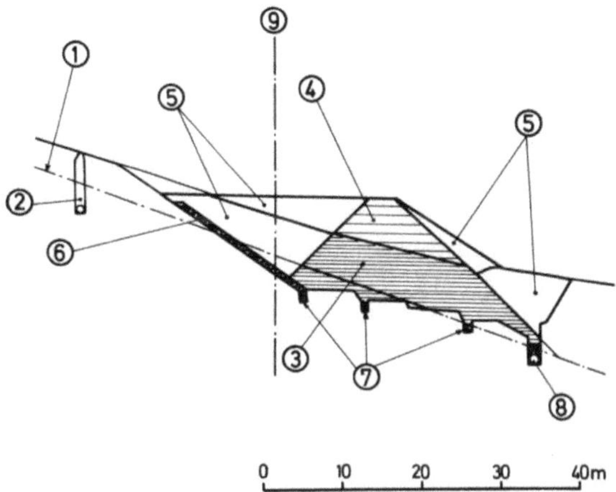

Abb. 81. Schnitt durch das Rutschgelände mit Sanierung. *1* Gleitfläche,
2 Hangentwässerung, vor Inangriffnahme der Arbeiten ausgeführt, *3* kalkstabilisierter Boden (35 kg/m³ Kalk), $\varphi' = 30°$, $\rho = 1,9$ t/m³ , 95% einfache
Proctordichte, *4* kalkstabilisierter Boden (18 kg/m³ Kalk), $\varphi' = 22°$, $\rho = 1,9$ t/m³ ,
95% einfache Proctordichte, *5* unstabilisierter Boden, lagenweise verdichtet,
6 30 cm Kiesauflage, *7* Sickergräben in Richtung 8 geneigt, *8* Vorflutleitung,
9 Autobahnachse

Dem Stadtlabor oblag schließlich die Überprüfung der erreichten Scherfestigkeit an Proben von der Baustelle. Folgende mittlere Werte wurden festgestellt:

Dosierung CaO	Dichte ρ [t/m³]	Reibungswinkel φ'
35 kg/m³	2,00	30°

Zur Vervollständigung des Straßenkörpers wurde berg- und talseitig nicht stabilisierter Gehängelehm verdichtet eingebracht.

Vor Inangriffnahme des Aushubes und der Dammschüttungsarbeiten wurde
eine hangparallel oberhalb der Baugrube liegende Drainageleitung erstellt. Sie
wurde mindestens 2,0 m tiefer als die Opalinustonoberfläche verlegt.

Die Notwendigkeit dieser Drainageleitung zeigte sich deutlich, denn in jenem
Teilstück, in welchem man auf die Ausführung der projektierten Leitung verzichtet hatte, erfolgte während der Bauzeit ein Geländerutsch.

Schließlich sei noch darauf hingewiesen, daß man vor der Wahl des stabilisierten Gehängelehms für die Stützkörperkonstruktion daran gedacht hatte, a) den
in der Nähe der Baustelle anstehenden Opalinuston oder Murchisonaefels, b) das
aus einem nahe gelegenen Tunnel anfallende Blagdeni- oder Hauptrogensteinmaterial
zu verwenden. Man mußte jedoch bei Probeschüttungen feststellen, daß der felsige
Charakter dieser Materialien und damit der für eine Stützkörperschüttung nötige
hohe Reibungswinkel in kurzer Zeit verlorenging. Auch konnten mit diesen Materialien, trotz guter Verdichtung, keine annehmbaren Druckfestigkeiten erzielt
werden.

Zusammenfassend kann also gesagt werden, daß sowohl die Methode der
Stabilisierung des Gehängelehms zur Erhöhung des Reibungswinkels als auch der
gewählte Bauvorgang sich voll und ganz bewährt haben.

6.2. Die Morphologie des Geländes wird zum Teil sehr entscheidend verändert

6.2.1. *Verbesserung der Stabilitätsverhältnisse des Rutschhanges bzw. der Böschung*

6.2.1.1. Der Kopf der instabilen Böschung wird durch Verflachung entlastet
Oberwasserkanal Rosegg, Kärnten

Ähnliche Erfahrungen, wie in 3.2.1. beschrieben, machte man beim 1,7 km langen, im Mittel 28 m und maximal bis zu 50 m tief in das Gelände eingeschnittenen Oberwasserkanal des Werkes Rosegg der Draukraftwerke AG in Kärnten (siehe Ludwig, 1975).

Dieser Kanal kam unter einer Grundmoräne von unterschiedlicher Schichtdicke in einem als Phyllit bezeichneten Fels zu liegen; dieser bereitete infolge seiner teilweisen Rückverwandlung in Ton, aus dem er sich einst gebildet hatte, die größten Schwierigkeiten, vor allem was die Stabilität der Böschungen betraf.

Um letztere nicht von vornherein zu flach und damit zu teuer zu gestalten, versuchte man es zunächst mit einer Neigung von 2 : 3. 11 m über der 8 m breiten Kanalsohle wurde eine 5 m breite Berme eingebaut. Man ging also nach der Terzaghischen Beobachtungsmethode vor, wobei bewußt zunächst nicht die sicherste und teuerste Maßnahme gewählt wurde, sondern nach und nach während des Baues die definitiven Vorkehrungen den jeweils auftretenden Erfordernissen angepaßt wurden. Dies ist besonders bei einem mit quellfähigen plastischen Schichten durchzogenen Fels wichtig, bei welchem die bodenmechanischen Werte nach Prof. H. Borowicka sehr stark streuten ($\varphi' = 18-25°$, $c' = 0-5 \text{ kN/m}^2$).

Während des Aushubes ab Sommer 1972 erwies sich der nur nach Lockerungsschüssen reißbare und durch eingelagerte, kompakt scheinende Felsblöcke gestützte Hang als stabil, umso mehr, als sich nur stellenweise Naßstellen zeigten.

Diese trügerische Stabilität hielt nur für kurze Zeit an. Etwa zwei bis drei Wochen nach Fertigstellung der Böschung traten oberhalb der Berme am linken Ufer Geländebrüche auf, während die Böschung des rechten Ufers infolge der hangeinwärts fallenden Schichten stabil blieb.

Nach der Bildung von progressiv von unten nach oben fortschreitenden Zugrissen bildeten sich parallel zur Böschungsoberfläche in ca. 3 m Tiefe Geländebrüche, die harnischartig glänzende Gleitflächen hinterließen. Offenbar spielte eine Schwächung der diagenetischen Bindungen (siehe Kapitel 3.3.2.) eine bedeutende Rolle.

Unter Zugrundelegung der gewonnenen Erfahrungen wurde die Böschung auf 1 : 2 verflacht und mit einer Berme von 4,5 m Breite, in etwa der gleichen Höhe wie im ursprünglichen Projekt, versehen.

Weiters wurden oberhalb der Berme zur Entlastung des Porenwasserdruckes Bohrlochdrainagen angelegt, und es wurde eine drainierend und stabilisierend wirkende Begrünung vorgenommen.

Im Frühjahr 1978 traten an einzelnen, örtlich begrenzten Stellen im oberen Drittel des Kanaleinschnittes neuerlich Gleitbewegungen auf, und zwar zum Teil unmittelbar oberhalb der Berme und zum Teil an der Grenze zwischen der relativ durchlässigen Moräne und dem darunterliegenden, relativ dichten Phyllit.

An diesen Stellen zeigte sich jeweils vermehrter Wasserandrang, der jedoch mengenmäßig so gering war, daß er z. B. durch gezielt angeordnete verrohrte

Drainagebohrungen nicht beherrscht werden konnte; das Wasser kam nur tropfenweise aus den senkrecht zum Hang gebohrten Rohren. So entschloß man sich zu dreierlei weiteren Sanierungsmaßnahmen.

Erstens wurden, vor allem an der Grenzfläche zwischen Moräne und Phyllit, Weidenruten bündelweise in oberflächlich gezogene Gräben verlegt. Dadurch wurde einerseits dem Boden breitflächig Wasser entzogen und andererseits verfestigten ihn die von den Weidenbündeln in den Boden vorgetriebenen Wurzeln.

Weiterhin baute man an Stellen größerer Ausmuschelungen an der Grenze zwischen Moräne und Phyllit Krainerwände ein, welche den Boden stabilisierten, jedoch noch kleinere Bewegungen zuließen und für gute Entwässerung sorgten.

Wo auch diese Maßnahmen nicht ausreichten, wurden über eine Länge von ca. 400 m die Gleitmassen mittels verankerter Betonplatten aufgehalten.

Die Betonsteine vom Typ „Piz Badura Zyklopen" (Badura, 1976), mit den Abmessungen von 1,20 × 1,20 m oder 1,20 m (Höhe) × 2,40 m (Breite), einer mittleren Dicke von 0,20 m und einem 0,7 m breiten Bord, sind in Form einer Winkelstützmauer ausgebildet; mit einem 0,7 m breiten Fuß ruhen sie auf einer in den Boden versenkten Betonleiste auf oder können in zwei oder drei Reihen übereinander verdübelt versetzt werden.

Die Steine, die mit zahlreichen Entwässerungslöchern versehen sind, werden mit einer Neigung von 30° gegen die Vertikale mittels eines Betonfertigteilgurtes von 0,50 m Höhe und ca. 0,80 m Breite gegen den mit einer Filterschicht bedeckten Boden gepreßt. Die Anpressung erfolgt im Phyllit mittels 20° von der Horizontalen nach unten geneigter Felsanker vom Typ Dywidag Gewindeanker (Spannstahl Sorte St 835/1030 (85/105)) mit 32 mm Durchmesser.

Die 15 m langen Freispielanker mit einer Haftlänge von 5 m sind bei einem Durchmesser von 32 mm zur Aufnahme von 500 kN Nutzlast bemessen und können nach Bedarf nachgespannt werden. Die Entfernung der Anker untereinander richtete sich nach dem aufzunehmenden Erddruck von 100, 200 oder 300 kN/m[1] und wurde zwischen 3,20 m und 1,60 m variiert.

Seit dem Einbau der oben beschriebenen Sicherungsmaßnahmen hat sich der oberhalb der verankerten Betonmauer nunmehr 1 : 3 geböschte Hang beruhigt. Eine ausgiebige Begrünung ergänzte die Sanierungsarbeiten.

6.2.1.2. Ersetzen einer zu schweren Anschüttung beispielsweise durch eine Brücke

Rutschung bei der Krummbachbrücke (Wechselbundesstraße, Steiermark)

Kurz nach der Fertigstellung der bis zu 7 m hohen Dammschüttung beim Wiener Widerlager war in diesem Bereich im Januar 1967 eine Rutschung eingetreten, die das Widerlager stark beschädigte. Der Anriß der Rutschung lag etwa 25 bis 30 m bergwärts des Widerlagers. Die Rutschung wurde wahrscheinlich durch Porenwasserüberdrücke zufolge der witterungsbedingt starken Durchfeuchtung oberflächennaher Bereiche des Hanges und zufolge der Lastaufbringung durch die Dammschüttung ausgelöst. Die Hauptbewegungsrichtung war etwa unter 45° bis 60° zur Brückenachse geneigt. Die mutmaßliche Gleitfläche lag nur seicht im ursprünglichen Gelände und reichte wahrscheinlich maximal 1 m unter die alte Fundamentunterkante.

Als erste Maßnahme wurde die die Rutschung unmittelbar auslösende mechanische Ursache, das Gewicht des Dammkörpers, durch rasches Abschieben bis etwa auf Kote 501,0 bis 504,0 m weitgehend beseitigt.

Weiters mußte unverzüglich mit der Sicherung des gefährdeten Spannbetontragwerkes begonnen werden. Es war also nicht möglich, umfangreiche Bodenaufschlüsse und Untersuchungen über den Gleitmechanismus und über die Gleitfugenlage anzustellen, sondern man mußte sich darauf beschränken, auf Grund der vorliegenden Unterlagen eine ausreichend sichere Sanierung zu entwerfen.

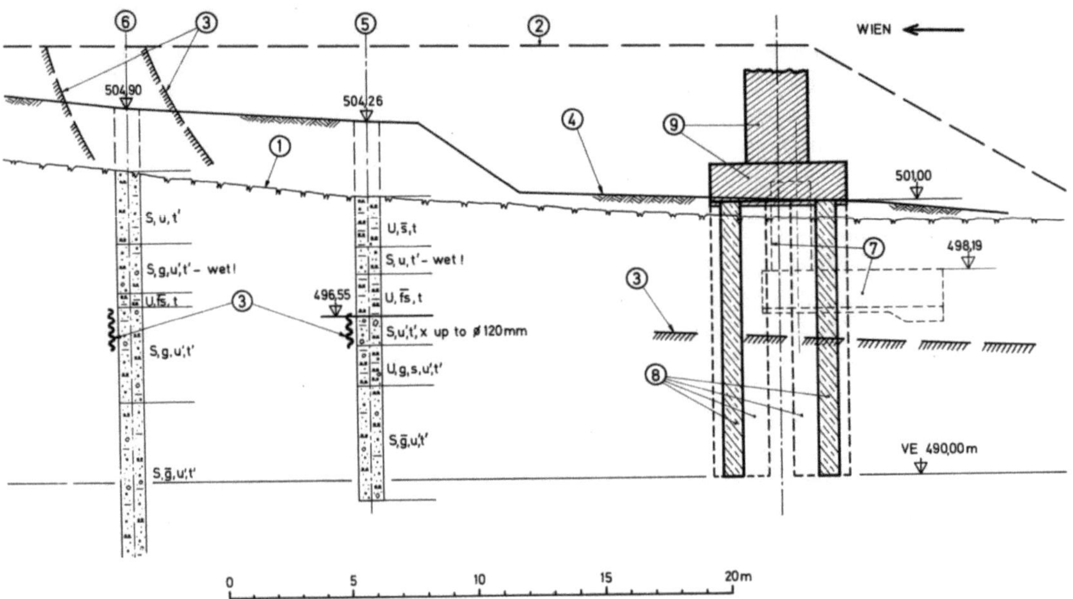

Abb. 82. Schnitt durch die Rutschung und die Fundamente des alten Widerlagers bzw. des neuen Pfeilers. *1* ursprüngliches Gelände, *2* Anschüttung zum Zeitpunkt des Geländebruches, *3* Anrisse bzw. vermutliche Gleitflächenlage, *4* teilweise abgeschobene Dammschüttung, *5* Schacht bzw. Bohrung (die Schachtung wurde bei 496,55 m wegen Materialauftriebes eingestellt), *6* Bohrung, *7* alte Widerlagerkonstruktion, *8* Schlitzwandelemente, *9* neue Fundamentplatte mit Pfeiler

Eine neuerliche Dammschüttung kam in diesem Bereich nicht in Frage, da ein Belasten eines schon einmal bewegten Erdkörpers sehr leicht zu neuerlichen Bewegungen führt. Somit mußte die Brücke verlängert werden. Zur Aufnahme der Lasten des das alte Widerlager ersetzenden Pfeilers wurden 6 Schlitzwandelemente (220/80 cm) hergestellt, die den inzwischen zur Ruhe gekommenen Rutschkörper ohne Störung durchörterten und die Bauwerkslasten sicher in tragfähige Bodenschichten ableiteten (siehe Abb. 82). Drei der unmittelbar neben dem abzubrechenden Widerlager ausgeführten Schlitzwandelemente dienten vorerst zur provisorischen Abstützung des letzten Tragwerksfeldes. Die Schlitzwandelemente banden 0,50 bis 1,00 m in die dort bei etwa Kote 490,5 m anstehende Kiesschicht ein. Sie wurden am Kopf durch eine starre Fundamentplatte miteinander verbunden (siehe Abb. 83). Als zulässige Vertikalbelastung

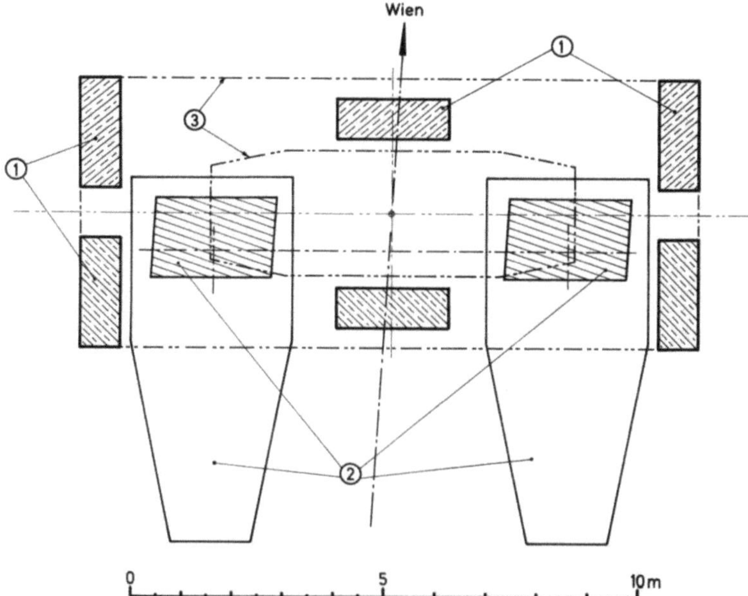

Abb. 83. Anordnung der Schlitzwandelemente im Grundriß. *1* Schlitzwandelemente,
2 alte Widerlagerkonstruktion, *3* Umrißlinie der neuen Fundamentplatte bzw. des neuen
Pfeilers

wurde überschlägig, bei Berücksichtigung einer Sicherheit von zwei, 2 MN je
Schlitzwandelement errechnet. Das ergab eine ausreichende zulässige Belastung
von 12 MN für die gesamte Pfeilergründung.

Für das Abschätzen der auf die Schlitzwandgruppe wirkenden eventuellen
Horizontalkräfte wurde von folgenden Überlegungen ausgegangen: Grundsätzlich
waren nach Abschieben des abgeglittenen Dammkörpers keine weiteren Bewegungen zu befürchten, vorausgesetzt daß es gelang, das Eindringen des Niederschlagswassers in den Rutschbereich durch entsprechendes Ableiten zu verhindern.
Auch die Bauwerkslasten wirkten späterhin nicht mehr auf den Rutschkörper ein;
jedoch aus Gründen der Sicherheit für das bedeutende Bauwerk wurde trotzdem
eine horizontale Belastung der allseits gleich gebetteten Schlitzwandelemente
angenommen. Es wurde ein im Grundriß parabolischer Gleitkörper angenommen,
der unter 45° zur Brückenachse geneigt war. Die Maße können der Abb. 84 entnommen werden. Die Neigung der Gleitfläche, für die kein Gleitwiderstand angesetzt wurde, wurde mit ca. 1 : 3,5 etwas steiler als das ursprüngliche Gelände
angenommen. Die sich daraus ergebende Belastung wurde gleichmäßig auf alle
sechs Schlitzwandelemente verteilt angenommen, da diese durch die Fundamentplatte starr miteinander verbunden waren, und es konnte eine ausreichende Tragfähigkeit nachgewiesen werden.

Die Brücke wurde schließlich um zwei je 25 m lange Felder verlängert, wobei
der zusätzliche Pfeiler und das neue Widerlager jeweils auf Tiefgründungen ruhen.
Durch diese Maßnahme konnte die hohe Dammschüttung vermieden werden, und
es traten keine weiteren Bewegungen auf.

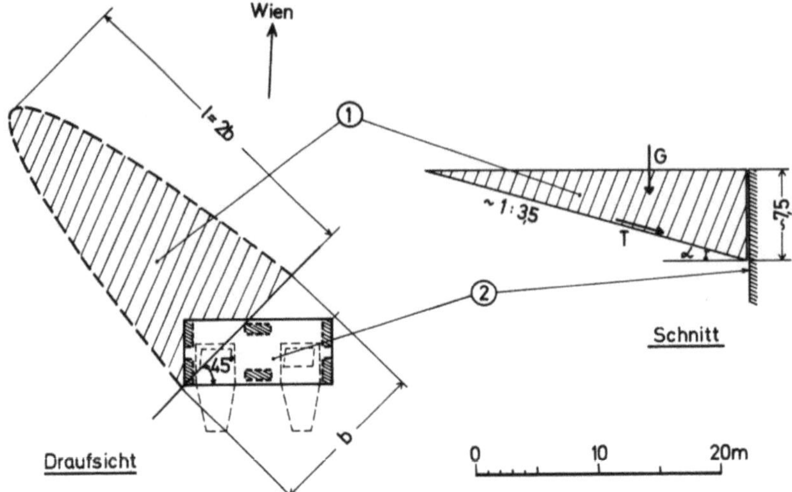

Abb. 84. Skizze zur Abschätzung der auf die Schlitzwandgruppe wirkenden Horizontalbelastung
1 Gleitkörper, *2* Fundamentgruppe

Es wäre vielleicht möglich gewesen, durch gründliche Entwässerung des Hanges mittels weitverzweigter Drainagen seine Stabilität zu sichern, doch hätte diese aufwendige Arbeit längere Zeit erfordert; vor allem hätte man vor einer neuen Dammschüttung das Austrocknen des Bodens abwarten müssen. Da die baldige Fertigstellung der Brücke erforderlich war, ist die gewählte Lösung als völlig richtig zu beurteilen.

6.2.2. Durch eine eventuell verankerte und bewehrte Spritzbetonschicht wird der oft sehr steil abgeböschte Lockerboden (vorübergehend) befestigt

Tokyo und Zwenbergbrücke an der Tauernbahn, Kärnten

Rutschgefährdete Böschungen können durch eine Spritzbetonauflage stabilisiert werden, wobei diese Möglichkeit sowohl für kurzfristige Sicherungszwecke bei Bauzuständen als auch für Dauermaßnahmen zur Anwendung kommt.

Bekanntlich setzt sich Spritzbeton, ähnlich dem Beton, aus Zuschlagstoffen der Kornfraktionen Sand bis Kies, Zement, Wasser und bestimmten chemischen Zusatzmitteln, wie z. B. Abbindebeschleunigern, zusammen. Im Gegensatz zu Beton ist jedoch das Größtkorn mit 15 bis maximal 25 mm begrenzt. In der Praxis haben sich sowohl das Trockenspritzverfahren (Wasserzugabe erst an der Spritzdüse) als auch das Naßverfahren durchgesetzt; in den verschiedenen Ländern dominiert jeweils eines dieser Verfahren, z. B. in Österreich das Trockenverfahren, in der Schweiz das Naßverfahren.

Die Mindeststärke einer Spritzbetonschicht zur Böschungssicherung liegt bei 10 bis 15 cm, die Größtwerte liegen bei 30 cm. Üblicherweise werden derartige Spritzbetonlagen bewehrt, vorzugsweise mit Baustahlgittern. Gegenwärtig wird, insbesondere in der Bundesrepublik Deutschland, an einem neuartigen Verfahren, dem sogenannten Stahlfaserbeton, gearbeitet, dessen Wesen darin besteht, daß die

Bewehrung dem Mischgut in Form von Stahlfasern beigegeben wird. Bei Wasserführung im zu sichernden Boden ist es unerläßlich, in einem bestimmten Raster Entwässerungslöcher in der Spritzbetonschale vorzusehen, um den Aufbau eines gefährlichen Stauwasserdruckes zu verhindern.

Der besondere Vorteil einer Böschungssicherung durch Spritzbeton liegt in seiner raschen Aufbringung. Schädliche Einflüsse auf den Boden durch Wasser- und Luftzutritt kommen daher praktisch nicht zur Wirkung. Spritzbetonsicherungen können bei sämtlichen Bodenarten, d. h. bei Lockerböden unterschiedlichster Kornzusammensetzung (Ton, Schluff, Sand, Kies) und auch bei aufgelockertem oder verwitterungsgefährdetem Fels angewendet werden. Durch die Anprallwirkung kommt es jeweils zu einer innigen Verbindung bzw. Verzahnung des Spritzbetons mit dem zu sichernden Boden, so daß der zu Bewegung und Rutschung neigende Boden stabilisiert wird, zumindest für die Zeit, die nötig ist, um definitive Baumaßnahmen durchzuführen.

Bei dieser heute noch nicht ganz geklärten Verbindung, welche sich bis jetzt jeder plausiblen statischen Berechnung entzieht, handelt es sich wahrscheinlich um mehrere Effekte. Einerseits wird die Auflockerung des Bodens und damit ein Abfallen der Scherfestigkeit verhindert und die Verzahnungskohäsion erhalten bzw. durch die Spritzbetonschicht noch erhöht. Andererseits wirken wahrscheinlich auch chemische Einflüsse, wie z. B. die Reaktion zwischen Zement und den Silikaten des Bodens, welche auch eine Erhöhung der Kohäsion und damit der freien Standhöhe bewirken können.

Spritzbetongesicherte Böschungen mit Neigungen bis 40° und mehr können in besonderen Fällen auch verankert werden. Es hat sich hierbei bewährt, auch die lastverteilenden Rippen bzw. die Ankerbalken in Spritzbetonbauweise herzustellen; dadurch können aufwendige Schalungs- und Betonierungsarbeiten umgangen werden. Bei längeren Böschungen empfiehlt sich auch die Anordnung von Bermen.

In Abb. 85 ist die Stabilisierung einer Baugrube für ein Hochhaus in Tokyo, unmittelbar neben einem großen Hotelkomplex, zu sehen. Der Untergrund bestand aus relativ steifem sandig-tonigen Schluff. Für die Entwässerung sorgten entsprechende Ausnehmungen im Spritzbeton.

Ein anderes Beispiel ist die im Zuge der Begradigung der Tauerneisenbahn durchgeführte Baugrubenverkleidung am südlichen Widerlager des 200 m weit gespannten Bogens der Zwenbergbrücke (Abb. 86). Da der für die Gründung dieses bedeutenden Bauwerkes nötige widerstandsfähige Fels erst 24 m unter der mittleren Geländeoberfläche anstand, mußte bis dort hinunter eine offene Baugrube ausgehoben werden. Der Boden bestand aus teils lockerem Sand und Kies, teils sehr weichem, zerrüttetem Fels mit geringer Wasserführung.

Wenn die Technik des Spritzbetones damals noch nicht so perfekt entwickelt gewesen wäre, hätte man sehr aufwendige Stützmauern oder eventuell Ankerwände aufführen müssen.

Es würde zu weit führen, alle Anwendungsmöglichkeiten des Spritzbetons zu beschreiben. Erwähnt seien nur noch die Verkleidung von Stollen und Schächten, mit und ohne Ergänzung durch Verankerungen, die Auskleidung von Behältern aller Art und die Verstärkung von zu schwachen Stahlbetonteilen, wie Balken, Säulen etc.

Abb. 85. Sicherung einer Baugrube in Tokyo durch eine bewehrte Spritzbetonschicht

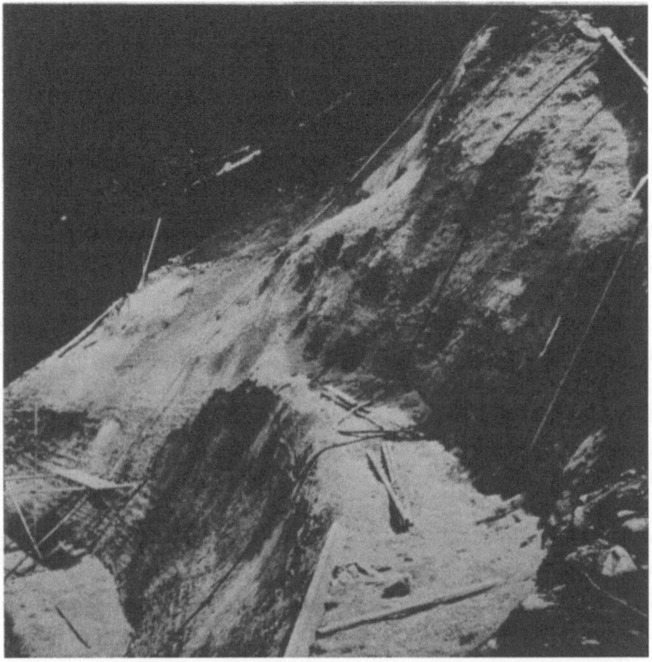

Abb. 86. Sicherung des Voreinschnittes bei der Zwenbergbrücke

6.2.3. Einziehen von Steinkeilen am Fuß der Rutschung, um die Reibungskräfte stellenweise zu erhöhen, den Fuß zu entwässern und zu belasten

Ybbsitzer Höhe, Niederösterreich

Im Bereich des Kilometer 14,8 auf der sogenannten Ybbsitzer Höhe (Niederösterreich) wurde die Bundesstraße 253 im Winter 1965 neu trassiert. Die neue Trasse verlief im wesentlichen nach der alten, doch wurde infolge der größeren Fahrbahnbreite und der gestreckteren Linienführung eine größere Dammschüttung erforderlich. Der bis etwa 6 m hohe Damm wurde durch Abtreppungen mit dem Untergrund verzahnt und bestand aus gut verdichtetem Sand-Kiesgemisch, wie dies einzelne Abrißflächen der später aufgetretenen Rutschung deutlich zeigten (Abb. 87).

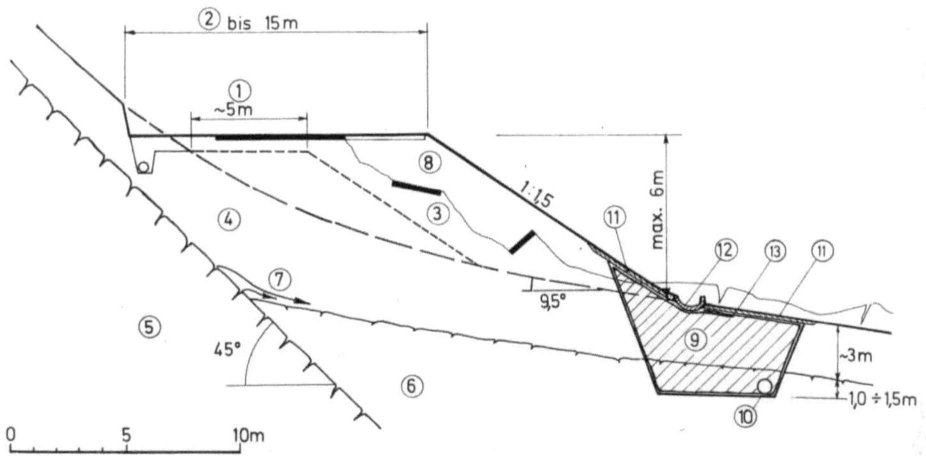

Abb. 87. Schnitt durch die abgerutschte Straße und Sanierung. *1* alte Straße, *2* verbreiterte Straße, *3* Dammrutschung der verbreiterten Straße, *4* Verwitterungsschwarte, *5* Kalkfels (klüftig), *6* Schieferton (fest), *7* Kluftwasser, *8* Kiesschüttkörper, *9* Kies- bzw. Steinschüttung als Dammfuß, *10* Drainage, *11* dichter Boden, *12* Halbschale, *13* Kunststoffvlies

In den Sommermonaten 1966 trat in diesem Bereich erstmals eine Rutschung auf. Der Straßenkörper sackte ca. 0,5 m ab, es zeigten sich Risse und Aufwölbungen bis rund 50 m talwärts; dann kam die Bewegung jedoch zum Stillstand.

Mitte Dezember 1966 trat bei einiger Schneelage plötzlich warme Witterung, verbunden mit heftigen Regenfällen, ein. Begünstigt durch diese Wasserzufuhr rutschte ein etwa 250 m langes Straßenstück ab und gleichzeitig ein etwa 200 m weit talwärts reichendes Stück des mit Sträuchern bewachsenen Hanges.

Bald nach der Rutschung wurden, zur ersten qualitativen Feststellung der Bodenverhältnisse unterhalb der Straße, Rammsondierungen durchgeführt. Diese zeigten oberflächlich eine Schicht von braunem, sandig-tonigem Schluff mit mehr oder weniger zahlreichen Einlagerungen von Grobkies und Steinen. Darunter befand sich in einer — bedingt durch die stark zerklüftete Geländeoberfläche — stark variierenden Tiefe von etwa 1,0 bis 4,0 m ein blaugrauer Schieferton. Beide Schichten sind relativ undurchlässig.

Oberhalb der alten Straße wies der Hang auf einige Entfernung eine Versteilung auf 45° auf, was durch einen alten Einschnitt der Straße bedingt gewesen sein dürfte. Ober dieser Versteilung betrug die mittlere Neigung, der Geländegroßform entsprechend, 28 bis 30°. In diesen waldbewachsenen steileren Bereichen waren nirgends Anzeichen von alten oder neuen Rutschungen erkennbar.

Im Bereich oberhalb der Straße wurden mehrere Untersuchungsröschen angelegt, die maximal 2 bis 3 m in den Hang reichten. Unter dem Humus des Waldbodens stand brauner sandig-toniger Schluff mit zunächst vereinzelten Steinen an. Ab 1,0 m Tiefe fanden sich diese häufiger und ließen einen alten Kluftkörperverband erkennen, in dessen Fugen sich Verwitterungslehm befand. Darunter folgte gesundes Gestein. Ein Profil über den eigentlichen Rutschbereich bis zum talwärts liegenden Wald ergab eine durchschnittliche Geländeneigung von nur 9,5°.

Die Betrachtung des Rutschkörpers selbst zeigte eine ungewöhnlich starke Zerklüftung mit tiefen Spalten, Absackungen und Schiefstellung von Schollen. Die Durchfeuchtung war sehr stark und der Boden dabei ziemlich undurchlässig, was an Wasseraustritten bzw. vielen frisch entstandenen kleinen Tümpeln zu erkennen war.

Die starke Zerklüftung deutete auf eine relativ seichte Gleitflächenlage hin, die offensichtlich mit der in 1,0 bis 4,0 m Tiefe angefahrenen Oberfläche des Schiefertons identisch war. Der Schieferton verlief demnach oberflächenparallel und war nur im flacheren Hangbereich vorhanden. Der Gesteinskörper des Berges tauchte mit steilerem Abfall, etwa bei der alten Straße, unter den Schieferton; deshalb waren im Hang ober der Straße trotz der großen Steilheit keine Anrisse und Rutschungen zu sehen.

Die starke Durchfeuchtung im flachen Hangbereich, die sich durch Quellenaustritte und das Vorhandensein oberflächlicher Tümpel ausdrückte, deutete darauf hin, daß die Ursache der Rutschung in einer Schmierschichtbildung an der Grenze zwischen Verwitterungslehm und Schieferton lag. So kann man es sich erklären, daß es trotz der geringen Geländeneigung von 9,5° zu einer Rutschung kam, obgleich sowohl der tonig-sandige Schluff als auch der Schieferton gewiß einen höheren Reibungswinkel als 9° aufwiesen.

Für die Sanierung der Straße wurden Sofortmaßnahmen vorgeschlagen, da beim Auftreten von Niederschlägen die Gefahr von weiteren Rutschungen zufolge der großen Zerklüftung durch Anrisse ständig gegeben war.

Diese Sofortmaßnahmen bestanden im wesentlichen aus:
— Aushub eines Grabens parallel zur Straße, unterhalb des Dammkörpers bis ca. 1,0 m in den festen Schieferton, wobei das Aushubmaterial außerhalb der Rutschung deponiert wurde.
— Verlegung einer großen Drainageleitung (Durchmesser 200 mm) mit starkem Gefälle parallel zur Straße am Grunde des Grabens. Eine Ableitung des Wassers in der Fallinie durch den Rutschhang erschien zu gefährlich, da die Kriechbewegung des Rutschkörpers diese Leitung hätte zerstören können.
— Einbringen einer Kies- bzw. Steinschüttung in den Graben, die als Stützkörper für den Dammfuß diente. Die doppelte Aufgabe dieser Schüttung bestand in der Erhöhung der Reibung und in der Drainagewirkung. Nach dem heutigen Stand der Technik würde man diesen Stützkörper durch eine Vliesummante-

lung vor Verschlämmung schützen, damit die Drainagewirkung dieses Bauteils voll erhalten bliebe. Außerdem wäre es ratsam, die Oberflächenwässer über Halbschalen wegzuführen, um eine Überlastung der Drainage zu vermeiden. Diese Ergänzungen sind in Abb. 87 eingetragen.
— Oberflächliche Entwässerung der zufolge der Rutschung entstandenen Tümpel und Verschließung der bestehenden Spalten mit Zementmörtel.

Nach Durchführung der erwähnten Maßnahmen wurde die Stabilität des Hanges durch horizontale und vertikale Bewegungsbeobachtung sowie durch Beobachtung der Schüttung der Quelle unterhalb der Rutschung und der konzentrierten Wasseraustritte am Rutschhang selbst kontrolliert.

Die Sanierungsmaßnahmen erwiesen sich als zielführend; es konnten keine weiteren Bewegungen des Dammes festgestellt werden.

6.2.4. Bodenauswechslung in der Dammaufstandsfläche

Dammrutschung bei Oberpullendorf, Burgenland

Im Frühjahr 1969 traten im Bereich zwischen Kilometer 50,4 und 50,5 der Bahnlinie Oberpullendorf—Rattersdorf Senkungen des hohen Dammkörpers auf, die ein dauerndes Unterstopfen der Gleise erforderlich machten und deren Ursache zunächst nicht klar erkennbar war (Lageplan, siehe Abb. 88).

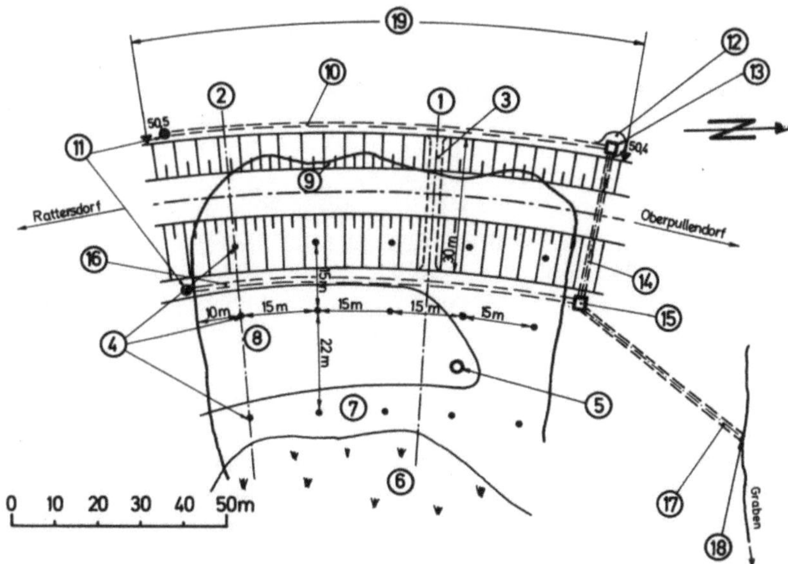

Abb. 88. Lageplan der Rutschung mit projektierten Sanierungsmaßnahmen. *1* Profil I (vgl. Abb.89),*2* Profil II (vgl. Abb.90), *3* Durchlaß, Durchmesser 2,0 m, *4* Rammsondierungen, *5* Probeschacht, t = 6,0 m, *6* Sumpflöcher, *7* Wiese, *8* Acker, *9* Anrißgrenze der Rutschung, *10* bergseitige Entwässerung, Durchmesser 200 mm, und Oberflächenentwässerung mit Betonhalbschalen, *11* Fertigteilspülschächte, *12* kleine Auffangfläche für Oberflächenwasser, *13* Sammelschacht mit Einlaßgitter für Oberflächenwasser, *14* Betonfertigteildurchlaß, Durchmesser 0,9 m, *15* Sammelschacht mit Einstieg, *16* talseitige Entwässerung, Durchmesser 200 mm, *17* Betonfertigteilrohre, Durchmesser 0,9 m, *18* Auslaß in den Graben, *19* Bereich der Dammauswechslung

Die Form der Anrisse im Boden und das Vorhandensein von zahlreichen Tümpeln talseits des Dammes ließ eine rein mechanische Ursache vermuten. Die scharfe Anrißkante der bergseitigen Dammflanke und die Absackung einiger Durchlaßringe schienen dies zu bestätigen (Abb. 89).

Zur genaueren Untersuchung der Bodenbeschaffenheit wurden in der Folge zwei Querprofile, I und II, aufgenommen. Des weiteren wurde eine Anzahl von Rammsondierungen durchgeführt. Es zeigte sich ein mehrschichtiger Aufbau des aus dem Pannon stammenden Untergrundes, wobei Lagen von Lehm und Sand wechselten. Ein 6 m tiefer Probeschacht (Abb. 89) vervollständigte das Bild. Anläßlich einer Besichtigung zeigte es sich, daß der Schacht voll Wasser war, welches aus zwei Sandhorizonten reichlich zudrang. Ein sodann auf gleicher Höhe gegrabener Baggerschlitz zeigte in ca. 3 m Tiefe einen beachtlichen Wasserzudrang aus einer der Sandschichten. Das rasche Einstürzen des unverpölzten Schlitzes wies auf die nur geringe Kohäsion der Lehmschichten hin. Eine genaue Betrachtung der zu drei verschiedenen Zeiten an den gleichen Stellen aufgenommenen Querprofile und der Bodenaufschlüsse sowie die Lage der Tümpelhorizonte ließen folgende Ursache für die Rutschung als die wahrscheinlichste erkennen:

In der erreichbaren Tiefe von ca. 6 m führten mindestens zwei Sandhorizonte Wasser (Abb. 90). Diese Horizonte traten weiter unten am flachen Hang aus. Die Wasserströmung ließ den völlig kohäsionslosen Sand mit Korngröße 0,06 bis 0,3 mm ausfließen, wodurch der darüberliegende Lehm seine Basis verlor und nachbrach. Dadurch entstanden sowohl die vielen alten Abrißkanten an den Tümpelrändern als auch die Tümpel selbst, da die nachbröckelnden Lehmschichten ein Versickern verhinderten. Ein dadurch entstandener Wasserrückstau mit Aufbau eines Porenwasserdruckes erklärte den hohen Wasserstand im Probeschacht, der trotz des starken Gefälles der Sandhorizonte eintrat (siehe Beispiel 6.1.4.1./II).

Was den Damm selbst betrifft (Kornverteilung: d_{10} = 0,1 mm, d_{60} = 1 mm), so stellte er zweifellos eine bedeutende Last dar, welche die nur 10° geneigte Lehmschicht zusätzlich mit Schubkräften beanspruchte. Diese an ihrem freien Fuß durch Nachbrüche angeschnittene Lehmschicht reagierte im Laufe der Zeit offenbar mit einer talwärts gerichteten geringfügigen Kriechbewegung, die sich im Frühjahr 1969 so weit verstärkte, daß der seiner Unterlage beraubte Damm mit einer Gleitung reagierte. Das Dammschüttmaterial war nämlich steifer als der gewachsene Lehm des Hanges und konnte deshalb die großen Kriechverformungen nicht ohne einen Bruch, d. h. ohne eine ausgeprägte Gleitfläche, aufnehmen.

Bei einem Vergleich der einzelnen Stadien an Hand der Querprofile wurde deutlich, daß im Bereich des gewachsenen Hanges (beginnend von den Tümpeln aufwärts) eine reine Translationsbewegung stattfand, während — als Folge davon — der Damm selbst mit einer Gleitung reagierte, was aus dem Vorwölben unten und dem Einsacken oben deutlich wurde. Eine Bewässerung durch den undicht gewordenen Durchlaß bei Kilometer 50,429 mag den Vorgang noch beschleunigt haben.

Für die Sanierung der Bahnlinie wurde folgendes vorgeschlagen:
— Der durch die Gleitung stark zerstörte Dammkörper muß entfernt und bis zum Erreichen der Sandschicht ausgekoffert werden, da, wie aus den Laborversuchen hervorgeht, die darüberliegende Schicht für die Lastaufnahme ungeeignet ist.
— Die Auskofferungsbreite ergibt sich aus der Verlängerung der 2 : 3 geböschten

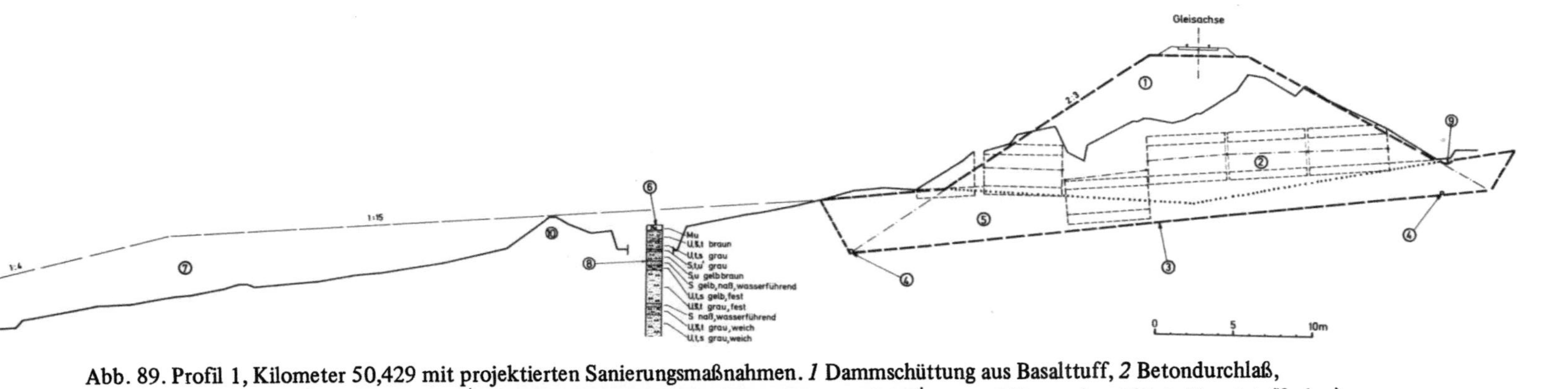

Abb. 89. Profil 1, Kilometer 50,429 mit projektierten Sanierungsmaßnahmen. *1* Dammschüttung aus Basalttuff, *2* Betondurchlaß, Durchmesser 2,0 m, *3* Grenze der Auskofferung (Sand-Kiesschicht), *4* Entwässerung, Durchmesser 200 mm (geschlitzte Kunststoffrohre), *5* Kies für Dammbasis, *6* Probeschacht, *7* geplante Anschüttung mit Aushubmaterial, *8* Niveau der neuen Gründungsfläche, *9* Betonhalbschale für Oberflächenentwässerung, *10* Aufwölbung infolge ausgeflossenen Sandes

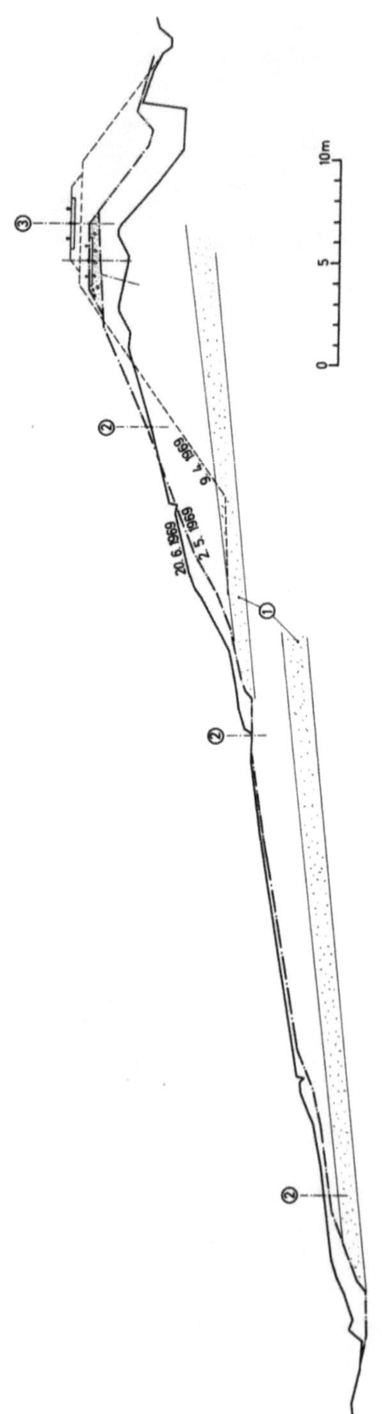

Abb. 90. Profil II, Kilometer 50,470. *1* Sandlinsen, *2* Rammsondierreihen, *3* Dammachse

Dammflanken. Die Baugrubenböschung darf nicht steiler als maximal 60°
gehalten werden. Die Auskofferung hat nacheinander in vier Abschnitten von
je 20 m Länge zu erfolgen, um den bergseitigen Hang nicht auf zu lange Zeit
zu unterschneiden.

— Eine laufende Entwässerung der Baugrube muß durch einen Entwässerungs-
  schlitz gewährleistet werden. Dieser hat unterhalb des Probeschachtes frei in
  den natürlichen Graben zu münden. Der Schlitz ist vor Beginn der Auskofferung zu graben.
— Um dem Damm eine stabile und zugleich mit Sicherheit durchlässige Aufstand-
  fläche zu geben, soll im unteren Teil der Wiederauffüllung gut verdichteter
  Wiener Neustädter Kies eingebracht werden.
— Der darüberliegende Dammkörper soll mit einer Neigung von 2 : 3 geschüttet
  werden, und zwar wie der alte Damm mit einem Material aus Basalttuff, der in
  einem Bruch in der Nähe von Oberpullendorf vorkommt. Das Material ist zwar
  ein Sonnenbrenner und läßt sich leicht zerkleinern (angeliefert 0,5% < 0,1 mm,
  nach Stampfen im Proctorversuch 49% < 0,1 mm), doch kann es durchaus für
  den Damm verwendet werden, da die Basis aus gutem Kies besteht. Eine einwandfreie Verdichtung mit laufender Kontrolle ist beim Einbau unerläßlich.
— Der fertiggestellte Dammkörper muß sodann möglichst rasch begrünt werden.
— Die Entwässerung der Dammbasis und der Oberfläche muß sorgfältig ausgeführt
  werden (Abb. 88 und 89): Am bergseitigen Damm erweisen sich Betonhalbschalen, die in einen bergseitigen Sammelschacht einmünden, als zweckmäßig.
  Eine Längsentwässerung mittels geschlitzter Kunststoffrohre mündet ebenfalls
  in den Sammelschacht, von dem ein Durchlaß in einen talseitigen Sammelschacht geführt wird. . In diesen mündet außerdem eine talseitige Längs-
  drainage von der tiefsten Stelle der Auskofferung. Ein Entwässerungsrohr führt
  vom Sammelschacht gegen NO in den natürlichen Graben, der bis zum Ende der
  Aushubschüttung mit Halbschalen ausgekleidet wird.
— Das Aushubmaterial des alten Dammes wird als Belastung des Dammfußes talwärts von ihm gelagert, beginnend in ca. 25 m Entfernung von der Bahnachse (Abb. 89). Am Kopf beträgt die Neigung des Belastungskörpers 1 : 15
  und am Fuß 1 : 4. Die Humusschicht und der Sumpf werden vor der Schüttung,
  welche in dünnen Lagen ausgeführt wird, bis auf ca. 0,5 m Tiefe ausgehoben,
  wobei man Wassersäcke sorgfältig zu vermeiden hat. Für die Verdichtung reicht
  das Gewicht der Schubraupe aus. Es ist in solchen Fällen zweckmäßig, diese
  Belastung des Fußes, besonders dort, wo die Sandschichten auskeilen, in Form
  eines sogenannten Terzaghi-Filters durchzuführen.

Dieses Projekt wurde aus Kostengründen nicht ausgeführt, zumal die Fre-
quenz an der Grenze zu Ungarn sehr schwach ist; man hat einen Kraftfahrzeug-
verkehr eingerichtet.

Es ist immer wieder zu beobachten, daß Dämme, welche seit der Zeit ihrer
Erbauung (oft 90 Jahre und mehr) in relativer Ruhe geblieben waren, plötzlich
ganz oder teilweise abrutschen.

Die Hauptursache liegt darin, daß man zur Zeit ihrer Erbauung noch keine
bodenmechanischen Überlegungen und Untersuchungen anstellte, wie das heute
selbstverständlich ist.

Es wurde also weder der Untergrund auf seine Tragfähigkeit und sein hydraulisches Verhalten (Entwässerungsmöglichkeiten etc.) untersucht, noch bei der Dammschüttung auf die heute gültigen Regeln, wie Einhaltung einer bestimmten Verdichtung und bestimmten Wichte, eines bestimmten Wassergehaltes und eines bestimmten E-Wertes, geachtet, weil die Technik damals noch nicht so weit war. Es ist ein Wunder, daß viele alte Dämme trotzdem so lange gehalten haben.

Ein bevorstehender Zusammenbruch kündigt sich meist durch das Auftreten größerer Risse und Verformungen des Dammes an. Es ist Aufgabe des aufmerksamen Bahnmeisters, solche Veränderungen sofort seiner vorgesetzten Dienststelle zu melden, welche dann die entsprechenden Maßnahmen treffen muß.

Treten die Veränderungen nur langsam, über längere Zeit hin, auf, so sind diese durch periodische Vermessung von Festpunkten zu beobachten, und zwar sind Bewegungen sowohl in horizontaler als auch in vertikaler Richtung zu erfassen und sofort graphisch aufzutragen.

Tritt eine merkbare Beschleunigung der Bewegung über ein gewisses, durch Erfahrung bestimmtes Maß hinaus auf, so ist der Verkehr einzustellen (vgl. Kapitel 5.1.7.).

6.2.5. Einbau einer Kiesschüttung an der Sohle und an den Flanken eines Einschnittes

Unterwasserkanal Silz, Tirol

Der ca. 1,1 km lange Unterwasserkanal führt vom Krafthaus Silz bis zum Lauf des Innflusses über ein Gebiet, welches aus sehr durchlässigen Sand-Kies-Alluvionen — den Ablagerungen des Inn — besteht. Ähnlich wie beim Kraftwerk Imst entschloß man sich, den 48 m³/sec führenden Kanal (Fließgeschwindigkeit ca. 1 m/sec) nicht mit Beton auszukleiden, sondern im Anschluß an eine Betonschwelle (Station 0,0) im Auslaufbereich des Krafthauses zwischen Station 2,68 und 23,0 m mit einer ca. 0,7 m dicken Blockwerkschicht, welche auf einer 0,15 m dicken Kiesschicht mit 32/64 mm Durchmesser liegt; bis Station 10,0 m wurde ein Vlies eingebaut. Von Station 2,68 m bis 5,0 m wurde an der Ecke zwischen der Sohle und der 1 : 1,5 bis 1 : 2 geneigten Böschung die Blockwerkschicht auf im Mittel 1,0 m verstärkt. Oberhalb des Wasserspiegels wurde die Böschung begrünt (siehe Abb. 91 a).

Ab Station 23,0 m wurde die Kanalsohle und die unter Wasser liegende Böschung mit einer Kiesschüttung von einem Korndurchmesser größer als 64 mm bedeckt. Die Dicke der Kiesschüttung beträgt an der Sohle 0,5 m, an der Ecke zwischen Sohle und Böschung ca. 1 m und verjüngt sich bis zur Oberfläche des Wasserspiegels auf ca. 0,6 m. Die Böschungsneigung beträgt 1 : 3 bis 1,2 m über der Sohle und darüber 1 : 2 (siehe Abb. 91 b).

Das Grundkonzept dieser Anlage besteht darin, daß der Kanal gegenüber dem umliegenden, sehr durchlässigen Boden nicht, z. B. durch eine Betonplatte, abgedichtet ist, sondern ein freies Spiel zwischen dem im Kanal fließenden Wasser und dem im umliegenden Boden befindlichen Grundwasser zuläßt. Ein eventueller Zufluß des Grundwassers zum Kanal ist für den Abfluß im Kanal bedeutungslos; desgleichen ist ein eventueller Abfluß des Kanalwassers in das Grundwasser völlig harmlos. Das Kanalwasser stammt aus dem besonders sauberen Abfluß der von den Sperren Finstertal und Längental gestauten Gebirgswässer.

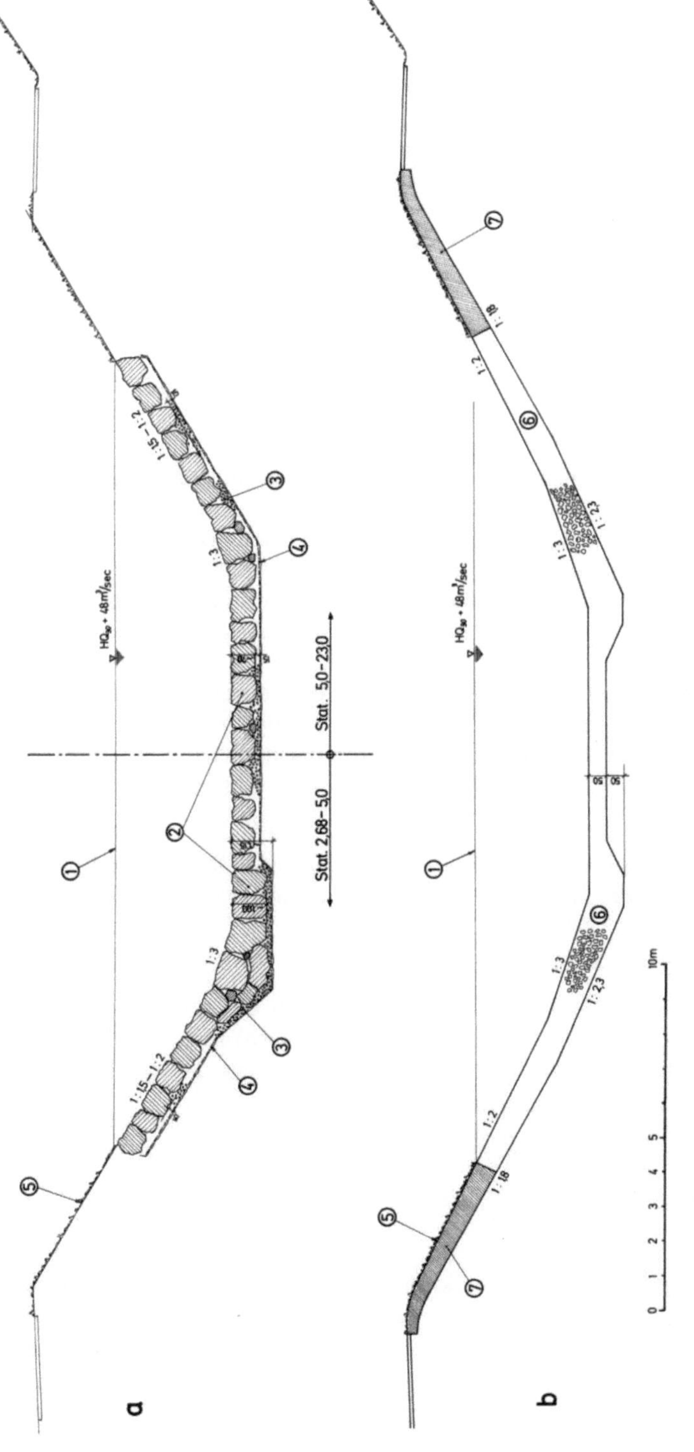

Abb. 91. Auskleidung des Unterwasserkanals Silz. *1* höchster Wasserspiegel, *2* Wurfsteine, *3* Überkorn, Durchmesser 32/64 mm, *4* Vlies, *5* Begrünung, *6* Steine > Durchmesser 64 mm, *7* Überlagerungsmaterial

Diese sehr wirtschaftliche Bauweise, welche sowohl genügend glatt ist als auch verläßlich die Böschung stabilisiert, vermeidet eine aufwendige Betonverkleidung, welche nur einen Sinn hätte, wenn der Kanal zeitweise von Schlämmstoffen gereinigt werden müßte, was aber bei der oben erwähnten besonderen Sauberkeit des Wassers nicht nötig sein dürfte.

Der Unterwasserkanal des Kraftwerkes Imst, der schon seit Juni 1956 in Betrieb ist, weist einen ganz ähnlichen Kanalquerschnitt auf, und es haben sich im Laufe des 21 1/2jährigen Betriebes bis zur neuerlichen Profilaufnahme im Dezember 1977 praktisch keine Querschnittsveränderungen ergeben.

6.2.6. Anbringen eines Terzaghi-Filters, um die Erosion von leicht beweglichen Feinsandschichten zu unterbinden

Über den Aufbau und die Wirkungsweise eines Terzaghi-Filters braucht wohl kein Wort verloren zu werden (Terzaghi, Peck, 1967). Es sei nur aus der praktischen Erfahrung des Verfassers darauf hingewiesen, daß es im Fall eines plötzlich auftretenden, meist sehr gefährlichen hydraulischen Grundbruches in der Regel aus Zeitmangel nicht möglich ist, den Filter aus mehreren Schichten, wie es der Regel entspricht, einzubauen. In einem solchen Katastrophenfall kann häufig die augenblickliche Gefahr gebannt werden, indem man als Filter einen meist sofort greifbaren, gleichmäßig abgestuften Betonzuschlagstoff auf die gefährdete Stelle aufbringt. Dieser darf auf keinen Fall Korn kleiner als 0,1 mm enthalten.

So werden die besonders labilen Körner des Feinsandes und des Grobschluffes (0,2 bis 0,02 mm) festgehalten, während die kleineren Kornfraktionen so viel Kohäsion aufweisen, daß sie beim hydraulischen Grundbruch in der Regel nicht in Bewegung geraten. Siehe Kapitel 6.2.4. und Beispiel 6.1.4.2./II.

6.2.7. Einbau von Steinrippen oder von stabilisiertem Bodenmaterial parallel zur Böschung. (Diese Maßnahme ist ungeeignet, wenn nicht der Gleitkreis durchschnitten wird.)

Ziegelgrube Budapest (Kézdi, 1976 b)

Die Bodenverhältnisse in einer Ziegelgrube bei Budapest sind durch eine unten liegende Schicht von hartem Ton (Kiscella-Ton) mit einer Neigung von ca. 1 : 15, auf welcher hangparallel, verwitterte, weniger feste Schichten von gelbem und braunem Ton liegen, gekennzeichnet ($w = 0,20$; $w_P = 0,25$; $w_L = 0,55$).

Infolge des Abbaues, mit einer Böschung von 2 : 3 und steiler, kam es in der Ziegelgrube zu Rutschungen. Der Rutschhorizont kann in ca. 8 m Tiefe in den oberen, gelben und braunen Schichten mit einer Neigung von ca. 1 : 6 angenommen werden. Die oberen Schichten befanden sich im Zustand des Kriechens; ihre Struktur war durch Verwitterung geschwächt, so daß ihr Scherwiderstand gering war und noch durch Strömungsdruck und Porenwasserdruck weiter vermindert wurde.

Eine ausreichende Sicherheit des Hanges kann nur durch Absenken des Grundwasserspiegels mittels eingebauter Sickerschlitze gewährleistet werden. Da eine vollständige Entwässerung wahrscheinlich nicht erreicht werden kann, sind, zur Sicherung des Berghanges, in der Fallrichtung stützende Sickerschlitze aus vliesumhülltem Grobkies mit eingelegten Plastikfilterrohren einzubauen. Diese Schlitze müssen unter die Gleitfläche reichen und ihre Wirkung ist ständig durch Messung der noch eventuell auftretenden Bewegungen und der Wasserschüttung zu beobachten (siehe auch 3.3.1.).

6.2.8. Aufbringen einer Gegengewichtsschüttung zur Stützung des Dammfußes

6.2.8./I Autobahn Deutschland

Gottstein berichtet aus der Bundesrepublik Deutschland über die Schüttung eines an der Basis 51 m breiten Autobahndammes, mit einer mittleren Böschungsneigung von 2 : 3, auf eine 45 m dicke Schluffschicht (eine eiszeitliche Seeablagerung). In der Zone des Dammes befand sich über dem Schluff eine 1,5 bis 4,0 m dicke Torfschicht (Gottstein, 1936).

Der Damm sollte projektsgemäß 8,7 m hoch gebaut werden; als seine Höhe 6 m erreichte, erfolgte ein fast die Hälfte des Dammkörpers umfassendes Abrutschen auf einer kreiszylindrischen Gleitfläche. Die Länge des Dammbruches betrug 120 m und im Laufe einiger Tage sackte die Bruchscholle bis zu 3 m tief ab. Bald nachher bildeten sich zwei weitere kreisförmige Gleitungen. Gleichzeitig hob sich das Gelände in einer Entfernung von ca. 10 m um etwa 2 m. Charakteristisch war auch die Neigung von 1 : 12 der abgesackten Dammoberfläche gegen die Straßenmitte.

Die bodenmechanischen Kennwerte des Schluffes in der Nähe der Oberfläche waren: $w \cong 50\%$, $w_L = 65\%$, $I_P = 23\%$, Dichte $\rho_s = 2,65$ t/m^3, $k_f = 6 \cdot 10^{-7}$ cm/sec, Korngröße: Sand 54%, Schluff 46%; 80% des Materials in HCl löslich. Eine Nachrechnung der Stabilität nach Petterson und Terzaghi (Terzaghi, 1936a) ergab einen Sicherheitsfaktor $\eta = 1,0$, was den instabilen Zustand des Dammes bestätigte.

Der Damm wurde wie folgt stabilisiert:

1. Es wurde eine Gegengewichtsschüttung aus möglichst schwerem Material von 2,5 m Höhe und 40 m Breite auf die Oberfläche der Torfschicht geschüttet.

2. Die restlichen 2,7 m Dammhöhe wurden aus möglichst leichtem Material (Hochofenschlacke) errichtet.

Der Sicherheitskoeffizient stieg durch diese Maßnahmen auf $\eta = 1,6$.

Interessant, was die Empfindlichkeit dieser Baumethode betrifft, ist, daß an einer Stelle, an welcher irrtümlicherweise die Gegengewichtsschüttung nur eine Höhe von 1,5 m Höhe hatte und die oberen 2,7 m Dammhöhe aus relativ schwerem Kiesmaterial geschüttet worden waren, sofort wieder Rutschungen der gleichen Art auftraten; sie hörten auf, sobald die oben beschriebenen Stabilisierungsmaßnahmen durchgeführt waren.

6.2.8./II Vermont (Kézdi, 1976c)

Unter dem Damm einer vierspurigen Autobahn zwischen Fair Haven und Castleton, Vermont, U.S.A., trat während der Bauzeit am 18. August 1970 ein Grundbruch ein. Der Untergrund bestand aus nacheiszeitlichem, weichem Bänderton und Schluff. In einer Tiefe von etwa 25 m unter der ursprünglichen Geländeoberfläche stand der Fels (dichter Schiefer) an und bildete unter dem Damm, zusammen mit dem Dammkörper der zweiten Fahrbahn, eine geschlossene Mulde, welche den Abbau des Porenwasserdruckes in den weichen Schichten hemmte.

Die wichtigsten bodenmechanischen Kennziffern waren: Dichte $\rho = 1,89$ t/m^3; Ton: $w = 0,42$; $w_L = 0,37$; $I_P = 0,16$; $c_{cu} = 0,02$ MN/m^2; $\varphi_{cu} = 12°$; $q_u = 0,037$ MN/m^2; Schluff: $w_L = 0,3$; $I_P = 0$.

Der Damm hatte zum Zeitpunkt des Bruches eine Höhe von ca. 12 m erreicht (Sollhöhe 13 m); die seitliche Berme hatte eine Höhe von ca. 5 m und eine Breite von 25 m. Der Damm und die Berme waren 1 : 2 geböscht.

Während des Baues war die Setzung des Dammes mit ca. 50 cm und der Porenwasserdruck mit 1,4 bar gemessen worden. Die Berechnungen an nur zwei Gleitkreisen hatten eine Gleitsicherheit von 1,17 ergeben. Während des Bruches, welcher mit einer Geschwindigkeit von 30 cm/min vor sich ging, sank der Damm um 3 bis 3,5 m, und die Berme erlitt eine seitliche Verschiebung von 8 bis 10 m. Eine Messung der Scherfestigkeit mittels Flügelsonde ergab nach dem Bruch 0,043 MN/m^2. Eine Nachrechnung mit diesem Wert führte zu einem Sicherheitsfaktor von 0,989.

Zur Wiederherstellung des Dammes wurden zunächst an seinen beiden Seiten je eine Berme, diesmal mit einer Breite von 65 m, also mehr als doppelt so breit wie jene vor dem Bruch, und 8 m hoch, also 60% höher, errichtet. Der Hauptdamm durfte erst nach Fertigstellung der Berme erhöht werden. Die Böschung des Dammes und der Berme blieb bei 1 : 2. Der Damm wurde fertiggestellt und der Verkehr läuft seit 1971 störungsfrei.

Welche Lehren sind nun aus diesem Grundbruch zu ziehen ?

1. Die Stabilitätsuntersuchungen gründeten sich auf nur zwei bodenmechanische Versuche; dies ist in einem so heiklen Fall zu wenig.

2. Es wurde die Berechnung der Sicherheit vor dem Bruch in stark vereinfachter Form mittels eines Rechenautomaten durchgeführt. Der Sicherheitsbeiwert war nahe 1. In einem solchen Fall muß sich die Berechnung auf mehrere Kreise erstrecken.

3. Die unterste Schicht des Dammes hätte aus einer etwa 1 m dicken Filterschicht bestehen sollen. Dadurch hätte die Konsolidierung beschleunigt werden können.

4. Der Sicherheitsbeiwert wurde vermindert, weil die angenommene Wichte des Dammes $\gamma = 20,8$ kN/m^3 auf 22,4 kN/m^3 erhöht wurde, da in dem ursprünglich vorgesehenen Tonmaterial auch Felsbrocken eingewalzt wurden.

5. Schließlich stieg der Porenwasserdruck ganz erheblich, weil unter der kritischen Zone die Felsoberfläche, zusammen mit dem in Schüttung befindlichen Nachbardamm, eine Mulde bildete und den freien Wasserabfluß aus dem Ton behinderte. Hier wäre der Einbau von Vertikaldrainagen vorteilhaft gewesen.

6.2.9. Stützmauern

6.2.9.1. Errichten einer Schwergewichtsmauer oder Winkelstützmauer aus Beton

Siehe Kapitel 3.2.3.

6.2.9.2. Unverankerte Pfahl- oder Schlitzwand mit beispielsweise T-förmigen Elementen

Bau der Olympischen Straße in Rom

Auch Stützmauern können, die traditionellen Typen ersetzend, durch Verwendung von Bohrpfahl- oder Schlitzwänden eine moderne und wesentlich zweckmäßigere Form erhalten, die bei gleichem Preis eine bessere Platzausnutzung gestattet. War doch der bisherige Bauvorgang für Stützwände (seien es massive oder aufgelöste, etwa Winkelstützmauern) so, daß zunächst der Boden unter Abstützung des Erdreiches bis zur nötigen Tiefe ausgehoben werden mußte und erst dann die Mauer aufgeführt werden konnte, wobei meist eine heikle Absteifung der Baugrube und eventuell Wasserhaltung erforderlich waren.

Der neue Mauertyp ist von der Geländeoberfläche aus herzustellen und stellt bereits das fertige Bauwerk dar, so daß nach dem Abgraben des vor der Mauer liegenden Erdreiches keine Nacharbeit mehr zu leisten ist. Das statische Grundkonzept dieses Mauertyps enthält den Gedanken der Wandversteifung durch T-Rippen; diese geben, wenn sie in Richtung zum Gelände angeordnet sind, einer als Kragplatte eingespannten Mauer eine plattenbalkenartige Wirkung. Eine über diesen Rippen liegende horizontale Platte (Entlastungplatte der Abb. 92) reduziert einerseits das Biegemoment und schirmt überdies einen bedeutenden Teil des Erddruckes von der Mauer ab. Zudem besteht die Möglichkeit (wie im nachfolgenden Beispiel ersichtlich), die Stützmauer durch eine vor ihrer Flucht liegende Straßenplatte abzustützen. Als Beispiel sei die Errichtung einer Stützmauer unter dem Kloster der „Padri bianchi" für den Bau der Olympischen Straße in Rom im Jahre 1961 gebracht (siehe Abb. 92 und 93).

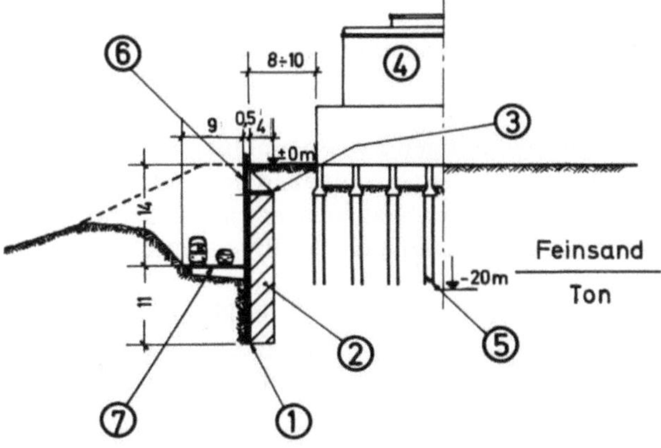

Abb. 92. Schnitt durch die Stützkonstruktion. *1* Bentonitschlitzwand, *2* Sporn, *3* Entlastungsplatte, *4* Gebäude, *5* bestehende Pfahlgründung, *6* auf die Schlitzwand aufbetonierte Mauer, *7* in die Schlitzwand eingespannte Fahrbahnplatte

Zum Bau der Olympischen Schnellstraße war ein tiefer Einschnitt vor dem bestehenden, auf Pfählen gegründeten Gebäude nötig. Die erforderliche Stützmauer konnte nicht verankert werden. Es wurde eine Schlitzwand mit spornartigen Fortsätzen ausgeführt. Der Grundriß ist plattenbalkenartig, die Ansichtsfläche eben; über den Sporen liegt zur Verminderung der Biegemomente in ca. 4 m Tiefe eine Stahlbetonplatte. Die Straßenfahrbahn ist eine Betonplatte mit Querträgern, die die Stützmauer an der gegenüberliegenden Straßenböschung abstützt. Die Stützwand bindet bis zu 11 m in den gewachsenen Boden ein; die freie Sichtfläche ist bis zu 14 m hoch und gestattet im Vergleich zu einer Mauer des traditionellen Typs eine bedeutend bessere Platzausnützung.

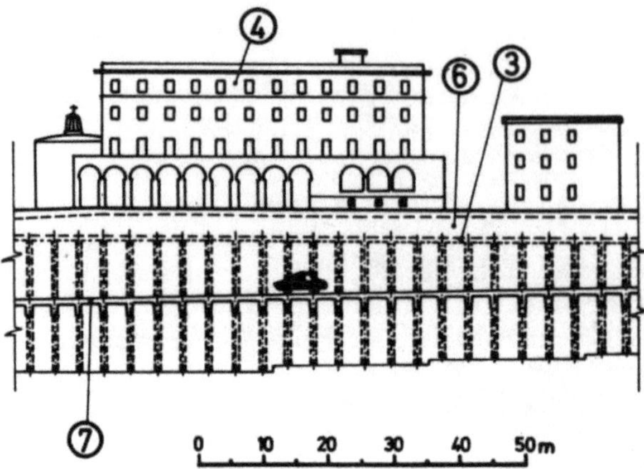

Abb. 93. Ansicht der Stützkonstruktion. *3* Entlastungsplatte, *4* Gebäude, *6* auf die Schlitzwand aufbetonierte Mauer, *7* in die Schlitzwand eingespannte Fahrbahnplatte

Im übrigen gilt das in Kapitel 3.2.3. Gesagte. Es sei noch hinzugefügt, daß das geschilderte Grundkonzept auch beim Bau von Brückenwiderlagern vorteilhaft verwendet werden kann.

Soll also z. B. im Zuge des Baues eines Autobahnknotens eine Über- bzw. Unterführung errichtet werden, so ist folgender Bauvorgang meist wirtschaftlicher und zeitsparender:

1. Bau der Widerlager und der eventuell nötigen Zwischenpfeiler als Schlitzwandelemente, z. B. in T-, H- oder I-Form von der Geländeoberfläche aus.

2. Sodann Bau der auf die Schlitzwandelemente aufgelagerten Brücke, wobei das natürliche Gelände als Unterstützung der Schalung für das Brückentragwerk dient.

3. Nach Erhärten des Betons kann der Aushub für die Unterführung unter der fertigen Brücke erfolgen, wobei die Brücke eventuell als Aussteifung der Widerlager dient. Gegenüber der traditionellen Bauweise erspart man sich also nach dem Erdaushub für die Unterführungstrasse dreierlei:

a) Den Aushub, die Verpölzung und die Verschalung für die Herstellung der Widerlager.

b) Die Schalung für die Pfeiler.

c) Die Errichtung eines Lehrgerüstes für den Bau des Brückentragwerkes.

Das Schlitzwandverfahren von der Bodenoberfläche aus bietet sich vor allem dann an, wenn bei schlechtem Untergrund eine Tiefgründung vorgesehen ist; dann muß die Schlitzwand mit der Doppelfunktion Stützkonstruktion und Gründungselement in einem einzigen Arbeitsgang in die erforderliche Gründungstiefe geführt werden (ICOS 3).

6.2.9.3. Verankerte Wand aus tragenden oder auch nicht tragenden Bohrpfählen
          bzw. Schlitzwandelementen

2 Beispiele von Hangsanierungen bei Gebirgsautobahnen (Brandl, 1976b)

Beim Autobahnbau im Gebirge ergibt sich oft die Notwendigkeit, hohe und übersteilte Hänge anzuschneiden. Dazu zwei Beispiele, beide vom Bau der Tauernautobahn im Lande Salzburg. Es standen dort schieferiger Hangschutt bzw. talkige, phyllitische Verwitterungsböden an, und die Hänge befanden sich schon im Urzustand im kritischen Grenzgleichgewicht oder nahe daran.

Beispiel I. Es handelte sich hier um einen rund 800 m langen Autobahnabschnitt, dessen Talflanken bis zu 1000 m hoch, meist stark übersteilt und naß waren, so daß bis zu 45 m hohe Hanganschnitte und 25 m hohe schmale Dammkeile erforderlich waren. Es standen schieferartige, phyllitische Gesteine mit starkem Glimmeranteil an. Die Schieferungsflächen fielen etwa parallel zur Hangneigung ein, und somit bestand, besonders bei Unterschneidungen, die Gefahr von Schichtflächengleitungen. Über der Felsoberfläche lagerten teilweise mächtige Partien von Verwitterungsschutt, Murenschutt und Reste von Moränenablagerungen, welche stark durchnäßt waren.

Im Zuge des Hanganschnittes traten auf eine Länge von ca. 250 m ausgedehnte Rutschungen mit breiten Rissen und Staffelbrüchen bis 3,5 m Höhe auf, die progressiv nach oben fortschritten und schließlich bis etwa 450 m hangaufwärts reichten. Nach einer längeren Ruhepause im Winter stiegen im Frühjahr die Bewegungen wieder auf mehrere Zentimeter in der Woche an, und die Autobahnböschung wurde bis zu 4 m nach außen gedrückt. Oberflächlich angelegte Drainagegräben hatten keine wesentlich stabilisierende Wirkung.

Trotz der schuppig-plattigen Kornform wies der Hangschutt einen Reibungswinkel von $\varphi_r' = 25°$ bis $30°$ auf. Untersuchungen ergaben, daß die Rutschungen weniger auf ein Absinken des Reibungswinkels, z. B. als Folge von Baumaßnahmen, zurückzuführen waren, sondern in erster Linie auf hangparallel und sogar hangauswärts gerichtete Strömungsdrücke des Sickerwassers.

Als *erste Sicherungsmaßnahme* wurden 13 Stützkörper aus schwerem Blockwerk eingebaut, und zwar 6 bis 7 m breit, 25 bis 35 m hoch (schräg bis 65 m), ca. 5 m dick und mit einer Neigung von 2 : 3 bis 4 : 7. Weiters wurden 12, etwa 30 bis 40 m tiefe, unter 15° steigende Drainagebohrungen im Bereich des Weges vorgetrieben (Rotations-Kernbohrungen, verrohrt mit Futterrohr von 118 mm Durchmesser, durchgehend geschlitzte Filterrohre). Siehe Abb. 94. Die Schüttung betrug anfangs bis zu je 1,2 l/sec und nahm allmählich auf 1,0 l/sec ab. Wichtig war es, die Bewegungen an 31 hangaufwärts gelegenen Beobachtungspunkten laufend zu kontrollieren. Es zeigte sich, daß die ersten Sicherungsmaßnahmen den Hang deutlich beruhigt hatten, daß aber Kriechbewegungen von einigen Zentimetern je Monat andauerten.

Daher wurde als *zweite Phase der Sicherungsarbeiten* eine verankerte, im Fels eingespannte Bohrpfahlwand am Hangfuß errichtet. Zur Erkundung der unregelmäßigen Felsoberfläche und der Wasserverhältnisse wurden Ergänzungsbohrungen vertikal abgeteuft. An einer Stelle wurde artesisch gespanntes Wasser angefahren, welches bei einer Schüttung von etwa 1,5 l/sec bis 2,5 m über Gelände anstieg. Die Schüttung nahm bis auf ca. 1 l/sec ab.

Im gefährdetsten Bereich wurde eine Bohrpfahlwand errichtet, die aus Scheiben (Achsabstand 2,30 m) mit je zwei überschnittenen Pfählen (Durchmesser 90 cm) bestand (siehe Abb. 95). Die vorderen Pfähle wurden durchgehend bewehrt. Die Scheiben wiesen ein großes Widerstandsmoment auf und ermöglichten den unbehinderten Durchtritt des Hangwassers in den Zwischenräumen. Die Pfahllängen variierten, je nach dem Gesteinszustand und der Tiefenlage der Felsoberfläche, zwischen 7 und 25 m.

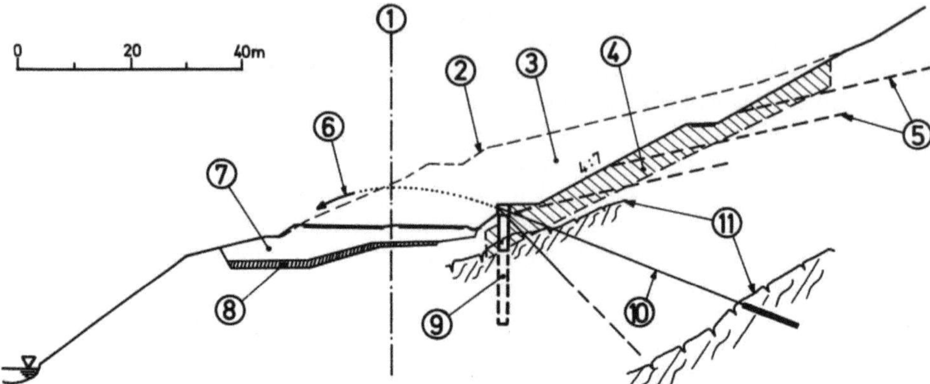

Abb. 94. Schnitt durch das Rutschungsgebiet und Sanierungsmaßnahmen im weniger
gefährdeten Bereich. *1* Autobahnachse, *2* ursprüngliches Gelände, *3* Naßboden, *4* Stützrippen,
5 Drainagebohrungen, *6* artesische Wässer, *7* Auffüllung, *8* Grobfilter, *9* Bohrpfähle,
10 Felsanker, *11* Felsoberfläche

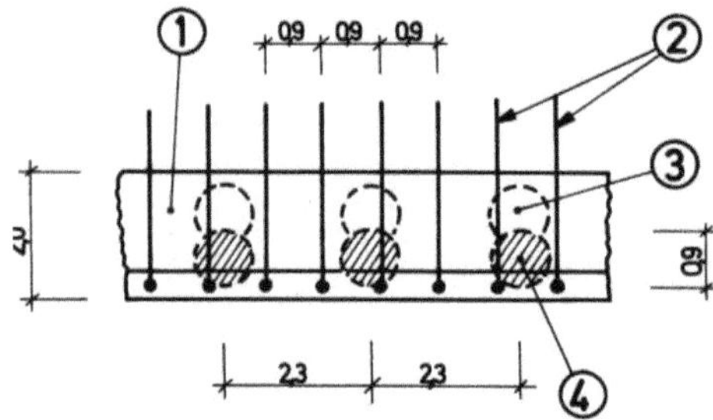

Abb. 95. Draufsicht auf die im gefährdetsten Bereich ausgeführte Bohrpfahlwand.
1 Pfahlkopfbalken, *2* Anker, *3* unbewehrter Pfahl, *4* bewehrter Pfahl

In den weniger beanspruchten Bereichen wurden Bohrpfahlwände aus Einzel-
pfählen (Durchmesser 90 cm, Achsabstand 2,10 m) oder Schwergewichts- bzw.
Raumgitterstützmauern errichtet. Zur Aufnahme und Ableitung der Ankerkräfte
wurden die Pfähle mit einem Pfahlkopfbalken biegesteif verbunden. Es wurden
90 Stück 1200 kN-Felsanker in Abständen von 0,9 bis 2,3 m eingebaut. Die Anker-
neigungen wurden zwischen 20 und 45° gespreizt, um eine örtliche Überbeanspruchung des Gebirges zu vermeiden. Die Ankerlänge betrug 20 bis 53 m, davon
ca. 8 m Haftlänge. Die Anker wurden auf nur 40% der rechnerischen Gebrauchs-
last vorgespannt, um geringfügige Bewegungen zu ermöglichen.

Im Zuge der Bohrpfahlarbeiten wurde im Mittelbereich der Wand gespanntes
Wasser angefahren. Die Schüttung betrug ein Vielfaches der durch die Entwässerungsbohrungen bereits gefaßten Menge. Die Vortriebsleistung wurde dadurch
stark gedrückt. Bei den folgenden Verankerungsarbeiten spritzten örtlich bis zu
30 m weit reichende Wasserfontänen aus den Bohrrohren. Der artesische Druck
war mit 7 atü wesentlich größer als der Betriebsdruck der Bohrhämmer, und daher
mußten vorerst fächerförmig um die Bohrungen angeordnete Entlastungsbohrun-
gen vorgetrieben werden. Die druckwasserführende Schicht bestand aus dem den

Fels überlagernden Geröll, das von einer dichten, schluffigen Grundmoräne überdeckt war (Abb. 96). Zu ihrer Entspannung wurden bergseits der Pfahlwand weitere rund 20 bis 30 m tiefe Entwässerungsbohrungen (Durchmesser 70 mm) vorgetrieben und Brunnen abgeteuft.

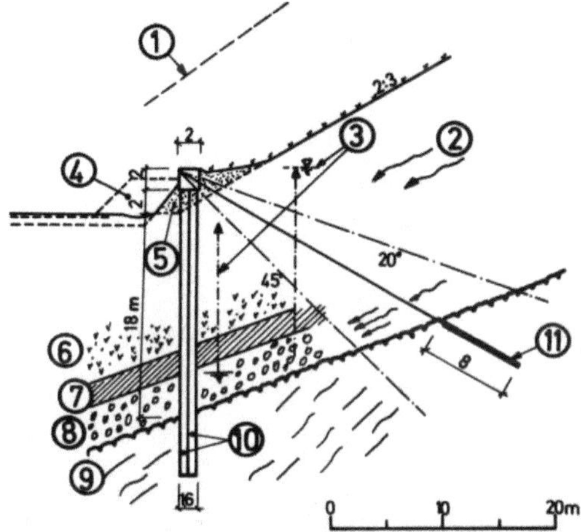

Abb. 96. Schnitt durch die im gefährdetsten Bereich ausgeführte, verankerte Bohrpfahlwand, *1* ursprüngliches Gelände, *2* Hangwässer, *3* Druckwasser, *4* Arbeitsberme, *5* bleibende Vorschüttung, *6* Hangschutt, *7* Grundmoräne (dicht), *8* Geröll (Verwitterungsschutt), *9* Fels, *10* Bohrpfähle, *11* Felsanker

Weiters wurden im Bereich bis ca. 500 m hangaufwärts umfangreiche Oberflächen- und Tiefendrainagen durchgeführt. Die maximale Gesamtschüttung aller gefaßten Hangwässer betrug rund 200 l/sec.

Beispiel II. Hier lag der Hangbereich in einer breiten geologischen Störung. Er bestand im wesentlichen aus talkigen, meist fein aufgearbeiteten, tiefgründigen Verwitterungsprodukten der Grauwackenzone, wobei örtlich Findlinge, ja sogar Härtlingszüge eingelagert waren. Am Hangfuß verzahnte sich abgeschwemmtes, organisch verunreinigtes, feinkörniges Verwitterungsmaterial mit Hochwasserablagerungen des Talbodens. Diese Bodenbildung reichte oft bis in eine Tiefe von 20 m. Der gesamte Hangbereich war stark durchfeuchtet. Das Liegende bildeten Talschotter und umgelagerte Kiesmoränen in mitteldichter bis dichter Lagerung.

Laboruntersuchungen hatten ergeben, daß die Grauwacken-Verwitterungsprodukte nur einen geringen Reibungswinkel besaßen; dieser hatte die Tendenz, besonders bei örtlicher Überbeanspruchung des Bodens und bei größeren Schubverformungen, auf einen Restscherwinkel $\varphi'_r = 10°$ bis $15°$ abzusinken. Es war also durchaus zu befürchten, daß progressive Brucherscheinungen infolge einer Einregelung der glimmerig-schuppigen Feinstkornanteile entlang von Gleitflächen auftreten könnten.

Dieser Hang, der sich schon vor Baubeginn nahe dem kritischen Grenzgleichgewicht befand, mußte auf eine Höhe von ca. 50 m angeschnitten werden. Es wurden umfangreiche Sicherungsmaßnahmen, wie Hangvorentwässerungen und Tiefdrainagen, Böschungsverflachung, Blockwürfe und Steinrippen, sowie Bodenauswechslungen und Gegengewichtsschüttungen durchgeführt.

Trotz einer Böschungsverflachung von 3 : 4, laut Straßenprojekt, auf 1 : 2,5, traten Staffelbrüche, metertiefe Geländeeinrisse und stärkere horizontale Bewegungen auf, die teilweise auch den bergwärts gelegenen Hochwald erfaßten, zu Ausbauchungen des unteren Hangbereiches um fast 4 m und an einer Stelle sogar zu einer bis zu 1,5 m hohen Hebung des Autobahnunterbauplanums führten (Abb. 97).

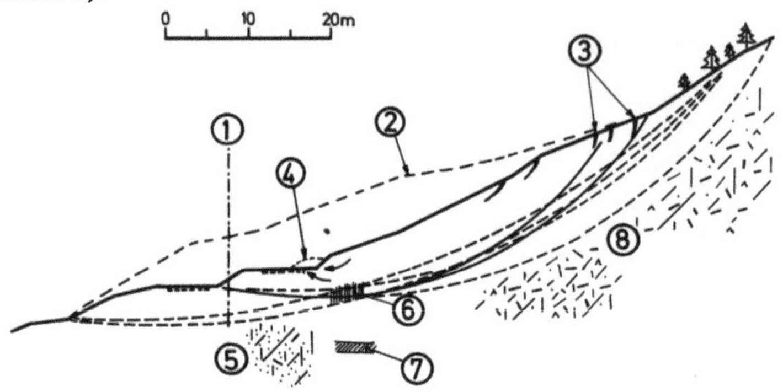

Abb. 97. Schnitt durch das Rutschungsgelände. *1* Autobahnachse, *2* ursprüngliches Gelände, *3* Geländeanrisse, *4* Aufwölbung, *5* organisch verunreinigte Talauffüllung und Verwitterungsprodukte, *6* Weichzonen, *7* alte Harnischzonen, *8* feinschuppige, talkige Verwitterungsprodukte

Als Sofortmaßnahme wurden zusätzlich zu den vorhandenen, autobahnparallelen Tiefendrainagen (Gesamtschüttung etwa 1000 l/h) in deren Einzugsgebiet, in mehreren Etagen, 17 Stück unter 15° steigende Entwässerungsbohrungen auf eine Tiefe von 20 bis 35 m vorgetrieben.

Weiters wurde als Stützkonstruktion eine 112 m lange, einfach verankerte Wand aus Pfahlscheiben mit zwei tangierenden Pfählen hergestellt. Der Achsabstand betrug 2,80 m. Beide Pfähle (bergseits d = 1,50 m, talseits d = 1,30 m) wurden bewehrt und mit einem durchgehenden Stahlbetonriegel (Kopfbalken) mit aufgesetzter Stützmauer biegesteif verbunden. Je Feld wurden zwei Stück 1000 kN Alluvialanker angebracht, jedoch nur auf 800 kN gespannt, um Bewegungs- und Kraftreserven zu besitzen.

Der Dimensionierung der Pfähle und Anker wurden zunächst die in Abb. 97 dargestellten Gleitkreise zugrunde gelegt. Deren Annahme richtete sich vor allem nach der Lage und Form der bergseitigen Staffelbrüche und Geländeanrisse, nach den Weichzonen ca. 7 m unter Autobahnniveau und nach den Bewegungsmessungen des Hanges. Zur Grenzwertbetrachtung wurde der Reibungswinkel φ' zwischen 15° und 25° variiert (die Kohäsion c' zwischen 0 und 20 kN/m²) und schließlich wurden die voll ausgezogenen Gleitflächen der Abb. 97 als maßgebend erachtet.

Die Rutschungssicherheit wurde nach der schwedischen Lamellenmethode, für die ein Computerprogramm vorlag, berechnet. Neben der idealisierten Annahme, daß die Erddrücke an den Lamellenseiten innerhalb des Rutschkeiles entgegengesetzt gleich groß seien (nur Momentenbedingung erfüllt), wurde der Ankerkraftermittlung annähernd der Schnittpunkt ihrer Resultierenden mit der Gleitflächensehne (und nicht mit dem Gleitkreis) zugrunde gelegt. Diese zusätzliche Annahme, die bei kleiner Kohäsion durchaus vertretbar ist, bietet den

Vorteil, daß die Größe der Ankerkraftresultierenden von der Höhenlage ihres Angriffspunktes unabhängig ist. Über die Sicherheit

$$\text{vorh } \eta = \frac{\Sigma \, (\Delta G \cdot \cos \alpha \cdot \text{tg } \varphi' + c' \cdot \Delta l)}{\Sigma \, \Delta G \cdot \sin \alpha}$$

ergibt sich für die erforderliche Ankerkraft (kN/m) der Ausdruck

$$A = \frac{\text{erf } \eta \cdot \Sigma \, \Delta G \cdot \sin \alpha - \Sigma (\Delta G \cdot \cos \alpha \cdot \text{tg } \varphi' + c' \cdot \Delta l)}{\sin \alpha_A \cdot \text{tg } \varphi'_A + \text{erf } \eta \cdot \cos \alpha_A}$$

erf η Geländebruchsicherheit = 1,25
ΔG Gewicht der Lamelle
Δl Lamellenlänge in der Gleitfläche
α Neigung der Lamellenbasis zur Horizontalen
α_A Winkel zwischen der Resultierenden A und der Gleitflächensehne
φ'_A Reibungswinkel im Bereich von A

Die Haftstrecken der Anker wurden mit 10 m Länge angenommen und lagen außerhalb der Gleitflächen.

Bei der Dimensionierung mußten sämtliche Bauzustände berücksichtigt werden: Solange die Pfahlscheiben nicht verankert waren, mußte man sie als unten eingespannt und freistehend ansehen. Bei den in einer Richtung fortschreitenden Pfahlbohrarbeiten zeigte sich eine ca. 5 bis 10 m weit vorgreifende Bewegungsabnahme des Rutschhanges, was das Ziehen der Verrohrung überhaupt erst ermöglichte.

Der erste Pfahl wurde zu Erkundungszwecken tiefer gebohrt, als es laut den Berechnungen statisch erforderlich gewesen wäre. Dabei wurden in 22 bis 24 m Tiefe glänzende Harnischflächen freigelegt. Mit Hilfe dieses Aufschlusses wurden nach der Rekonstruktion des vermutlichen ehemaligen Talbodens die in Abb. 98 dargestellten Gleitkreise a und b ermittelt, welche bei einem mittleren fiktiven Reibungswinkel von $\varphi' = 18°$ bis $20°$ und bei $c' = 0$ eine Sicherheit von etwa $\eta = 1$ aufwiesen. Da eine Reaktivierung dieser Gleitflächen nicht ausgeschlossen werden konnte, wurde kurzfristig umprojektiert, die Pfahllänge von 21 m auf 28 m vergrößert und die Bewehrung verstärkt. Die untersten, unverrohrt gebohrten Pfahlmeter wurden jeweils in situ besichtigt.

Da der Hang von stark kohlensäurehaltigen Wässern durchströmt war, mußten Sondermaßnahmen getroffen werden, und zwar verwendete man Hochofenzement mit mindestens 45% Schlacke, mindestens 350 kg/m³ Bindemittel und ein betonverflüssigendes Zusatzmittel. Der sich daraus ergebende Nachteil bestand in der geringeren Anfangsfestigkeit des Betons und der damit verbundenen Gefahr des Abscherens der jungen Pfähle. Daher führte man die vorauseilend hergestellten, bergseitigen Pfähle mit größerem Durchmesser aus. Zur Zeit der Pfahlherstellung war der Hang in Oberflächennähe noch mit ca. 4 bis 20 cm je Woche in Bewegung. Mit der Herstellung der Pfähle kamen die tiefgreifenden Rutschungen zum Stillstand. Im Anschluß an die Pfahlarbeiten wurde der Pfahlkopfbalken in Abschnitten von 28 m betoniert, die Stützmauer aufgesetzt sowie eine Begrünung des gesamten Geländes durchgeführt, wodurch auch die oberflächennahen Bewegungen zum Stillstand kamen. Um die gewünschte Sicherheit

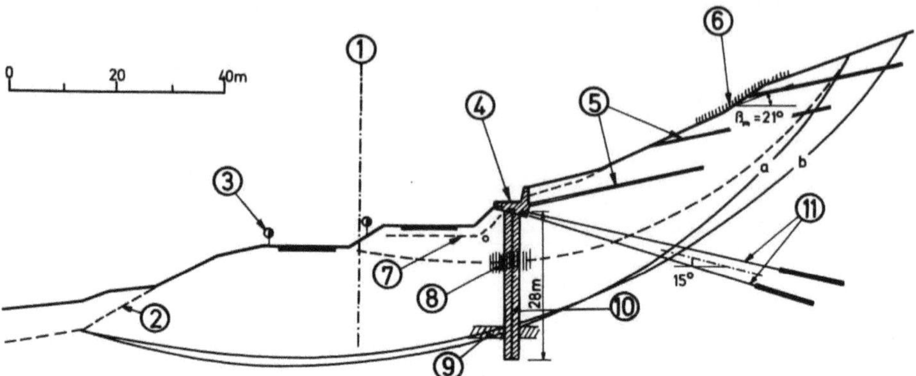

Abb. 98. Schnitt durch das Rutschungsgelände mit den ausgeführten Sanierungsmaßnahmen.
1 Autobahnachse, *2* vermutlicher alter Talboden, *3* geodätische Meßbasis, *4* Weg auf Pfahlkopfbalken, *5* Drainagebohrungen, *6* biologische Verbauung, *7* Vlies, *8* Weichzonen, *9* alte Harnischzonen, *10* Pfahlscheiben (Durchmesser 1,50 und 1,30 m), *11* Alluvialanker

zu erreichen, wurden Anker gesetzt, und zwar mußten trotz örtlicher Felspartien
Alluvialanker verwendet werden. Die Zeitspanne zwischen Bohren, Versetzen der
Anker und Injizieren mußte möglichst kurz gehalten werden, da die talkigen
Grauwackenschiefer bei Wasserzutritt rasch aufweichten bzw. Schmierzonen
bildeten. Eine Tragfähigkeitserhöhung der Anker konnte sowohl durch Nachver-
pressen im Zuge der Primärinjektionen als auch durch Aufsprengen der Haftstrecke
(24 Stunden nach der Primärinjektion) erzielt werden. Hierbei wurde mit Ver-
preßdrücken von 25 bis 35 bar gearbeitet. Ohne diese Sondermaßnahmen hätte
man die geforderten Vorspannkräfte nicht erreicht oder die zulässige Kriechver-
schiebung wäre überschritten worden. Weiters mußten die stark betonaggressiven
Wässer besonders berücksichtigt werden.

Die Verankerungsarbeiten wurden durch Kern- und Entwässerungsbohrungen
ergänzt, und das Verhalten der fertiggestellten Wandabschnitte wurde durch Span-
nungs- und Verformungsmessungen laufend kontrolliert. In jedem der 28 m
langen Teilstücke wurden zwei Meßanker sowie einzelne Ankerköpfe mit Meß-
tellern eingebaut.

6.2.9.4. Ankerwand, von oben nach unten hergestellt
Ankerwand bei Peggau, Steiermark

Die Trassenführung der vierspurigen Schnellstraße Graz—Bruck erforderte im
Abschnitt Peggau—Frohnleiten den Anschnitt eines steilen Bergrückens. Als Alter-
native zu dieser Erdbewegung wären nur ausgedehnte Kunstbauten in Frage
gekommen, was aber aus wirtschaftlichen und landschaftlichen Gründen von
vornherein verworfen wurde.

Der Hang hatte eine durchschnittliche Neigung von 40 bis 45°. Die Oberfläche bestand aus lehmigem Hangschutt; ein Ausbeißen von Felsformationen war
nicht zu sehen. Drei Schächte in Abständen von 15 m, je 3 m tief, und vier Kernbohrungen, ca. 20 m tief, wurden zur Erkundung der Untergrundverhältnisse an
der Böschungskrone niedergebracht. Entgegen allen Erwartungen traf man auf
keinen Fels; es kam vielmehr durch schluffig-sandige Beimengungen gekitteter

Schutt mit Findlingen, an einigen Stellen schluffiger Sand bis Sand zutage. Alle
Geröllteile zeigten kantige Formen. Bodenmechanisch wurde der Untergrund vom
Baugeologen als Lockerboden klassifiziert. Die Werte für den inneren Reibungswinkel wurden mit 35° bis 45° angegeben. Auch bei Einkalkulierung eines
gewissen Kohäsionsanteils war die bestehende Böschung als sehr steil zu bezeich-
nen und wahrscheinlich nahe dem labilen Gleichgewicht. Ein Anschneiden des
Fußes für eine herkömmliche Stützwand wäre mit allergrößten Schwierigkeiten
verbunden gewesen. Die Pölzungsmaßnahmen für die über 15 m hohe Geröllwand
wären praktisch undurchführbar gewesen. Zudem hätte ein unverankertes Stütz-
wandprofil erhebliche Abmessungen erfordert.

Dem anstehenden Boden war eine freie Standhöhe von nur 3 bis 4 m Höhe
zuzumuten. Deshalb entschied man sich für ein damals, im Jahre 1972, noch relativ
neues System (es wurde im Jahre 1968 im Zuge des Baues der Brennerautobahn
erprobt, Seltenhammer, 1968), nämlich für eine Stützmauer, die von oben nach
unten fortschreitend, in einzelnen, aus Platten bestehenden Streifen hergestellt
wurde (Abb. 99). Diese Stahlbetonplatten – ihre Größe wurde mit 6 × 2,5 m festgelegt – wurden je nach Erfordernis mit 2 bis 3 Ankern in die Tiefe verankert.
Der gesamte Anschnitt hatte eine maximale Höhe von 17 m, war mit 7 : 1 geneigt
und seine Länge betrug 206 m. Die Bestimmung der erforderlichen Ankerlängen
und Ankerkräfte wurde nach Schindler vorgenommen. Es ergaben sich Ankerlängen zwischen 11,0 m und 21,5 m. Die notwendige Vorspannung lag zwischen
380 und 880 kN pro Anker, wobei die erforderlichen Ankerkräfte von oben nach
unten zunahmen.

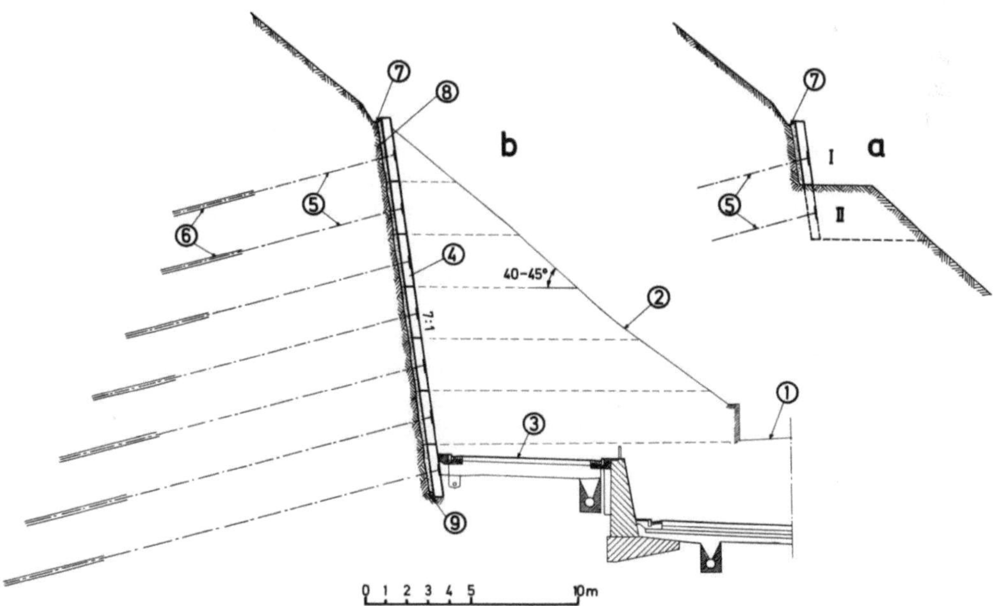

Abb. 99. Schnitt durch die Ankerwand. a) Bauphasen, b) Gesamtschnitt.
1 alte Straße, *2* ursprüngliche Böschung, *3* neue Straße und daneben Schnellstraße,
4 Stahlbetonplatten, *5* freie Ankerlänge, *6* Haftstrecke, *7* Oberflächenentwässerung mittels
Halbschalen, *8* Einkornbeton, *9* Drainagerohr, *I, II* Bauphasen I und II

Es ergab sich die Frage, wie ein möglichst wirtschaftlicher kraftschlüssiger Übergang von zwei übereinander liegenden Stahlbetonplatten gefunden werden könnte. Dieses Problem wurde durch die Form der Betonier- und Rüttelöffnungen und ihre günstige Verteilung zufriedenstellend gelöst. Zwischen Stahlbetonplatte und anstehendem Boden wurde eine Schicht Einkornbeton eingebracht, um eventuell anfallende Hangwässer sicher und rasch abzuleiten, die Unebenheiten zufolge des Abbaues auszugleichen und das Kapillarwasser bergseits der Platte fernzuhalten. Für die Oberflächenwässer wurde eine Entwässerung in Form einer Halbschale am Übergang des natürlichen Geländes zur Ankerwand angelegt.

Arbeitsphasen. Der Abtrag der einzelnen Abbaustufen wurde, wie in Abb. 99 a ersichtlich, vorgenommen. Die Aushubmassen an der Stelle der zu oberst liegenden Abbaustufe I wurden in einem Zug auf die ganze Länge abgetragen, sodann wurde der Einkornbeton eingebracht, wurden die Anker versetzt, die Stahlbetonplatten hergestellt und schließlich die Anker gespannt.

In den darunterliegenden Abbaustufen II bis VII ging man folgendermaßen vor: Zunächst wurde der Aushub unterhalb der bereits verankerten Platten für den Bereich der ganzen nächsten Plattenreihe so durchgeführt, daß ein Erdkeil unter dem natürlichen Reibungswinkel des Bodens als provisorische Stützung des Aushubes verblieb. Dieser Erdkeil wurde dann jeweils für eine Platte entfernt und die Platte wie oben beschrieben eingebaut, wobei stets zunächst ein Feld übersprungen wurde. Erst nachdem jede zweite Stahlbetonplatte fertiggestellt war, trug man die dazwischenliegenden Stützkeile ab und entfernte das restliche Aushubmaterial. Grundsätzlich erfolgte die Ankerlochbohrung nach Fertigstellung der Filterschicht. Das Versetzen der Alluvialanker erfolgte nach einem bewährten System einer Spezialfirma. Es soll in diesem Bericht auf derartige Details nicht weiter eingegangen werden.

Die Anker wurden nach der Herstellung der Betonplatten und deren Erhärtung gespannt, wobei entsprechende Prüfvorschriften einzuhalten waren. Um die Standsicherheit des Bauwerkes garantieren zu können, werden von Zeit zu Zeit geodätische Kontrollmessungen an der Ankerwand vorgenommen. (Bei besonders heiklen Verhältnissen werden Meßanker eingebaut, an denen von Zeit zu Zeit die Ankerspannung überprüft werden kann.)

Der große Vorteil dieser Ausführung liegt vor allem in der geringen Störung der natürlichen Verhältnisse des angeschnittenen Hanges. Außerdem können oberhalb des Anschnittes liegende Bauten durch diese Bauweise weiter bestehenbleiben, was bei einer Stützmauerkonstruktion wegen des relativ weit nach hinten greifenden Baueinflusses praktisch nicht möglich ist. Zudem ist bei der geschilderten Ausführung der Platzbedarf am Fuß der Wand sehr gering. Die Wirtschaftlichkeit ist natürlich nur bis zu gewissen Verankerungslängen gegeben.

6.2.9.5. Sonstige Stützwände

  I. Krainerwände
 II. Gabbionate
III. Bewehrte Erde
IV. Neue Ebenseer Wand
 V. Bodenvernagelung

Bei allen diesen Stützwänden wird eine gemeinsame Festigkeitswirkung zwischen einem Füllmaterial aus Steinen, einem lagenweise eingebauten Boden oder dem gewachsenen Boden selbst mit einem zugfesten Material wie Holz, Draht, Band- oder Rundstahl erzielt.

Sie alle leiten leicht das eventuell im Boden befindliche Wasser ab und können schadlos auch größeren Setzungsdifferenzen folgen.

6.2.9.5./I Krainerwände

Die Krainerwände werden so hergestellt, daß Rundhölzer mit einem Durchmesser von 25 bis 30 cm einerseits parallel zu den Schichtenlinien in Achsabständen von 40 bis 50 cm (Läufer), andererseits in Abständen von 1,5 bis 2 m senkrecht zu diesen, leicht von der Horizontalen nach unten geneigt (Binder, Länge je nach der Wanddicke), verlegt werden. Die Hölzer werden an den Kreuzungsstellen eingekerbt und mit Stahlklammern verbunden.

Die Hohlräume zwischen den Hölzern werden nach und nach, mit wachsender Höhe, mit örtlich vorhandenem, verdichtetem Bodenmaterial oder auch mit großen, geschlichteten Steinen (etwa 20 × 20 × 20 cm bis 40 × 40 × 40 cm) gefüllt; es entsteht auf diese Weise ein Körper, welcher durch das Zusammenwirken von Holz und Boden bzw. Steinen wie eine Stützmauer aus Mauerwerk wirkt und die Resultierende aus Eigengewicht und Erddruck sowie zusätzliche Lasten infolge von Gleiterscheinungen aufnehmen und stabil in die Gründungsfuge ableiten kann.

Außerdem hat diese Konstruktion den Vorteil, daß sie wasserdurchlässig ist und somit Wasserdrücke hinter der Wand sicher vermieden werden. Ferner kann sie auf nachgiebigem Untergrund ohne Beeinträchtigung ihrer Stabilität Setzungen folgen.

Für provisorische Bauten kann diese Bauweise, wenn etwa der geeignete Baustoff in nächster Nähe zur Verfügung steht, sehr wirtschaftlich sein und sie wird z. B. beim landwirtschaftlichen Wegebau gern verwendet.

Unter dem Sammelbegriff „Raumgitterstützmauern" werden von verschiedenen Firmen den Holz-Krainerwänden ähnliche Wände aus Stahlbetonfertigteilen angeboten, die neuerdings bei Stützmaßnahmen, besonders im Straßenbau, des öfteren Verwendung finden.

6.2.9.5./II Gabbionate

Der Grundgedanke für die Herstellung des Stützkörpers ist ähnlich wie bei der Krainerwand, d. h. ein an sich lockeres Gemenge aus groben, möglichst runden Steinen von 10 bis 20 cm Durchmesser wird durch ein grobmaschiges Drahtnetz (Netzweite 4 × 4 cm, Dicke des verzinkten Drahtes ca. 3 mm) so unverrückbar zusammengehalten, daß Blöcke von ca. 1 × 1 × 1 m entstehen; diese werden versetzt übereinander geschlichtet und wirken wie eine Stützmauer; sie sind, wie die Krainerwand, durchlässig und folgen schadlos auch größeren Setzungsdifferenzen des Untergrundes. Ihre Herstellung ist vor allem in holzarmen Gegenden sehr wirtschaftlich.

6.2.9.5./III Bewehrte Erde

Es ist dies eine Bauweise, für welche bereits in verschiedenen Ländern (Frankreich, U.S.A.) Normen bestehen (siehe auch Maluche, 1976).

Es handelt sich, ähnlich wie bei 6.2.9.5./I und II, um einen Verbundbaustoff aus Erde und einem zugfesten Stoff, in diesem Falle um lagenweise (mit einem vertikalen und horizontalen Abstand von ca. 75 cm) in den Boden eingebrachte Bewehrungsbänder mit einer Länge bis zu 25 m, einer Breite von 40 bis 120 mm und einer Dicke von 3 bis 5 mm, welche Zugspannungen aufnehmen und über Reibung in die Verfüllung abtragen können. Der Boden und die Bewehrungsbänder gelangen so zu gemeinsamer Tragwirkung.

An der Luftseite wird an die Bewehrungsbänder eine wasserdurchlässige Verkleidung aus Beton- ($d \cong 18$ bis 26 cm) oder Stahlplatten ($d = 3$ mm) angeschlossen und so ein Ausfließen des Bodens verhindert. Die Flexibilität dieser Verkleidung erlaubt dieser Konstruktion, auch größeren Setzungsdifferenzen schadlos zu folgen.

Eine auf einer Länge von 61 m um 9 m abgerutschte Hangstraße in Washington, U.S.A., wurde mittels zweier versetzt übereinander liegender Stützkörper aus bewehrter Erde gesichert. Der obere, auf welchem die neue Straße führte, war 6,70 m breit und 7,00 m hoch, der darunter liegende, den Hang sichernde Stützkörper hatte die respektablen Abmessungen von 16,7 m zu 12,0 m und wurde, um weitere Rutschungen zu vermeiden, abschnittsweise ausgeführt. Der Untergrund bestand aus auf hartem Schluffstein lagernden, schluffigen Tonen und verwittertem Schluffstein. Zur Ableitung des auf dem harten Schluffstein angetroffenen Wassers wurde dort ein Flächenfilter eingebracht. Diese Konstruktion war wesentlich billiger als die geplante Hangbrücke auf Pfahlgründungen.

6.2.9.5./IV Neue Ebenseer Wand

Es handelt sich hierbei um einen neuartigen Stützwandtypus, der sich besonders für große Wandbreiten und -höhen eignet. Die Vorderseite der Wand besteht aus Stahlbetonfertigteilen, die durch korrosionsgeschützte Stahlschlaufen mit an der Wandrückseite verlegten Umlenkelementen verbunden und dadurch zurückgehalten werden. Der Aufbau der Wand erfolgt, ähnlich wie bei der bewehrten Erde (6.2.9.5./III), lagenweise, wobei die einzelnen Lagen jeweils mit örtlich vorhandenem Bodenmaterial verfüllt und verdichtet werden. Der Vorteil dieser Wand gegenüber der bewehrten Erde ist der, daß die Stahlzugkräfte nicht durch Reibung, sondern über den Umlenkkörper, ähnlich wie bei einem Kreiszellenfangedamm, in den Boden eingeleitet werden, was eine bessere Ausnützung der Stahlbänder ermöglicht. Die Umlenkkörper können dabei beliebig nach rückwärts verlegt werden, wodurch eine bessere Verankerung erzielt wird.

Im Jahre 1977 wurden an meinem Institut Modellversuche durchgeführt, die eine große Tragfähigkeit und große Verformungsreserven ergaben. Die ersten ausführungstechnischen Erfahrungen konnten, ebenfalls 1977, bei einer kleineren Baustelle bei Kremsbrücke (Kärnten) gewonnen werden. Weitere praktische Erprobungen sind in Arbeit. Meines Erachtens handelt es sich um eine zukunftsweisende Entwicklung, vor allem auch, was die Erdbebensicherheit anlangt.

6.2.9.5./V Bodenvernagelung

Auch bei diesem Verfahren wird der Boden mit einer Stahlbewehrung versehen, d. h. es wird ein Verbundkörper geschaffen, wobei der Boden selbst als tragender oder stützender Baustoff mit herangezogen wird. Er bleibt dabei jedoch an Ort und Stelle und wird also nicht wie bei den Verfahren nach 6.2.9.5./III und IV um die Stahlzugbänder geschüttet und künstlich verdichtet, sondern der gewachsene, natürlich anstehende Boden wird, fortlaufend mit dem Aushub, mit einer Bewehrung, z. B. aus Gewindestahl, Durchmesser 22 mm, versehen.

Stocker, Bauer (1976) berichten eingehend über Modell- und Großversuche, um das Tragverhalten und die Bruchkriterien des Verbundsystems in verschiedenen Böden in Abhängigkeit von der Nagelart, Nagellänge und dem Nagelabstand zu studieren und Bemessungsmethoden auszuarbeiten.

Die Herstellung einer 7 m breiten und 6 m hohen Wand bei einem Großversuch erfolgte so, daß jeweils ein Aushub bis 1,5 m Tiefe hergestellt und dieser sofort mit einer bewehrten, 8 bis 10 cm dicken Spritzbetonschicht versehen wurde. Sodann rammte man, bei einem Horizontalabstand von 1,20 m, 3,0 bis 4,0 m lange Ankernägel aus Gewindestahl St 42/60, Durchmesser 22 mm, unter gleichzeitigem Verpressen mit Zementleim ein.

Nach Fertigstellung der Wand über die Höhe von 6 m und einer Belastung der Geländeoberfläche mit 0,26 MN/m^2 in einer Entfernung von 3,0 m von der Wandflucht, zeigten sich an der Wandoberkante Horizontalverschiebungen von nur rund 20 mm, am Wandfuß von weniger als 5 mm.

Erst nach dem Herausziehen der untersten Nagellage und dem Ziehen eines 0,9 m tiefen Grabens unterhalb der Wand kam es bei gleicher Last zu rasch zunehmenden Verformungen.

Dieses Verfahren kann nach Ansicht der Berichterstatter zur Sicherung von Baugrubenböschungen sowie von Rutschzonen an bestehenden Böschungen verwendet werden, wobei die Bodenvernagelung nicht eine Verankerung im herkömmlichen Sinne, sondern eine entschiedene Bodenverbesserung darstellt.

Es ist zu hoffen, daß bald von praktischen Anwendungen berichtet werden kann.

6.3. Synoptische Beschreibung einiger charakteristischer Rutschungen

Als Abschluß der Kapitel 6.1. und 6.2. sei in Form einer Tabelle eine übersichtliche Zusammenstellung der Ergebnisse der Untersuchungen sowie der gewählten Sanierungsmaßnahmen an Rutschungen in Japan gebracht. Diese Tabelle hilft sehr bei der statistischen Erfassung und möglichst genauen Typisierung von Rutschungen sowie bei der Auswahl der Sanierungsmaßnahmen. Sie bezieht sich auf einige Rutschungen in der Nähe der Städte Kanazava, Toyama und Nagano[6].

Der Verfasser hat nach einem Besuch der in Tab. 2 beschriebenen Rutschungen den folgenden Kommentar verfaßt:

Wenn man die besuchten Rutschungen nach dem Grad der erzielten Sanierung einteilen will, so kann folgendes gesagt werden:

---

[6] Am 8. Mai 1947 bewirkte das Zenkoji Erdbeben mit der Magnitude 7,4 nach der Mercalli-Skala in der Provinz Nagano ca. 44.000 Rutschungen.

Tabelle 2

		KAMENOSE	KURUMI	KODOMARI
ORT	LÄNGENGRAD (O) BREITENGRAD (N) PRÄFEKTUR	135°40'20"–135°41'5" 34°34'40" 34°35'10" OSAKA	136°55'40"– 136°56'30" 36°55'10" 37° 6'25" TOYAMA	138° 0'5" – 138°0'15" 37° 6'10" – 37°6'25" NIIGATA
MORPHOLOGISCHE KENNWERTE	LÄNGE L_R/L_T (m) BREITE W_R/W_T (m) HÖHE H_R/H_T (m) GEFÄLLE G_R/G_T (m) TIEFE D_{AV}/D_M (m) FLÄCHE A_R/A_T (ha) VOLUMEN V (m³)	1,130 / 1,130 1,030 / 1,030 (max.) 216 / 216 10,8° / 10,8° 40 / 75 54 / 55 22,000,000	1,500?/ 1,550 450?/480 265?/270 10.0°/9.9° 25?/50 68?/74 18,500,000	250/400 140 / 140 65 / 100 14,6°/14.0 4,3 / 15? 3.5/5.6 150,000
GESCHICHTE DER HAUPTBEWEGUNG		1931 in Toge 1953 in Shimizudani 1967 in Shimizudani und Toge	? 1917 1926 1941 Juli 1964	? . . . März 1963
ART DER RUTSCHUNG	(HATANO and OYAGI 1977) (VARNES 1975)	Rutschung d. Felsuntergrundes u. unkonsolidierten Bodens, Fels u. Geröllrutschung	Rutschung d. Felsuntergrundes u. unkonsolidierten Bodens Fels u. Geröllrutschung	Rutschung unkonsolidierten Bodens und Muren Erdrutsch und Muren
BEZIEHUNG ZWISCHEN BEWEGUNGSRICHTUNG UND GEOLOGISCHEM AUFBAU		in Richtung des Fallens	entgegengesetzt zum Fallen	entgegengesetzt zum Fallen
GEOLOGIE	GESTEINS=KUNDE	andesitische Lava, Tuff u. Tuffbrekzie Sandstein u. Konglomerat	Tonstein u. Tuff	Tonstein
	ALTER	Miozän (Tertiär)	Miozän	Miozän
MATERIALEIGENSCHAFTEN	BEWEGTE MASSE	Geröll:Schluff Sand Blöcke Felsmassen	Geröll:Schluff > Ton Sand Kies Blöcke Felsmassen	Geröll Boden: Ton Schluff Sand Kies
	NAHE DER GLEITFLÄCHE	Ton, Sandstein, Tuff Fließgrenze C': 30–90 kN/m³ φ': 19– 22°	Tuff mit natürlichem Wassergehalt C': 23–78 kN/m³	
	UNTER DER GLEITFLÄCHE	Fels Umkehrrechnung C': 20 kN/m³ φ': 11°	Tuff 10% über natürlichem Wassergehalt C': 4–15 kN/m³	
GRÖSZE DER BEWEGUNG	JÜNGSTE (DURCHSCHN.)	~ 5 cm/Jahr	1–7 cm/Jahr	?
	MAXIMUM	0,5 m/Tag (1931)	2–3 m/sec (1964)	0,03 m/sec (1963)
KONTROLLARBEITEN		Oberflächendrainagen Drainagetunnels Statische Brunnen Rammen v. Stahlrohren Tiefgründungen Abschieben v. Böden	Oberflächendrainagen Statische Brunnen Zusammengesetzte Bohrungen Rammen v. Stahlrohren Abflachen d. Hanges Wildbachverbauung	Drainagen Gerammte Stahlrohre Stütz-od. Ankerwände
BODENNUTZUNG		Landwirtschaft	Landwirtschaft, Wald	Landwirtschaft
ZU LÖSENDE PROBLEME		1) Beziehung zwischen den beiden Gebieten Schimizudani u. Toge 2) Einfluß durch d. Bauaus= führung des R. Yamato auf d. Stabilität des Togegebietes	1) Künftige Instabilität des Gebietes hinter den Haupt- u. Seitenanrissen	1) Künftige Instabilität im Gebiet hinter den Anrissen

Anmerkung:
L_R Horizontale Länge der Anrißzone
L_T Horizontale Länge der Gesamtrutschung
W_R Breite der Anrißzone
W_T Breite der Rutschung
H_R Gesamtfläche der Anrißzone
H_T Gesamtfläche der Rutschung
G_R Neigung der Anrißzone
G_T Neigung der Rutschung (Kopf bis Fuß)
D_{AV} Durchschnittliche Tiefe der Gleitfuge
D_M Maximale Tiefe der Gleitfuge
A_R Fläche der Anrißzone
A_T Fläche der Rutschung

SARUKUYOJI	KAMIHIRAMARU	CHAUSUYAMA	IKADANI
138° 19′ 30″– 138° 19′ 40″ 37° 0′ 10″ 37° 0′ 45″ NIIGATA	138°19′25″ – 138°19′40″ 36°56′5″ 36°56′35″ NIIGATA	138° 6′ 35″– 138° 7′ 48″ 36°35′2″ 36°35′30″ NAGANO	136°58′0″ – 136°58′58″ 36°54′48″ – 36°55′10″ TOYAMA
180/1.700 200/250 60/280 18,4°/9,4° 5°/? 3,6/43 2.150.000	480/950 300/400 140/240 16,3°/14,2° 5/10 14/30 1.500.000	800 / 1.900 200/450 (max.) 120/300 8,5°/9,0° 20/80 16/38 9.000.000	1.230/1.250 250–400/300–400 232/232 10,7°/10,5° 30/40 37/38 11.400.000
? . . 1100 . 1900 . .	? Frühjahr 1932 Frühjahr 1945 Frühjahr 1958 Dezember 1963 Dezember 1964 April 1969 April 1970 April 1974	8 Mai 1947: Zenkoji Erdbeben 1884: Sprünge 1898: Fußhebung 1911~: merkbare Bewegungen 1930~: Fließen	1907 Großrutschung 1935 —— " —— 1938 —— " —— 1939 —— " —— 1954 —— " —— 1957 Kleine Rutschung 1961 —— " —— 1977 29. März
Kriechen von unkonsolidierten Boden Erdrutsch (oder Kriechen)	Rutschung unkonsolidierten Bodens und Muren Erdrutsch und Muren	Rutschung unkonsolidierten Bodens und Muren Erdrutsch und Muren	Rutschung d. Felsuntergrundes u. unkonsolid. Bodens Fels-u. Geröllrutschung
schräg zum Fallen	parallel zum Streichen (normal zum Fallen)	fast parallel zum Streichen (normal zum Fallen)	fast in Richtung des Fallens
Tonstein Miozän	Tonstein Miozän	Tonstein Sandstein und Tuff Miozän	Tonstein Sandstein und Tuff Miozän
Boden: Schluff = Ton > Sand W: 30–40% c': 11–28 kN/m² φ': 19°–31°	Boden: Schluff > Ton > Sand W: 26–31% c': 12–29 kN/m² φ': 2°– 9° q_u: 43–49 kN/m²	Geröll: Sand Ton Kies Blöcke Felsmassen	
Ton ≥ Schluff > Sand W: 40–50% c': 23 kN/m² φ': 12°	Schluff > Ton > Sand W: 30–32% c': 15– 19 kN/m² φ': 9°–12°		
Verwitterter Tonstein W: ~30% c': 42–49 kN/m² φ': 38°–46°	Verwitterter Tonstein W: 14–19% q_u: 1300 – 3200 kN/m²		
1–3 m/Jahr	Kriechrutschung: 1–2 m/Jahr Fließen 2 m/sec (1970)	0,8 m/Jahr 93 m/Jahr (1933–1935)	0,5 m/sec
Oberflächendrainage Tiefdrainagen Veder's Methode	Oberflächendrainagen Statische Brunnen Wildbachverbauung Versuchsdämme Gerammte Stahlrohre	Oberflächendrainage Filterbrunnen Statische Brunnen Drainagetunnels Dichtungswand Gerammte Stahlrohre Wildbachverbauung	Oberflächendrainage Horizontalbohrungen
Landwirtschaft	(Landwirtschaft) Ödland	Natürlicher botanischer u. zoologischer Garten	Landwirtschaft
1) Wird sich der verwitterte Fels unter der Gleitfläche instabil verhalten? 2) Auftreten weiterer rascher Rutschungen hinter dem Hauptanriß infolge Erdbeben, schweren Regens etc.	1) War der Bereich I eine alte Rutschmasse großen Ausmaßes 2) Dynamische Beziehung zwischen Bereich I und Bereich II	1) Aufbau des Felsuntergrundes im Rutschgebiet	1) Künftige Instabilität der Rutschmasse 2) Künftige Instabilität unbewegter Massen im unteren Teil der Rutschung

Aus GUIDE-BOOK FOR EXCURSIOS OF
LANDSLIDES IN CENTRAL JAPAN
JULY 1977, THE JAPAN SOCIETY OF LANDSLIDES

A) Rutschhänge, welche praktisch vollkommen stabilisiert sind:
   1) Rutschhang an der Straße 8 zwischen Toyama und Joetsu City
      (nicht in Tab. 2)
   2) Kamihiramaru-Rutschung
B) Rutschhänge, welche weitgehend saniert sind und nur mehr kleine Bewegungen zeigen, welche dauernd gemessen werden.
   1) Kamenose-Rutschung
   2) Kurumi-Rutschung
   3) Chausujama-Rutschung
   4) Kodomari-Rutschung
C) Rutschhänge, welche noch nicht zur Ruhe gebracht wurden und an welchen
   einerseits die Bewegung des Bodens an der Oberfläche und in verschiedenen
   Tiefen — vor allem hervorgerufen durch Grundwasserspiegelschwankungen —
   und andererseits die Wirkung verschiedener Sanierungsmaßnahmen beobachtet
   wird.
   1) Sarukuyoji-Rutschung
D) Rutschungen, welche sich plötzlich in der jüngsten Zeit gebildet haben.
   1) Ikadani-Rutschung

Bei einer synoptischen Betrachtung der besuchten Rutschungen können meines
Erachtens noch folgende gemeinsame charakteristische Merkmale festgestellt
werden:
1) Mit Ausnahme der Rutschung Kamenose und Ikadani ist die Gleitfläche über
   große Flächen hin praktisch parallel zur Geländeoberfläche, d. h. es handelt
   sich meist um Translations-Rutschungen (Skempton et al., 1969) und
   nicht um Rotations-Rutschungen.
2) Die Gleitflächen liegen in der Regel an der Grenzfläche zweier verschiedener
   Gesteinstypen und sind unabhängig vom Streichen und Fallen der Schichten.
3) An der Gleitfläche konnte stets Wasser beobachtet werden, meist aber in sehr
   geringen Mengen, gleichsam als Film.
   Der Porenwasserdruck dieses Wassers ist als eine der Hauptursachen der
   Rutschungen anzusehen (siehe Beobachtung bei der Chausuyama-Rutschung,
   wo durch Drainage-Arbeiten der Wasserspiegel um 20 m abgesenkt und die
   mittlere jährliche Verschiebung von 130 cm auf 20 cm vermindert werden
   konnte). Gleiches gilt für fast alle anderen Rutschungen.
4) Fast alle Rutschungen haben sich durch das Auftreten von Rissen an der
   Geländeoberfläche angekündigt. Treten solche auf, müssen sofort die potentiellen Gleitflächen gesucht und Sanierungsmaßnahmen eingeleitet werden.
5) Im gesamten Rutschungsgebiet, vor allem in der Nähe des Kopfes der Rutschung,
   waren kleinere oder größere Wassertümpel festzustellen. Diese Tümpel geben oft
   dem Wasserfilm an der Gleitfläche neue Nahrung.
6) Die Rutschungen treten meist während oder nach starken Regenfällen oder zur
   Zeit der Schneeschmelze auf (bei der Ikadani-Rutschung lagen im Winter 1976–
   1977 bis zu 6780 mm Schnee; am 6. März lagen nur noch 1300 mm und bis
   18. März war aller Schnee abgeschmolzen). Es ist klar, daß diese plötzlich
   anfallenden großen Wassermassen den Porenwasserdruck stark ansteigen lassen.
7) Sehr häufig treten Rutschungen auf, wo schon früher solche zu beobachten waren.

Diese Gebiete müssen also, auch wenn sie momentan in Ruhe sind, stets im Auge behalten werden; hierzu ist es nötig, den Porenwasserdruck an den Gleitflächen und wenn möglich die elektrische Potentialdifferenz zwischen den Schichten ober- und unterhalb der potentiellen Gleitfläche durch periodische Messungen in Beobachtungsbohrungen zu erkunden; auch muß die eventuelle Bewegung der Bodenoberfläche periodisch beobachtet werden. *Die zu treffenden Sanierungsmaßnahmen sind wie folgt zusammenzufassen:*

1) Da der Porenwasserdruck des an den Gleitflächen auftretenden Wassers offenbar die Ursache der Rutschungen ist, muß dieses mit allen Mitteln entfernt und sein weiteres Eindringen verhindert werden.

   Hierzu gehört:

   a) Austrocknung von Tümpeln, welche am Kopf und an der Oberfläche der Rutschung zu finden sind.

   b) Verschließen von Rissen durch ein Gemisch von Sand + Zement + Bentonit + Wasser, um das Eindringen von Wasser zu verhindern.

   c) Sorgfältiges Ableiten des Oberflächenwassers, welches bei Regen und während der Schneeschmelze anfällt.

   d) Drainagearbeiten durch kombinierte vertikale und horizontale Schächte und Tunnel bzw. Drainage-Bohrungen.

   e) Abbau der elektrischen Potentialdifferenzen an der Gleitfläche durch Einführen von Kurzschlußleitern nach System Veder.

2) Hierzu kommt die Beobachtung der Bewegung der Rutschmassen durch Vermessung von Oberflächenpunkten, Extensometer an der Geländeoberfläche, Inklinometer, Verformungsmesser an der Gleitfläche etc.

3) Aus den Ergebnissen dieser Beobachtungen kann auf die erfolgte Beruhigung der Rutschung bzw. auf die noch nötigen weiteren Sanierungsmaßnahmen geschlossen werden.

6.4. Zusätzliche Sanierungsmaßnahmen

Als nur fallweise nötige zusätzliche Maßnahmen sei der Verbau gegen Lawinen und Murgänge nochmals erwähnt, und es sei wiederholt, daß diese oft sehr umfangreichen Arbeiten Spezialbauwerke sind, die nicht Gegenstand dieses Buches sind.

Jedenfalls ist die Begrünung als wichtiger Teil praktisch aller hier besprochenen Sanierungsmaßnahmen (siehe Kapitel 6.1. bis 6.2.9.5.) anzusehen und als deren Abschluß stets durchzuführen.

Durch eine zweckmäßige Begrünung kann die Stabilität eines rutschgefährdeten oder eines bereits mit anderen Methoden sanierten Hanges wesentlich erhöht werden, und zwar bewirkt die Begrünung eine Stabilisierung der oberflächennahen Bodenschichten, denn in der Folge zeigt sich

   1. eine Verminderung des Oberflächenabflusses,

   2. ein gewisses Austrocknen dieser Schichten,

   3. eine Verfestigung durch das Wurzelgeflecht der Pflanzen.

Es ist bekannt, daß Böden, die mit Gras bewachsen sind, bis zu einer Tiefe von etwa 2 m einen um ca. 10% geringeren Wassergehalt aufweisen als an der Oberfläche.

Ist Buschwerk vorhanden, reicht dieser Einfluß über eine Tiefe von 3,5 m. Andererseits verhindert eine kompakte Grasnarbe ein Austrocknen des Bodens und damit die Bildung von Schwindrissen.

Was die stabilisierende Wirkung von Bäumen und Sträuchern betrifft, sind solche am geeignetsten, welche dem Boden am meisten Wasser entziehen, also Birken, Erlen, Espen, Pappeln und Weiden; weniger geeignet sind Nadelbäume. Allerdings muß beachtet werden, daß die älteren Bäume bei zunehmendem Gewicht den Kopf der Rutschung nicht ungünstig belasten. Bäume mit einem größeren Stammdurchmesser als 30 cm müssen geschlagen und durch jüngere ersetzt werden.

Ein radikaler Kahlschlag muß jedoch unbedingt vermieden werden, denn dieser bringt eine Veränderung des Grundwasserhaushaltes mit sich; außerdem fällt die stabilisierende Wirkung des Wurzelgeflechtes weg, und es kann wieder zu Rutschungen kommen. Es ist bekannt, daß Pflanzenwurzeln besonders dort stark wachsen, wo das Feuchtigkeitsdargebot groß ist. Durch den Lebensprozeß der Pflanzen wird aus der empfindlichen Schichtfläche, z. B. zwischen braunem und blauem Ton, Wasser entzogen und dadurch eine stabilisierende Wirkung erzielt. Werden die Bäume ohne Ersatz gefällt, dann steigt der Wassergehalt an der gefährlichen Grenzschicht, und es kann kurze Zeit nach dem Kahlschlag zu Rutschungserscheinungen kommen. Der Verfasser hat Rutschungen solcher Art mehrmals durch Einführen von Kurzschlußleitern in Form von Stahlstäben saniert.

Bei mangelhaftem Bewuchs können sich an der Oberfläche Erosionsrinnen bilden, und dadurch kann das unerwünschte Eindringen des Wassers in den Boden gefördert werden. Hier sei auch der schädliche Einfluß des Weideviehs auf den Bewuchs des Hanges hervorgehoben. Vor allem Kühe reißen das Gras büschelweise aus seinem Verband und beschädigen durch ihr Gewicht die Grasnarbe und oberflächliche Drainagegräben; Schafe hingegen fressen die jungen Sprösslinge von Büschen und Bäumen, was die Arbeit des um die Verjüngung und Aufforstung seines Baumbestandes bemühten Forstingenieurs oft sehr erschwert, wenn nicht überhaupt unmöglich macht. Ein ehemals grünes, nun aber verkarstetes Gebiet ist nur sehr schwer zu revitalisieren.

Eine vorzügliche Maßnahme zur raschen Begrünung ist ein Verfahren, das ein Gemisch von Bitumen, Stroh und Grassamen auf die kahle Bodenoberfläche aufspritzt (Schiechtelverfahren). Das Bitumen bewirkt, daß das Stroh am Boden haftet, und es bildet mit ihm zusammen den festsitzenden Nährboden für die sich rasch entwickelnde Grasnarbe. Zusätzlich bildet ein schachbrettförmig angelegtes Flechtwerk aus Weidenzweigen oder ein Gerippe aus Betonstäben einen vorzüglichen Halt. Größere Risse in der Oberfläche sollten durch ein Gemisch aus Sand. Wasser, Bentonit und Zement möglichst wasserdicht verfüllt werden (siehe Beispiel 6.1.4.1./I).

Zur Vermeidung der schädigenden Wirkung von Steinschlag können Steilhänge mit einem Netz aus einem grobmaschinen Nylongewebe geschützt werden. wodurch ein Begrünen erleichtert wird.

6.5. Dauerhaftigkeit der Sanierungsmaßnahmen

Die in den Kapiteln 6.1. bis 6.2.9.5. beschriebenen Sanierungsmöglichkeiten sind bei sachgemäßer Planung und Ausführung als dauerwirksam anzusehen. Ihre Lebensdauer entspricht durchaus der anderer Bauwerke.

Nach meiner Erfahrung hat es ein Versagen vorwiegend dann gegeben, wenn der Einbau von Drainagen auf Grund nicht ausreichender Voruntersuchungen vorgenommen wurde, was eine falsche Lage und/oder falsche Tiefe der Einzelstränge bewirkte. Eine weitere Versagensursache liegt in einem dem neuesten Stand der Technik nicht mehr entsprechenden Aufbau der Drainagen, wie z. B. bei der örtlich noch praktizierten Verlegung von Beton- oder Tonrohren, weil dadurch unter anderem keine Filterwirkung und keine Dauerwirksamkeit gewährleistet werden kann; es mag sein, daß dieses System örtlich wirtschaftlicher ist.

Mitunter kann es bei umfangreichen, teuren Sanierungsmaßnahmen zielführend sein, diese zunächst nicht in ihrem vollen Umfang auszuführen, wobei allerdings besonderes Augenmerk auf ständige Kontrolle zu legen ist. Sollte es sich herausstellen, daß die Ausführung des Projektes im vollen Umfang nötig ist, kann diese nachträglich erfolgen. Es handelt sich in solchen Fällen um die öfters besprochene, von Terzaghi empfohlene „Beobachtungsmethode".

7. Physikalische Chemie der Rutschungen in Schluff- und Tonböden

Von F. Hilbert

7.1. Einleitung

Die Rutschungserscheinungen lassen sich generell in zwei große Kategorien einteilen. Einerseits gibt es Rutschungen, die durch rein mechanische Ursachen verursacht werden (z. B. Ansteigen des hydrostatischen Druckes, Unterspülung, Frosteinwirkung), ohne daß die physikalische und chemische Beschaffenheit des Bodenmaterials sich ändert. Andererseits gibt es aber auch eine große Zahl von Rutschungen, die nicht durch eine Veränderung der wirkenden mechanischen Kräfte ausgelöst werden, sondern durch eine Veränderung der physikalischen Eigenschaften des Bodens selbst. Diese wohl gefährlichste Art von Rutschungen wird dadurch verursacht, daß der Boden teilweise (in Gleitschichten) oder als Ganzes seine ursprüngliche Festigkeit verliert. In Extremfällen kann eine Verflüssigung (Liquifaktion) eintreten, bei der sich dann vorher feste Böden wie eine Flüssigkeit verhalten.

Die für Rutschungen dieser Art anfälligen Böden bestehen nicht aus makrokristallinen Bestandteilen, sondern sind (zumindest teilweise) aus kolloiden Teilchen (Größe 0,5 μm bis herab zu 1 nm) zusammengesetzt. Die Ursachen und Erscheinungsformen solcher Rutschungen werden erst verständlich aus dem kristallographischen und chemischen Aufbau dieser kolloiden Teilchen und aus den besonderen Eigenschaften, die durch die geringe Teilchengröße bedingt sind.

Eine allmähliche oder auch momentane Abnahme der Festigkeit eines Bodens ist in nahezu allen Fällen durch seinen Gehalt an kolloiden Tonmineralen bzw. Schluffen bedingt. Die Wirkung und der Mechanismus der Wasseraufnahme und -abgabe, des Austausches von Salzen, der Quellung, der Plastifizierung und Thixotropie werden durch diese kolloiden Tonmineralien bestimmt. Bei allen diesen Erscheinungen spielen auch elektrokinetische und Reduktions-Oxidationsphänomene oft eine beträchtliche Rolle. In den folgenden Abschnitten sollen daher zunächst die Eigenschaften kolloider Systeme allgemein und die der Tonminerale im besonderen dargestellt werden.

7.2. Hochdisperse (kolloide) Bodenbestandteile

7.2.1. Kolloide, allgemeine Eigenschaften

Der Begriff „Kolloid" stammt aus dem Bereich der Silikate. Schon vor mehr als einem Jahrhundert wurde erkannt, daß sich z. B. hydratisierte (wasserhältige)

Kieselsäure unter bestimmten Bedingungen wie tierische Leimsubstanzen verhalten kann. Aus dieser Ähnlichkeit wurde nach dem griechischen Ausdruck für Leim der Begriff „Kolloid" geprägt, als Bezeichnung für eine ganze Klasse von Substanzen.

Das wesentliche Merkmal der Kolloide ist die geringe Größe der Teilchen, aus denen sie bestehen. Jeder Stoff kann sowohl grobdispers (Teilchengröße $> 0{,}5\ \mu$m) als auch kolloiddispers (0,5 μm $>$ Teilchengröße > 1 nm) auftreten. Bei kolloiden Stoffen sind nicht mehr nur die Stoffeigenschaften bestimmend, sondern vor allem die Eigenschaften der Oberfläche. Daß die Eigenschaften der Oberfläche mit abnehmender Teilchengröße immer mehr in den Vordergrund treten müssen, ist aus dem Verhältnis Volumen/Oberfläche mit abnehmender Teilchengröße leicht zu erkennen. Wenn man von einem Würfel mit der Kantenlänge 1 cm ausgeht, so beträgt das Volumen 1 cm^3 und die Oberfläche 6 cm^2. Zerteilt man diesen Würfel in kleine Würfel von der Kantenlänge 100 μm, so beträgt das Volumen immer noch 1 cm^3, die Oberfläche aller Würfel jedoch schon 0,06 m^2. Verkleinert man die Kantenlänge bis in den kolloidalen Bereich und zerteilt den ursprünglichen 1 cm^3-Würfel in solche von der Kantenlänge 10 nm, so erhält man 10^{18} Würfel mit einem Gesamtvolumen von 1 cm^3, aber einer Oberfläche von 600 m^2.

Aus dem oben Gesagten wird unmittelbar plausibel, daß für die Einordnung eines Stoffes in die Klasse der Kolloide die Größe der „spezifischen Oberfläche" maßgeblich ist. Unter spezifischer Oberfläche versteht man die Oberflächengröße pro tatsächlicher Volumseinheit (wie in dem obigen Beispiel der Zerteilung eines Würfels) oder die Oberflächengröße pro Gewichtseinheit (die für einen Stoff mit bestimmtem spezifischen Gewicht der Oberflächengröße pro Volumseinheit proportional ist). In der Praxis wird die spezifische Oberfläche meist in m$^2 \cdot$g^{-1} angegeben, weil aus mehreren Gründen, die hier nicht wesentlich sind, das spezifische Gewicht kolloider Stoffe nicht einfach zu bestimmen ist.

Als wichtigste Konsequenz ergibt sich aus der Zuordnung nach der spezifischen Oberflächengröße, daß zu den kolloiden Stoffen auch solche gerechnet werden müssen, bei denen die Teilchen nur in einer oder zwei Dimensionen kolloide Größe haben. So sind etwa die fadenförmigen Moleküle von Kunststoffen oder von Zellulose als Kolloide einzustufen, obwohl ihre Länge oft weit über den kolloiden Bereich hinausgeht; und auch, was in diesem Zusammenhang viel wichtiger ist, die meist plättchenförmigen Teilchen der Tonminerale, bei denen nur die Dicke der Plättchen in den kolloiden Bereich fällt, während Länge und Breite oft viel größer sind. Einen Eindruck von der Größe und Form solcher Teilchen vermitteln die elektronenmikroskopischen Abb. 100 und 101 (aus Wagner, 1974). Kolloide Stoffe können sowohl amorph (ohne definiertes Kristallgitter) als auch kristallin sein. Fast alle kolloiden Tonminerale sind kristallin (in den Abb. 100 und 101 erkennt man sehr gut die plättchenförmigen Kristalle), während künstlich hergestellte kolloide Silikate meist amorph sind.

Der hochdisperse Stoff muß jedoch keineswegs immer ein Feststoff sein, obwohl natürlich die festen hochdispersen Stoffe in den natürlichen Böden für unsere Diskussion die wichtigsten sind. Es gibt jedoch auch hochdisperse flüssige oder gasförmige Stoffe.

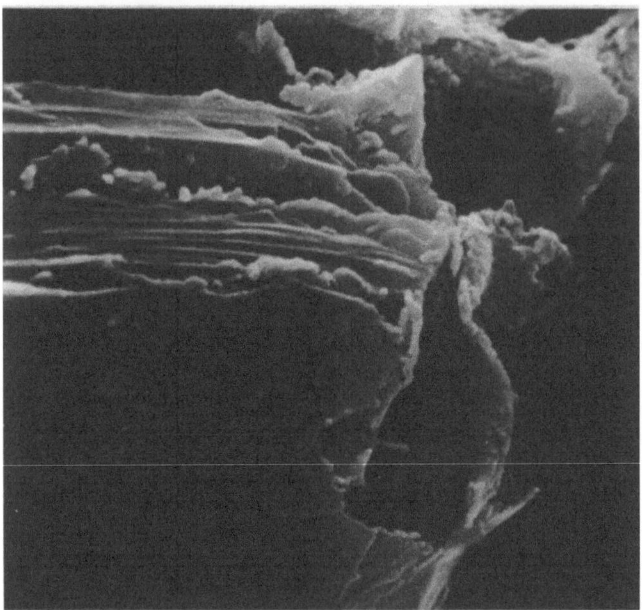

Abb. 100. Parallelgeschichtete plättchenförmige Kristalle einer ungestörten Probe aus braunem, festem Lehmboden. Der Wassergehalt ist gering, die Scherfestigkeit hoch. Elektronenmikroskopische Vergrößerung 14000mal

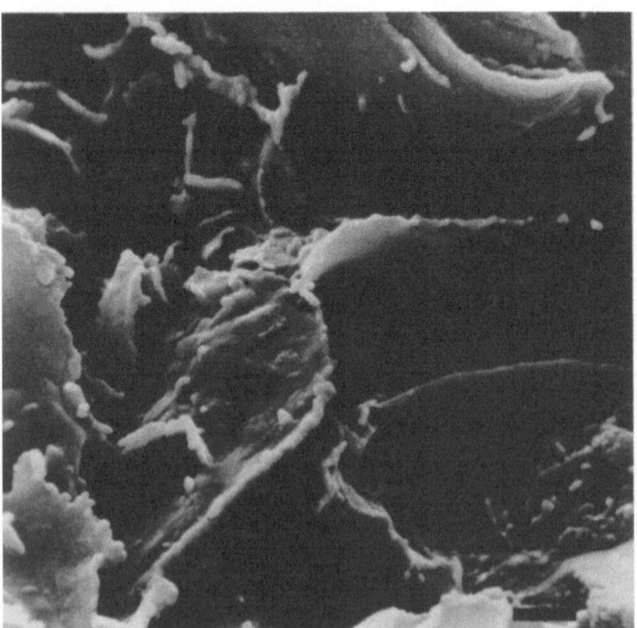

Abb. 101. Ungeordnete plättchenförmige Kristalle von Tonmineralien aus einer Rutschzone (Grenzschicht blauer Lehm/brauner Lehm). Die Plättchen berühren sich nur an Ecken und Kanten und bilden eine „Kartenhausstruktur". Die Scherfestigkeit ist niedrig, der Wassergehalt hoch. Elektronenmikroskopische Vergrößerung 14000mal

Der Ausdruck „hochdisperser Stoff" bedeutet ganz allgemein das Vorhandensein sehr kleiner Teilchen mit sehr großer spezifischer Oberfläche. „Dispergiert" heißt jedoch „verteilt" und kommt daher, daß diese kleinen Teilchen meist in einer zweiten Phase, die homogen ist, fein verteilt sind. Ist die homogene Phase im Überschuß vorhanden, so spricht man von einer kolloiden Lösung, einer kolloiden Dispersion oder von einem *Sol*.

Ein solches Sol kann durch Koagulation (= Ausflocken) in ein *Gel* übergehen; dabei lagern sich die kolloiden Partikel zusammen, so daß makroskopische Teilchen entstehen, die unter dem Einfluß der Schwerkraft zu Boden sinken.

Hochdisperse Stoffe können prinzipiell auf zwei Arten gebildet werden. Einerseits kann durch Zusammenlagerung kleinerer Teilchen (kleineren Molekülen, Ionen) zu größeren Aggregaten (kolloide Moleküle, kolloide Kristalle, kolloide amorphe Festkörper, kolloide Flüssigkeitströpfchen und kolloide Gasblasen) der kolloide Dispersionsgrad erreicht werden. Auf diese Art sind die meisten der natürlichen kolloiden Silikate entstanden (vgl. weiter unten). Andererseits kann man durch Zerteilung größerer Einheiten zu kolloiden Teilchen gelangen. Diese mechanische Zerteilung erfordert einen sehr beträchtlichen Energieaufwand und führt praktisch nie zu vollständiger Überführung des Ausgangsmaterials in kolloide Teilchen; dieses Zerkleinerungsverfahren besitzt jedoch große praktische Bedeutung in der Industrie (z. B. Zementherstellung).

Die Eigenschaften kolloiddisperser Festkörper, mit denen wir uns im weiteren allein beschäftigen wollen, unterscheiden sich sehr von denen derselben Stoffe bei makroskopischer Partikelgröße. So beträgt die Sinkgeschwindigkeit im Wasser bei Teilchen mit einem Durchmesser von 0,0001 cm und einem spezifischen Gewicht von 3,5 noch etwa 4 cm in 24 Stunden, während Teilchen mit einem Durchmesser von 0,00001 cm nur mehr einige Millimeter pro Tag sinken. Bei noch kleineren Teilchen wird die Sinkgeschwindigkeit rasch unmeßbar klein. Diese großen Unterschiede in der Absetzgeschwindigkeit kann man benützen, um einerseits grobdisperse Feststoffe von kolloiddispersen durch Sedimentation zu trennen und um andererseits auch die kolloiden Partikel selbst nach Größe bzw. spezifischem Gewicht in Fraktionen aufzutrennen. Auch eine Größenbestimmung kolloider Teilchen ist möglich. Sowohl die Fraktionierung als auch die Größenbestimmung kolloider Teilchen wird in Ultrazentrifugen unter vielfacher Erdbeschleunigung durchgeführt.

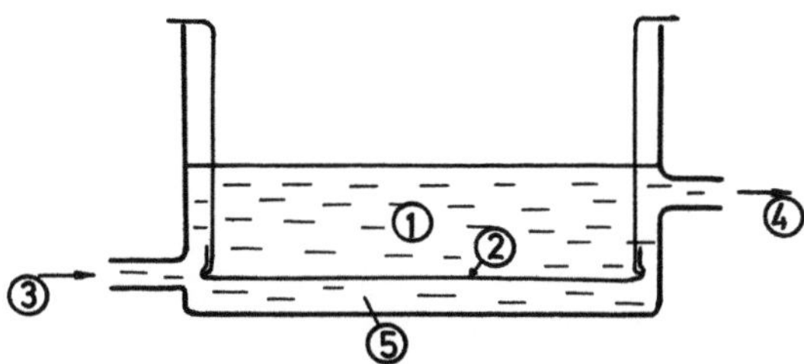

Abb. 102. Dialysator zum Ionenaustausch in kolloiden Stoffen. *1* Innenbehälter mit kolloidem Stoff, *2* halbdurchlässige Membran (durchlässig für Ionen, undurchlässig für Kolloidteilchen). *3* Zufluß der Außenlösung, *4* Abfluß der Außenlösung vom äußeren Behälter, *5* Außenbehälter mit Außenlösung

Eine andere Methode kann angewendet werden, um echt gelöste Stoffe von kolloiden Teilchen zu trennen. Beim Dialyseverfahren benützt man ebenfalls den Größenunterschied, nur sind in diesem Fall die Kolloidteilchen die weitaus größeren Bestandteile. Die kleinen, echt gelösten Moleküle oder Ionen (Größenordnung 10^{-8} bis 10^{-7} cm) können halbdurchlässige Membranen aus Pergamentpapier, Kollodium oder Kunststoff durchdringen, während die größeren Kolloidteilchen durch die kleinen Poren der Membran gar nicht oder nur sehr langsam durchtreten. Wenn in einem Dialysator (Abb. 102) die kolloide Lösung im Raum (1) und ständig erneuertes, reines Wasser im äußeren Raum (5) ist, so werden die echt gelösten, kleinen Moleküle oder Ionen durch die halbdurchlässige Membran (2) herausdiffundieren, so daß nach genügend langer Zeit in (1) nur mehr der reine kolloiddisperse Stoff und Wasser verbleiben. Dieses Prinzip der Dialyse ist auch für natürliche kolloide Böden von großer Bedeutung; im Boden wird die halbdurchlässige Membran durch den Boden selbst gebildet, d. h. die an Grund- oder Oberflächenwasser angrenzende Bodenschicht ist als kolloiddisperses Gel selbst eine nur den Durchtritt von echt gelösten Molekülen oder Ionen gestattende Schicht. Auf diese Art können in dem Porenwasser des Bodens enthaltene gelöste Stoffe (und auch adsorbierte Ionen, vgl. weiter unten) bei entsprechend langen Zeiträumen aus dem Boden ausgewaschen werden; dabei kann der Boden auch seine physikalischen Eigenschaften wesentlich verändern, bleibt aber im allgemeinen Sinn ein Festkörper. Zur Auswaschung von gelösten Bestandteilen ist es also keineswegs erforderlich, daß der Boden mit Wasser aufgeschlämmt wird, so daß alle Teilchen in direkten Kontakt mit der auswaschenden Flüssigkeit kommen. Der Vorgang der Dialyse ist auch umkehrbar. Wenn man in Raum (5) der Abb. 102 eine echte Lösung (z. B. Kochsalzlösung) bringt, werden die Natriumionen und Chloridionen dieser Lösung in den Raum (1) hineindiffundieren und ein dort befindliches Kolloid wird mit Kochsalz angereichert. Auch diese Aufnahme von echt gelösten Stoffen ist für natürliche Böden von großer Bedeutung; ebenso wie durch die Entfernung gelöster Stoffe aus dem Porenwasser können auch durch neu eintretende Stoffe die physikalischen Eigenschaften des Bodens verändert werden.

Beide Phänomene, sowohl die Dialyse als auch ihre Umkehrung, werden durch elektrische Felder stark beeinflußt, wenn die aus dem Kolloid heraus- oder in das Kolloid hineinwandernden Partikel elektrische Ladungen tragen, also Ionen sind.

Insbesondere für die hier interessierenden Zusammenhänge ist die Einteilung der Kolloide in *hydrophile Kolloide* und *hydrophobe Kolloide* wichtig.

Hydrophile Kolloide sind solche, die gegenüber Wasser eine geringe Oberflächenspannung besitzen und daher von Wasser gut benetzt werden. Das ist besonders bei solchen Stoffen der Fall, die eine chemische Verwandtschaft zu Wasser besitzen und daher Wassermoleküle an ihrer Oberfläche mehr oder weniger fest zu binden vermögen. Dadurch entsteht ein an der Oberfläche anhaftender Wasserfilm, der auch bei einer Ausflockung der Teilchen aus einer kolloidalen Lösung (Übergang vom Sol zum Gel) erhalten bleibt, so daß auch im anscheinend trockenen und festen Gel die Teilchen nicht im direkten Kontakt miteinander, sondern durch Wasserfilme voneinander getrennt sind. Auf hydrophile Kolloide haben auch verständlicherweise die Eigenionen des Wassers, die aus der Dissoziation $H_2O \rightarrow H^+ + OH^-$ immer vorhandenen positiv geladenen Wasserstoffionen H^+ und die negativ geladenen Hydroxylionen OH^-, einen sehr großen

Einfluß. Der Übergang vom Sol zum Gel und umgekehrt ist daher von der Konzentration der Wasserstoffionen bzw. Hydroxylionen im vorhandenen Wasser abhängig. Für alle hydrophilen Kolloide ist daher der *pH*-Wert des umgebenden Wassers von großer Bedeutung; der *pH*-Wert wird in der Chemie als Maß für die Konzentration von H^+- bzw. OH^--Ionen gebraucht und entspricht annähernd dem negativen Logarithmus der H^+-Konzentration ($pH = -\log c_{H^+}$; vgl. 7.2.2.3.2.). Da praktisch alle kolloiden Bodenbestandteile hydrophil sind. sind die Eigenschaften der hydrophilen Kolloide für das hier behandelte Thema besonders wichtig. Hydrophobe Kolloide kommen in der Natur kaum vor, da sie sehr instabil sind und die Teilchen dazu neigen, sich wieder aneinander zu binden. Weitere Eigenschaften der Kolloide sollen unten am konkreten Beispiel von Tonmineralen dargestellt werden.

7.2.2. Tonminerale und ihre Eigenschaften

Alle Tonminerale sind sekundär gebildet, d. h. sie sind aus den primären Erstarrungsgesteinen (magmatischen Gesteinen) durch mechanische und chemische Verwitterung entstanden. Die chemische Zersetzung der Erstarrungsgesteine vollzieht sich unter der Einwirkung von kohlensäurehaltigem Wasser und von Sauerstoff; auch andere Säuren natürlichen Ursprungs (z. B. Huminsäuren aus der Zersetzung organischer Stoffe) können daran beteiligt sein. In erster Linie sind hier die Zersetzungsprodukte der Aluminium- und Magnesiumsilikate zu erwähnen. Die Auslaugung dieser Silikate führt im allgemeinen zu einer völligen Zerstörung der kristallinen Ausgangsstruktur. Dabei findet oft direkt am Ort der Zersetzung ein Neuaufbau von Mineralen unter Mitwirkung von in kolloidaler Lösung befindlicher Kieselsäure, Aluminiumhydroxid und anderen Stoffen statt. So entsteht z. B. Kaolinit durch teilweise Auslaugung der Kieselsäure und vollständige des Kaliums aus dem Primärmineral Kalifeldspat, wobei sich durch chemische Umsetzung das neue Mineral bildet. In anderen Fällen werden nur einige Bestandteile durch Wasser gelöst und abtransportiert, während der Rest unverändert als sogenanntes Rückstandssediment zurückbleibt oder auch rein mechanisch als Geschiebe oder suspendierter Feststoff vom Wasser verlagert wird. Bei dieser Fortspülung durch Wasser treten oft ausgesprochene Trennungen nach Teilchengröße und spezifischem Gewicht auf, weil die kleinsten und leichtesten Teilchen naturgemäß vom Wasser am weitesten transportiert werden. Die aus den Primärgesteinen herausgelösten Bestandteile können an anderen Stellen infolge chemischer Reaktionen untereinander oder durch Verdunstung oder Abkühlung des Wassers wieder ausgeschieden werden und bilden dann sogenannte Ausscheidungssedimente. Der oben erwähnte Kaolinit steht also zwischen den Rückstands- und den Ausscheidungssedimenten, da die zu seiner Bildung führende chemische Reaktion am Ort der Verwitterung stattfindet.

Wird Gesteinsmaterial mechanisch vom Wasser mitgeführt und abgelagert, so bilden sich zunächst Lockersedimente, zu denen Gerölle, Kiese, Sande, Tone und Schluffe zu zählen sind. Werden diese Lockersedimente von weiterem Ablagerungsmaterial oder auch von Eruptivgestein überdeckt, so treten durch den erhöhten Druck und durch höhere Temperatur Entwässerung und chemische Umwandlungen, Verkittung der Partikel und Verfestigung ein; diese Vorgänge bezeichnet man als *Diagenese*. So wird z. B. bei abgesetztem Tonschlamm durch den Druck eine Entwässerung und eine zur Druckrichtung senkrechte Orientie-

Tabelle 3. *Wichtige Tonminerale*

Gruppe	Name	Quellung mit Wasser	Ionenaustausch
Kaolinit- Antigorit	Kaolinit Dickit Nakrit	mäßig	mäßig
	Antigorit Chrysotil	mäßig	mäßig
	Halloysit	mittel	mittel
Pyrophyllit- Talk	Pyrophyllit Talk Minnesotait	keine	keiner
Glimmerartige			
a) Montmorillonite	Montmorillonit Wolchonskoit Hectorit	sehr stark	sehr stark
b) Beidellite	Beidellit Nontronit Saponit Sauconit Pimelit Medmontit	sehr stark	sehr stark
c) Vermiculite	Vermiculit Jefferisit	stark	sehr stark
d) Illite	Illit Glauconit	mittel	mäßig
e) Glimmer	Muskovit Paragonit Phlogopit Biotit	mäßig	gering
f) Sprödglimmer	Margarit Ephesit Xantophyllit	sehr gering	sehr gering
Chlorit- Sudoit	abgeleitet von Phyrophyllit oder Talk (z. B. Talkchlorit)	mittel	mittel

rung der meist plättchenförmigen Teilchen hervorgerufen. Durch die Entfernung eines Teiles des zwischen den Teilchen befindlichen Wassers und durch die parallele Ausrichtung − Fläche an Fläche − haften die Teilchen immer fester aneinander; es tritt eine Verfestigung ein, die jedoch bei Wegfall des auflastenden Druckes und Neueintritt von Wasser wieder zurückgeht; daneben können auch Mineralneubildungen auftreten (z. B. Glimmerbildung). Bei noch höheren Drücken und Temperaturen, wie sie bei Überschiebungen und Überfaltungen der Gebirgsbildung auftreten können, werden Gesteinsmetamorphosen verursacht; typische Produkte sind Schiefergesteine. Diagenetische Veränderungen können durch eindringende kolloidale oder echte Lösungen bewirkt werden, z. B. die Verkittung sandiger Sedimente durch Kieselsäureausfällung.

Die Tonminerale gehören größtenteils zu den sogenannten Schichtsilikaten; andere Minerale sind in Tonen unbedeutend oder nur als inaktive Beimengung enthalten, wie etwa Quarz oder Kalkstein. In den Ablagerungen unterscheidet man zwischen Kaolinen (Hauptbestandteil Kaolinit, Halloysit, entstanden am Ort, siehe oben), Bentoniten (Tone mit großem Montmorillonitanteil, aus Wasser sedimentiert) und den eigentlichen Tonen, die ebenfalls als sehr feinkörnige Sedimente abgelagert wurden (Hauptbestandteile Kaolinminerale, Montmorillonit, Illit, Quarz). Mischungen aus Ton und Kalkstein kommen in allen Verhältnissen vor, von reinem Ton über Tonmergel, Mergel, Kalkmergel bis zu fast reinem Kalkstein; dabei steigt die Festigkeit und die Beständigkeit gegen Rutschungen mit zunehmendem Kalkanteil an (siehe Broms, Boman, 1977, und Kapitel 6.1.5.3.). Eine Zusammenstellung der wichtigsten Tonminerale bringt Tab. 3.

Verständlicherweise sind für Bodenrutschungen besonders jene Mineralbestandteile verantwortlich zu machen, die ihr Volumen (durch Quellung) und damit auch ihre Festigkeit verändern können. Wie aus Tab. 3 hervorgeht, verändern die Minerale der Pyrophyllit-Talk-Gruppe, die Glimmer und Sprödglimmer im Kontakt mit Wasser ihr Volumen nicht oder nur sehr wenig; diese Minerale sind für Rutschungen daher nur dadurch von Bedeutung, daß wegen der Plättchenform und wegen des allgemein geringen Zusammenhalts zwischen den Teilchen ihre Kohäsions- und Scherfestigkeitswerte niedrig liegen.

Ganz entscheidend für das Auftreten von Rutschungen sind die Minerale der anderen Gruppen, insbesondere Montmorillonite, Beidellite und Illite. Diese Minerale können nach der Sedimentation durch starken Druck auflastender Boden- oder Gesteinsschichten weitgehend entwässert und dadurch komprimiert und verfestigt werden. Fällt die Druckbelastung weg und kann Wasser eindringen, so wird das Wasser wieder teilweise physikalisch, teilweise chemisch von den kolloiden Teilchen gebunden. Dabei dringt das Wasser zwischen die plättchenförmigen Teilchen ein, verursacht eine starke Volumszunahme und eine starke Verminderung der die Teilchen zusammenhaltenden Kräfte. Trockener Montmorillonit nimmt bereits aus wasserdampfgesättigter Luft soviel Wasser auf, daß sein Volumen um etwa 30% zunimmt und eine knetbare Masse entsteht; ein Gramm Montmorillonit nimmt dabei etwa ein Gramm Wasser auf. In Berührung mit flüssigem Wasser steigt der Wassergehalt bis auf fünf Gramm pro Gramm Montmorillonit, das Volumen vergrößert sich bis auf das Zwanzigfache, und der Widerstand gegen Verformung wird praktisch Null; man erhält eine Masse, die fast wie Wasser fließt. Warum und wie diese Veränderung zustande kommt, soll am Beispiel des Montmorillonits im folgenden gezeigt werden.

7.2.2.1. Montmorillonit als Beispiel für quellfähige Schichtsilikate

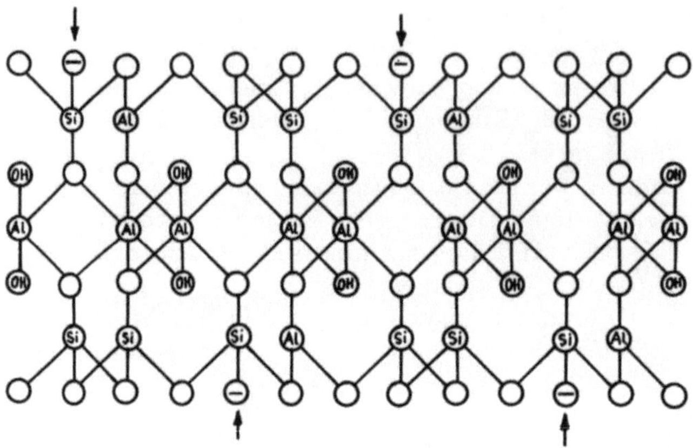

Abb. 103. Schematische Darstellung der Struktur eines Schichtsilikates. Die nicht bezeichneten Kreise entsprechen Sauerstoffionen. Der gezeigte Querschnitt durch eine Schicht ist senkrecht zur Zeichenebene fortgesetzt zu denken. An den durch einen Pfeil gekennzeichneten Stellen sitzt eine negative Ladung, weil ein Si (4mal positiv geladen) durch ein Al (nur 3mal positiv geladen) ersetzt ist. Die gezeichnete Struktur entspricht Muskovit $[Al_3(OH)_2(Si_3O_{10})]^- \cdot K^+$ (die Kaliumionen kompensieren die negativen Ladungen). Wenn an Stelle von zwei K^+ ein Ca^{2+} tritt, so erhält man Margarit (Sprödglimmer). Montmorillonit hat prinzipiell die gleiche Struktur, doch ist ein (wesentlich geringerer) Ersatz durch Mg^{2+} (anstatt Al^{3+}) gegeben, entsprechend der Formel $[Al_5Mg(OH)_6(Si_{12}O_{30})]^- \cdot Na^+$ (vgl. Text)

Montmorillonit besteht eigentlich aus zwei Bestandteilen, die nur durch relativ schwache elektrostatische Anziehungskräfte miteinander verbunden sind: aus dem eigentlichen Silikatkristall mit der chemischen Formel $[Al_4Mg(OH)_6 (Si_4O_{10})_3]^{-1}$, der negative Ladungen trägt (symbolisiert durch das hochgestellte -1), und aus positiven Natriumionen Na^+, die sich in einer Wasserschicht befinden, die zwischen den plättchenförmigen Silikatkristallen liegt. Einen Querschnitt durch einige solcher Plättchen mit den dazwischenliegenden Wasserschichten zeigt Abb. 104. Die Aluminium-Magnesium-Silikatschichten tragen eine negative Ladung, würden sich also ohne die dazwischenliegenden positiv geladenen Natriumionen gegenseitig abstoßen. Die Natriumionen kompensieren gerade die negative Ladung der Silikatschichten, so daß das ganze Schichtpaket elektrisch neutral ist. Die Silikatschichten berühren sich nicht direkt; die schwache gegenseitige Bindung wird durch die dazwischenliegende Schicht von Wassermolekülen durch Adsorptionskräfte und Wasserstoffbrückenbindungen bewirkt. Wie aus Abb. 103 bzw. 104 hervorgeht, sind die negativen Ladungen der Silikatschichten örtlich lokalisiert; dadurch wird verständlich, daß die gegenseitige Lage der Schichten für die Bindungsfestigkeit im Schichtpaket wichtig ist. Es ist auch offensichtlich, daß mehrwertige Kationen, z. B. zweifach positives Kalziumion Ca^{2+}, dreiwertiges Eisen Fe^{3+} oder Aluminium Al^{3+}, eine viel stärkere Bindung zwischen den Silikatschichten und damit eine viel größere Festigkeit bewirken müssen. Diese Verhältnisse sind in Abb. 104 dargestellt.

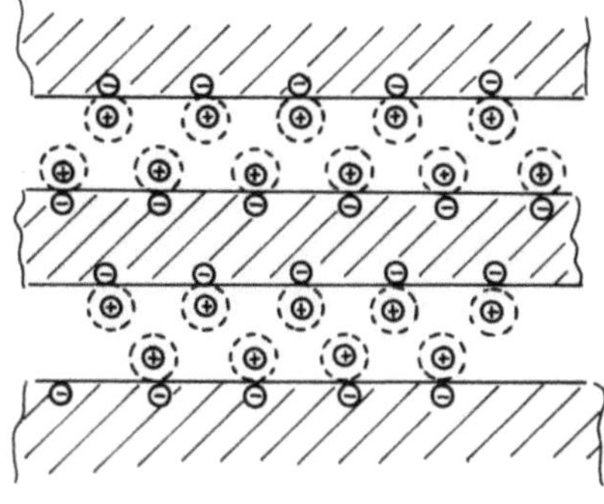

a

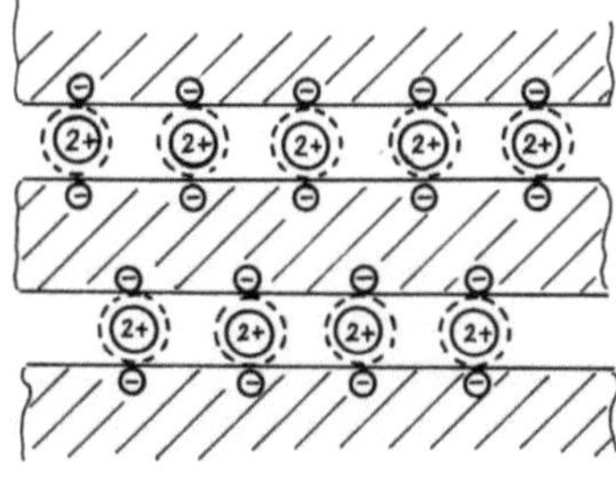

b

Abb. 104. Ladungsausgleich in Schichtsilikaten. a) Ladungsausgleich durch einwertige Kationen:
schwache Bindung zwischen den Schichten durch die abstoßende Wirkung der positiven Ladungen
der Kationen und den größeren Abstand der Schichten voneinander, der durch die stärkere
Hydratisierung der einwertigen Kationen verursacht wird; die um jedes Kation durch Hydratisierung bestehende Hülle von Wassermolekülen ist durch die strichlierten Kreise symbolisiert.
b) Ladungsausgleich durch zweiwertige Kationen: starke Bindung zwischen den Schichten, da
die Kationen immer an zwei Schichten gebunden sind und sie zusammenhalten, und geringerer
Abstand durch insgesamt schwächere Hydratisierung der Kationen

7.2.2.2. Mechanismus der Wasseraufnahme und Quellung von Tonmineralen

Eine festere Bindung, wie sie durch zweiwertige Kationen entsteht, wirkt
offensichtlich dem Eindringen von weiteren Wassermolekülen entgegen: ein-
dringendes Wasser wird zwischen den Schichten aufgenommen, daher setzt eine
festere Bindung der Schichten die Wasseraufnahmefähigkeit herab. Umgekehrt
wird durch einwertige Kationen zwischen den Schichten das Eindringen von
Wasser begünstigt, weil einerseits die Bindungskräfte schwach sind, andererseits
die positiven Ionen und die negativen Ladungen der Silikatschicht das Bestreben
haben, Wassermoleküle anzulagern. Dieses Bestreben wird verursacht durch die
elektrostatische Anziehung zwischen den elektrischen Ladungen der Ionen und
den elektrischen Dipolladungen der Wassermoleküle, wie es in Abb. 105 schema-

tisch dargestellt ist; dieselbe elektrostatische Anziehung besteht zwischen Wassermolekülen und den negativen Ladungen der Schichten. Diese elektrostatischen
Kräfte verursachen eine Aufnahme von Wasser zwischen den Schichten, dadurch
gleichzeitig eine Abnahme der Bindungskräfte zwischen den Schichten, so daß nun
noch mehr Wasser noch leichter eindringen kann und die Schichten auseinander-
preßt: Tone können bei Wasseraufnahme einen ganz beträchtlichen Quelldruck
entwickeln. Wenn zwischen den Schichten nur einwertige Ionen (Natrium- oder
Kaliumionen) vorhanden sind, kann der Zusammenhalt der Schichten völlig
verlorengehen (vgl. Abb. 107, Kapitel 7.2.2.3.1.).

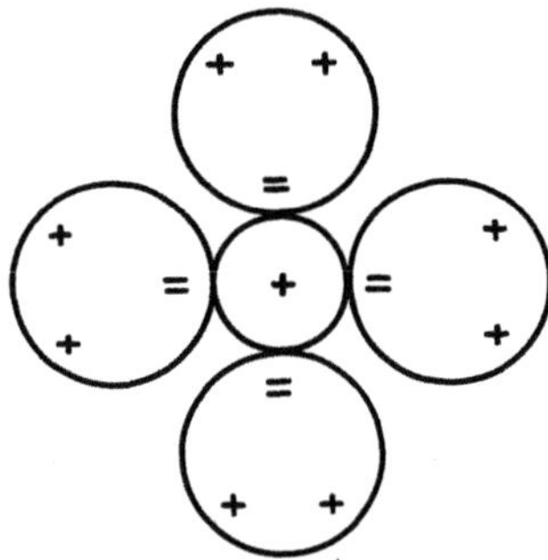

Abb. 105. Hydratation von Ionen. Die Ladungsverteilung in Wassermolekülen ist ungleichmäßig,
jedes Molekül ist ein elektrischer Quadrupol (durch asymmetrische Anordnung der + und −
angedeutet). Daher werden die negativ geladenen Teile der Wassermoleküle durch die positive
Ladung eines Kations angezogen und bilden eine elektrostatisch gebundene Wasserhülle um das
Ion. Die Abbildung entspricht einer oktaedrischen Anordnung (6 Wassermoleküle liegen sym-
metrisch um das Ion), wobei das vor und das hinter der Bildebene liegende Molekül nicht
gezeichnet ist. An diese innersten Wassermoleküle rund um das Ion lagern sich weiter außen
noch weitere, weniger fest gebundene Wassermoleküle

Auf diese Art wird der ursprüngliche, durch Druck und erhöhte Temperatur
verursachte Konsolidierungsvorgang des Tonsedimentes wieder rückgängig
gemacht; man erhält wieder den wasserreichen, fast flüssigen Schlamm, der
ursprünglich aus der wässrigen Suspension sedimentiert wurde. Der Ablauf der
Sedimentierung, Konsolidierung (mit gleichzeitiger Wasserabgabe) und der Rück-
kehr zum ursprünglichen Anfangszustand des Sedimentes ist in Abb. 106
schematisch dargestellt.

7.2.2.3. Einfluß von Kationen auf die Wasseraufnahme, Quellung und Abnahme der Scherfestigkeit. Ionenaustausch

Es wurde bereits oben gezeigt, daß zwei- und dreiwertige Kationen zwischen
den Silikatschichten im Gegensatz zu einwertigen eine stärkere Bindung hervorrufen (vgl. Abb. 104). Tatsächlich ist etwa der Unterschied zwischen Margarit
(Sprödglimmer), der sehr geringe Quellung zeigt, und Illit mit beträchtlicher
Quellung nur der, daß bei Illit das einwertige Kaliumion K^+ nur eine Ladungskompensation zwischen den Silikatschichten bewirkt, während bei Margarit
durch zwischengelagertes zweiwertiges Ca^{2+} eine beträchtliche zusätzliche
Bindungskraft entsteht. Die zwischen den Silikatschichten nur durch elektro-

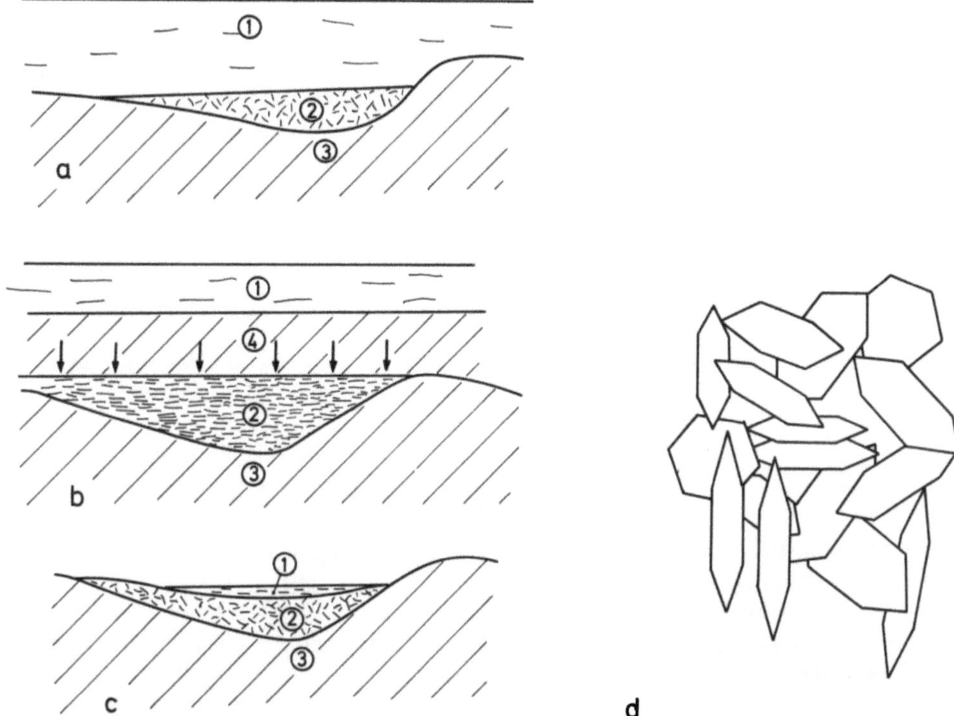

Abb. 106. Sedimentierung, Konsolidierung und Wiederverflüssigung von Tonböden. a) Aus der
wässerigen Suspension (*1*) wird nahezu flüssiger Tonschlamm (*2*) in ein durch festen Untergrund
(*3*) gebildetes Becken abgelagert. Die Tonteilchen sind völlig ungeordnet und von getrennten
Wasserhüllen umgeben und berühren sich nur an Ecken und Kanten; die Bindungskräfte
zwischen ihnen sind sehr gering, und der Wassergehalt ist hoch. Die Struktur entspricht Abb. 101
bzw. Abb. 106d. b) Bei der Konsolidierung wird durch den Druck überlagernder Sedimente (*4*)
Wasser aus dem Tonschlamm (*2*) ausgepreßt,und die plättchenförmigen Teilchen lagern sich
parallel zueinander, weil dadurch das kleinste Volumen angenommen wird. Die Pfeile deuten
die Druckwirkung von oben an. Volumen und Wassergehalt nehmen stark ab, die Bindungskräfte zwischen den Teilchen steigen stark an, weil sie nicht mehr durch zwischengelagertes
Wasser getrennt sind und sich mit den Flächen berühren. Die Struktur entspricht Abb. 100.
c) Die überlagernden Schichten sind entfernt (z. B. durch Erosion), auf dem konsolidierten
Ton (*2*) sammelt sich wieder Wasser (*1*). Da der Ton nicht mehr unter Druck steht, läuft der
Vorgang der Konsolidierung rückwärts ab. Unter dem Einfluß der Hydratationsenergie
(vgl. Abb. 105 und Text) lagert sich wieder Wasser an die zwischen den Schichten liegenden
Kationen, besonders wenn diese einwertig sind (Abb. 104); der Abstand zwischen den Teilchen
nimmt zu, die Bindungskräfte nehmen ab: der Ton quillt auf, die Festigkeit nimmt ab. Unter
ungünstigen Verhältnissen (z. B. wenn das eindringende Wasser reich an Natrium- oder
Ammoniumionen ist) kann der Ausgangszustand des Tonschlammes wieder erreicht werden.
Die Struktur entspricht dann wieder Abb. 101 bzw. dem Schema 106d. d) Schematische
Darstellung der Struktur von thixotropem (hochsensiblem) Ton. Die Teilchen berühren sich
nur mit Ecken und Kanten; im feuchten Zustand sind alle Hohlräume mit Wasser gefüllt; bei
geringer äußerer Krafteinwirkung werden die schwachen Bindungskräfte zerstört, die verbin-
denden Berührungsstellen lösen sich, der Ton wird „quasiflüssig". In trockenem Zustand
zerfällt der Ton bei geringer Krafteinwirkung zu Staub.

statische Anziehung gebundenen Kationen (vgl. Abb. 104 und 107) sind prinzipiell gegen andere Ionen austauschbar. Ein solcher *Ionenaustausch* kommt auch in der Natur vor und beeinflußt die Festigkeit und Kohäsion der Tonminerale sehr stark. Experimentell läßt sich dieser Ionenaustausch sehr einfach zeigen, in einem Dialysator entsprechend Abb. 102. Wird auf die Membran im Dialysierraum (1) eine dünne Schicht wassergesättigten Montmorillonits gebracht und läßt man durch den Außenraum (5) konzentrierte Kalziumchloridlösung fließen, so wird eine Verfestigung und Volumsabnahme des Montmorillonits eintreten, weil nach der Gleichung

$$(Na^+)_2 \text{-Montmorillonit} + Ca^{2+} \rightarrow Ca^{2+}\text{-Montmorillonit} + 2\,Na^+ \qquad (1)$$

die Natriumionen im Montmorillonit gegen Kalziumionen aus der Außenlösung ausgetauscht werden. Die Triebkraft des Ionenaustausches ist das Bestreben der Natur, vorhandene ungleich hohe Konzentrationen auszugleichen: die hohe Kalziumionenkonzentration in der Außenlösung bewirkt ein Eindringen der Ca^{2+} durch die Membran in die Tonmasse, die hohe Na^+-Konzentration im Ton bewirkt ein Austreten von Na^+ in die Außenlösung, in der die Na^+-Konzentration nahe Null ist. Wenn durch ständige Erneuerung der Außenlösung dafür gesorgt wird, daß außen die Na^+-Konzentration Null oder fast Null und die Ca^{2+}-Konzentration hoch bleibt, so werden schließlich die gesamten austauschbaren Na^+-Ionen aus dem Montmorillonit austreten und durch Ca^{2+}-Ionen ersetzt werden. Der ganze Vorgang ist nichts als eine Umkehrung der Plastifizierung von Ton- oder Kaolinmassen in der Keramikindustrie; bei der Plastifizierung wird der Ton oder Kaolin z. B. mit konzentrierter Sodalösung (= Natriumkarbonatlösung, enthaltend Natriumionen Na^+ und Karbonationen CO_3^{2-}) durchgeknetet und dadurch ein Austausch der enthaltenen Ca^{2+}-Ionen gegen einwertige Natriumionen bewirkt. Dabei nehmen die Bindekräfte zwischen den Silikatschichten ab, und die Wasseraufnahme steigt an.

7.2.2.3.1. Einfluß von Salzstreuung und Abwässern auf Rutschungen

Aus dem oben dargelegten Einfluß der Art der vorhandenen Kationen und aus der Möglichkeit eines Austausches ergibt sich, daß der Kontakt von Tonmassen mit Wasser, das größere Mengen an einwertigen Ionen enthält, die mechanischen Eigenschaften des Tones ungünstig beeinflussen muß. Schematisch ist der Vorgang beim Austausch von Natriumionen gegen ursprünglich vorhandene Kalziumionen in Abb. 107 gezeigt.

Insbesondere durch die massive Salzstreuung der Straßen entstehen hochkonzentrierte Natriumchloridlösungen. Diese Lösungen können auf und neben den Straßenflächen in den Boden eindringen und einen Austausch der vorhandenen höherwertigen Ionen durch einwertige Natriumionen hervorrufen. Bei ungünstigen Verhältnissen können dann durch die eintretende Verminderung der Scherfestigkeit und die stärkere Quellung Rutschungen ausgelöst werden. Im allgemeinen werden die Wirkungen von so eindringenden Salzlösungen erst nach längerer Zeit auftreten, oft erst nach vielen Jahren, weil in bindigen Böden Wasser und enthaltene Ionen nur sehr langsam wandern können. Allerdings ist die Durchlässigkeit für Salzlösungen höher als für reines Wasser, wie dies experimentell von L. Casagrande nachgewiesen wurde. Das hängt damit zusammen, daß bei

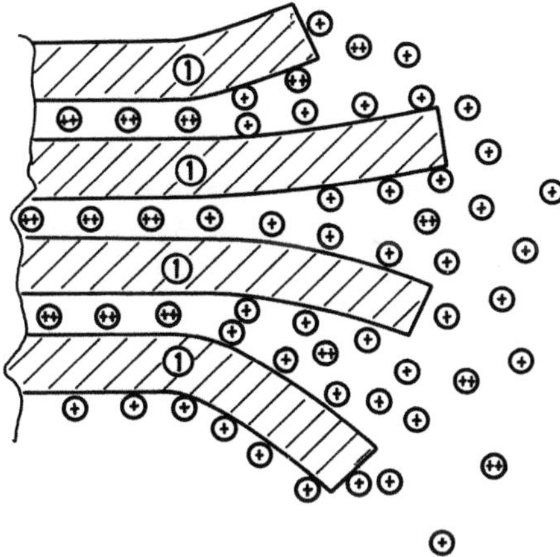

Abb. 107. Ionenaustausch zweiwertiger (++) Ionen (z. B. Kalziumionen) gegen einwertige (+)
Ionen (z. B. Natrium- oder Ammoniumionen) bei einem Schichtpaket von Tonmineralen.
Durch die große Konzentration einwertiger Ionen im Wasser außerhalb des Paketes dringen
diese allmählich zwischen die Schichten (*1*) ein und verdrängen die ursprünglich vorhandenen,
stark bindenden zweiwertigen Ionen. Durch den Verlust der Bindungskraft und mitgeschlepptes
Hydratwasser werden die Schichten auseinandergepreßt und blättern auf, so daß der Prozeß
weiter fortschreiten kann

einer Wasserströmung durch Tonböden sich ein elektrischer Potentialgradient
entwickelt, der der Strömung entgegenwirkt, und daß dieser Gradient bei höherer
Leitfähigkeit kleiner ist (Umkehrung der Elektroosmose, vgl. 7.2.2.4.2.); trotzdem
bleibt die Strömung auch bei Salzlösungen langsam. Nur wenn vorgebildete Eindringpfade für die Salzlösung vorhanden sind (Klüfte, Spalten, Risse, wasserdurchlässige Schichten), kann die Erweichung und Quellung in den angrenzenden
Bodenbereichen rasch fortschreiten. In manchen Fällen scheint auch ein rascheres
Vordringen an der Grenzfläche verschiedener Bodenschichten (auch wenn beides
bindige Böden sind) stattzufinden (vgl. dazu jedoch Kapitel 3.3.3.). Wenn solche
Eindringpfade nicht vorhanden sind, ist die maximale Eindringgeschwindigkeit
in bindigen Böden einige Millimeter pro Tag oder geringer. Auch ohne daß es zu
Rutschungen kommt, werden Straßen durch die konzentrierte Salzlösung nach
Salzstreuung im Winter schwer geschädigt. Eindringende Salzlösung führt zu ver-
stärkter Quellung und Erweichung; dadurch kommt es zur stellenweisen Zerstörung der Straßendecke, wodurch wieder das Eindringen von Salzlösung erleichtert
wird.

Die gleichen Vorgänge können durch Fäkalabwässer und Industrieabwässer
ausgelöst werden. Fäkalabwässer aus Haushalt und Landwirtschaft enthalten
große Mengen des einwertigen Ammoniumions NH_4^+ neben meist ebenfalls
größeren Mengen an Kochsalz. Abflüsse von Düngerstätten und Jauchengruben,
Versickerung oder Verrieselung von häuslichen Fäkalabwässern können auslösende Faktoren für Rutschungen sein. Dasselbe gilt für Industrieabwässer, falls
sie größere Mengen an einwertigen Kationen enthalten.

7.2.2.3.2. Einfluß des *pH*-Wertes des Wassers im Boden

Wie bereits in der Einleitung gesagt, wird hauptsächlich durch säurehaltiges Wasser die chemische Umformung der Primärgesteine bei der Verwitterung bewirkt. Das allein zeigt bereits, wie wesentlich der Säuregehalt oder Basengehalt des Porenwassers im Boden sein muß. Die Wasserstoffionenkonzentration c_{H^+} entscheidet, ob und wie stark sauer das Wasser ist, weil das wirksame Agens aller Säuren die Wasserstoffionen sind. Wasserstoffionen entstehen aus allen Säuren durch Dissoziation in wässeriger Lösung. So entstehen aus Essigsäure CH_3COOH nach der Gleichung

$$CH_3COOH \overset{H_2O}{\rightarrow} H^+ + CH_3COO^- \tag{2}$$

Wasserstoffionen H^+ und Essigsäureionen (= Acetationen) CH_3COO^-. Die Wasserstoffionen sind es, die den sauren Geschmack und die anderen sauren Eigenschaften von Essig hervorrufen; so wird z. B. das Lösevermögen für Kalk durch die Wasserstoffionen der Essigsäurelösung verursacht. Viel wichtiger in diesem Zusammenhang ist allerdings die Kohlensäure. Die in der Luft überall vorhandene und in vielen Gegenden aus der Erde strömende Ausgangssubstanz der Kohlensäure ist das Kohlendioxid CO_2, das selbst keine Säure ist, weil es keinen Wasserstoff enthält, der als Wasserstoffion H^+ abgespalten werden könnte. Kohlendioxid löst sich jedoch in Wasser und bildet dabei durch eine chemische Reaktion die Kohlensäure

$$CO_2 + H_2O \rightarrow H_2CO_3, \tag{3}$$

aus der sogar zwei H^+ abgespalten werden können:

$$H_2CO_3 \overset{H_2O}{\rightarrow} H^+ + HCO_3^- \tag{4}$$

$$HCO_3^- \overset{H_2O}{\rightarrow} H^+ + CO_3^{2-} \tag{5}$$

wobei sich zuerst Hydrokarbonation HCO_3^- und dann Karbonation CO_3^{2-} bildet.

Die Kohlensäure ist jedoch nur eine schwache Säure, d. h. es werden nur wenige Säuremoleküle nach der obigen Gleichung Wasserstoffionen abspalten; die meisten Säuremoleküle behalten in der Lösung ihre Wasserstoffatome. Zudem ist verhältnismäßig wenig Kohlensäure in Wasser löslich; immerhin aber genug, daß jedes Wasser, das lange genug mit Luft in Berührung war, deutlich erkennbare saure Eigenschaften zeigt und etwa Kalkstein zu lösen vermag (wozu auch die Bildung von löslichen Verbindungen zwischen Kalziumionen und Hydrokarbonationen beiträgt). Auf dieser lösenden Wirkung von kohlensäurehaltigem Wasser beruht zum größten Teil die chemische Verwitterung von Gesteinen.

Ebenso wie der Gehalt an Wasserstoffionen H^+ einer wässerigen Lösung saure Eigenschaften verleiht, bestimmt der Gehalt an Hydroxylionen OH^- die basischen Eigenschaften einer wässerigen Lösung: das wirksame Agens aller Basen (Laugen) ist das Hydroxylion. So entstehen aus Natronlauge $NaOH$ beim Auflösen in Wasser Natriumionen und Hydroxylionen:

$$NaOH \overset{H_2O}{\rightarrow} Na^+ + OH^- \tag{6}$$

Da Natronlauge eine starke Base ist, spalten praktisch alle vorhandenen Teilchen sich nach der obigen Gleichung; die Konzentration der Hydroxylionen ist gleich der der gelösten Natronlauge. Ebenso wie es schwache Säuren gibt, gibt es auch schwache Basen, bei denen nur ein Teil der Partikel Hydroxylionen abspaltet.

Der *pH*-Wert ist das übliche Maß für den Gehalt an Wasserstoffionen bzw. Hydroxylionen in wässerigen Lösungen, also für den Säure- bzw. Basengrad, obwohl er nur eine logarithmische Funktion der Wasserstoffionenkonzentration ist:

$$pH = -\log c_{H^+} \qquad \text{bzw.} \tag{7}$$

$$c_{H^+} = 10^{-pH}. \tag{8}$$

Die Verwendbarkeit auch für die Angabe des Basengrades beruht darauf, daß in Wasser und wässerigen Lösungen das Produkt aus Wasserstoffionenkonzentration und Hydroxylionenkonzentration eine Konstante ist, die nur von der Temperatur abhängt

$$c_{H^+} \cdot c_{OH^-} = 10^{-14} \quad \text{(bei 25°C)} \tag{9}$$

woraus sich ergibt

$$pH - \log c_{OH^-} = 14 \tag{10}$$

und
$$c_{OH^-} = 10^{pH-14}. \tag{11}$$

Die Konzentrationen werden dabei in mol/l angegeben und sind nicht so gering, wie man aus den Zahlenwerten schließen könnte. Ein mol sind immerhin $6{,}023 \cdot 10^{23}$ gleichartige Teilchen, so daß etwa bei einer Wasserstoffionenkonzentration von nur 10^{-5} mol/l noch immer $6{,}023 \cdot 10^{23} \cdot 10^{-5} = 6{,}023 \cdot 10^{18}$ Wasserstoffionen in einem Liter vorhanden sind.

Als Grenze zwischen sauren und basischen Lösungen wird der *Neutralpunkt* mit gleichen Konzentrationen an Wasserstoffionen und Hydroxylionen definiert. Entsprechend der Beziehung $c_{H^+} \cdot c_{OH^-} = 10^{-14}$ ist also in neutralen wässerigen Lösungen
$$c_{H^+} = c_{OH^-} = 10^{-7} \text{ mol/l} \tag{12}$$

und der *pH*-Wert am Neutralpunkt gleich 7.

Alle Lösungen mit niedrigeren *pH*-Werten als 7 (höheren Wasserstoffionenkonzentrationen als 10^{-7}) werden als sauer bezeichnet, alle Lösungen mit *pH*-Werten über 7 (höheren Hydroxylionenkonzentrationen als 10^{-7} mol/l) werden als basisch bezeichnet. Über die Messung von *pH*-Werten vgl. 5.1.8.2.

Der *pH*-Wert (bzw. die Wasserstoffionenkonzentration) des mit den Tonmineralien in Kontakt stehenden Wassers spielt eine bedeutende Rolle für die Eigenschaften von tonigen Böden.

Wie bereits oben dargelegt, sind hauptsächlich saure Wässer (insbesondere kohlensäurehaltige Wässer) die Ursache der chemischen Zersetzung von Mineralen bei der Verwitterung. Da jedoch solche Verwitterungsprozesse sich über geologische Zeiträume erstrecken, sind sie nicht von unmittelbarem Interesse für den Ingenieurgeologen. Wesentlich schneller können sich einfache Ionenaustauschvorgänge abspielen, bei denen Wasserstoffionen zwischen Boden und Porenwasser ausgetauscht werden. Zum zweiten ist der *pH*-Wert entscheidend auch für das Redoxpotential des Bodens und damit für elektroosmotische Wasserverschiebungen, die zur Entstehung von Gleitflächen führen können (siehe Kapitel 7.2.2.4. und 7.2.2.5.).

Ein Ersatz von einwertigen Alkalikationen (K^+, Na^+) durch Wasserstoffionen vermindert die Wasseraufnahme und Quellung, weil Wasserstoffionen an die Silikatschichten nicht nur durch elektrostatische Kräfte, sondern auch durch chemische Kräfte gebunden werden; daher entstehen aus den sonst stark negativ geladenen Silikatschichten bzw. Schichtpaketen weniger stark oder fast nicht geladene; dadurch geht die Tendenz zur Wasseraufnahme zurück. Andererseits sind dadurch auch die Bindungskräfte zwischen den Silikatschichten geringer, und die mechanischen Eigenschaften nähern sich denen der nicht quellfähigen Schichtsilikate wie Talk oder Pyrophyllit, die auch im ungequollenen Zustand nur eine geringe Scherfestigkeit besitzen. Insbesondere im Vergleich zu Tonmineralen, die zwei- oder dreiwertige Kationen enthalten, wird dadurch die Scherfestigkeit bei gleichem Wassergehalt geringer. Da jedoch natürlich vorkommende Wässer nur einen geringen Säuregehalt besitzen (das trifft auch auf saure Abwässer in den meisten Fällen zu), hat ein Ionenaustausch gegen Wasserstoffionen praktisch wenig Bedeutung; die wichtige Ausnahme dazu tritt bei der *elektroosmotischen Entwässerung* auf, bei der an der Anode ein solcher Austausch wesentlich sein kann (vgl. Kapitel 7.2.2.4.2. bzw. 6.1.5.2.).

Wesentlich wichtiger ist der Einfluß hoher *pH*-Werte. Viele Abwässer, insbesondere Fäkalabwässer, sind relativ stark alkalisch. Die darin enthaltenen Hydroxylionen OH^- werden ebenfalls an die Tonteilchen angelagert und bewirken eine Erhöhung der negativen Ladung der Teilchen. Durch die höhere negative Aufladung steigt die Menge der zur Ladungskompensation erforderlichen Kationen und damit auch die Menge des Hydratwassers, besonders wenn gleichzeitig (wie fast immer in solchen alkalischen Wässern) auch große Mengen stark hydratisierter einwertiger Kationen wie Na^+, NH_4^+ etc. enthalten sind. Zudem bewirkt ein hoher *pH*-Wert eine Desaktivierung vieler höherwertiger Kationen, wie Mg^{++}, Fe^{++}, Fe^{+++}, teilweise auch Ca^{++}, durch Ausfällung als Hydroxide und Karbonate; diese tragen zwar etwas zur Bodenverfestigung bei, indem sie eine mechanische Verkittung bewirken, andererseits stehen sie zur Ladungskompensation nicht mehr zur Verfügung, so daß an ihrer Stelle die stärker wasseranziehenden und die Teilchen weniger fest zusammenhaltenden einwertigen Ionen eintreten müssen. Im ganzen resultiert also aus der alkalischen Einwirkung eine stärkere Quellung und geringere Festigkeit.

Eine weitere ungünstige Wirkung hoher *pH*-Werte ist eine Verschiebung des elektrischen Bodenpotentials gegen negative Werte (siehe Abschnitt 7.2.2.5.); dadurch kann eine zusätzliche *Wassereinströmung durch Elektroosmose* (Abschnitt 7.2.2.4.) entstehen, die die Bodenfestigkeit weiter herabsetzt.

Zusammenfassend läßt sich sagen, daß jede größere Abweichung vom Normal-*pH*-Wert (etwa 6,0 bis 8,5) die Festigkeitseigenschaften und die Wasseraufnahme der Tonminerale ungünstig beeinflußt, wobei Abweichungen nach oben sich wesentlich schädlicher auswirken.

7.2.2.3.3. Thixotropie—Quicktone

Die gefährlichsten Rutschungen in Tonböden treten auf Grund des thixotropen Verhaltens auf. Für ein System Tonminerale—Wasser existiert ein labiler

Festigkeitszustand, der durch relativ schwache äußere, mechanische Einwirkung zerstört werden kann, wobei die Festigkeitswerte bis fast auf Null absinken: eine gesamte Bodenschicht verflüssigt sich nahezu und fließt wie eine viskose Flüssigkeit auch bei geringer Neigung des Geländes über weite Strecken (Bjerrum, 1955).

Diese Erscheinung kann einerseits durch rein mechanische Erhöhung des Porenwasserdruckes bei wassergesättigten Lockerböden (Sandböden) auftreten; auch bei trockenen Lößböden kann das Phänomen durch Aufbau eines Luftüberdruckes in den Poren entstehen.

Andererseits treten sehr gefährliche Verflüssigungsrutschungen aber häufig in thixotropen Tonböden, sogenannten *Quicktonen* auf, die vor allem aus marinen Ablagerungen stammen und einen relativ hohen Salzgehalt besitzen. Bei diesen Böden kann die Verflüssigung manchmal schon durch geringe mechanische Einwirkung (Bauarbeiten, Schwertransporte, zu hohe Belastung durch Gebäude) ausgelöst werden und pflanzt sich nach dem Einsetzen der Rutschung oft über weite Strecken fort. Der Übergang vom (relativ) festen zu einem quasiflüssigen Zustand erfordert also nur sehr geringe Energie. Dieses Phänomen ist aus der Rheologie seit langem bekannt und wird als *Thixotropie* bezeichnet.

Bei Quicktonen ist die thixotrope Verflüssigung aus dem bereits bekannten morphologischen Aufbau der Tonminerale ohne weiteres verständlich. Bei der primären Sedimentation von Tonmineralen aus wässeriger Suspension entsteht, wie oben gezeigt, zunächst ein Tonschlammsediment mit sehr geringer Festigkeit und hohem Wassergehalt, in dem die einzelnen Tonpartikel völlig ungeordnet und durch äußerst geringe Kräfte zusammengehalten sind, weil jedes einzelne Tonpartikel seine eigene Wasserhülle besitzt (Abb. 106a bzw. 106d).

Eine Verfestigung dieses quasiflüssigen Schlammes kann nun, wie beschrieben, durch Konsolidierung unter dem Druck auflastender Bodenschichten stattfinden; dazu sind ein hoher Überlagerungsdruck und lange Zeit erforderlich; das Ergebnis ist konsolidierter Ton mit Fläche an Fläche liegenden Partikeln, wie in Abb. 106b gezeigt.

Eine Verfestigung kann aber auch ohne Druck einfach dadurch stattfinden, daß sich die Wasserhüllen der Partikel teilweise vereinigen, so daß eine Bindung mit Hilfe der in den Wasserhüllen enthaltenen positiven Kationen zustande kommt. Dabei tritt keine parallele Ausrichtung der Teilchen auf, weil der auslösende Druck fehlt; der Wassergehalt bzw. das Wasseraufnahmevermögen sinken zwar, aber bei weitem nicht so stark wie bei der Konsolidierung unter Druck. Auch die Bindungskräfte sind relativ schwach, da die Teilchen nicht mit den Flächen, sondern nur an Punkten und teilweise an Kanten aneinander gebunden sind. Besonders gering sind die Bindungskräfte, wenn die positiven Kationen hauptsächlich einwertige Na^+-Ionen sind, wie bei den aus dem Meer abgelagerten Quicktonen.

Es ist also leicht verständlich, daß die in Abb. 106d gezeigte „Kartenhausstruktur" solcher Quicktone durch geringe mechanische Einwirkung zusammenbricht und daß eine einmal an einer Stelle beginnende Rutschung wieder weitere angrenzende Bereiche verflüssigen kann.

Dazu kommt noch, daß auch Wasser von diesen Tonen bedeutend schneller aufgenommen wird, wie aus der gezeigten Struktur hervorgeht. Die Bindungskräfte werden dadurch weiter verringert und so kann bei längeren Regenfällen auch ohne mechanische Einwirkung Verflüssigung auftreten.

Das Scherverhalten solcher Tone ist in Abb. 108 gezeigt, es entspricht einer Kombination aus Binghamschem Verhalten mit geringer Auslösespannung und reinem thixotropen Verhalten. Die Kurve ist qualitativ aus dem strukturellen Aufbau leicht erklärbar.

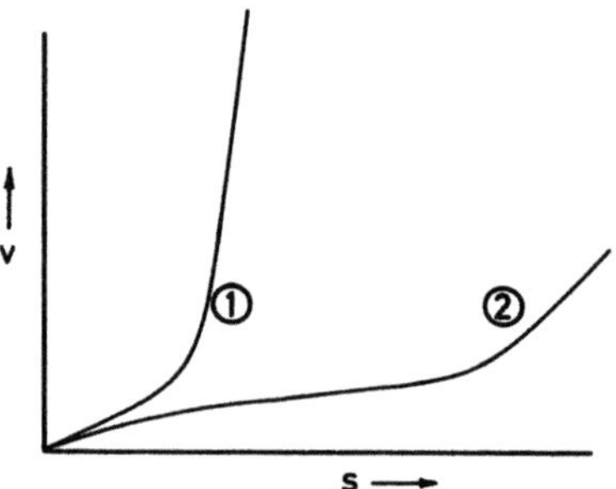

Abb. 108. Scherverhalten von thixotropem Ton (*1*) und von normalem Bodenmaterial (*2*). v = Schergeschwindigkeit, s = Scherspannung. Thixotropes Material verliert nach Aufbringung eines kleinen Anlaßwertes seine Festigkeit völlig und wird quasiflüssig; normales Verhalten ist eine anfängliche Verfestigung und dann nach Erreichen eines weit größeren Anlaßwertes plastisches Verhalten mit wesentlich höherem Verformungswiderstand

7.2.2.4. Die elektrische Ladung der Tonpartikel und die damit zusammenhängenden Erscheinungen

Wie bereits gezeigt, tragen die Silikatschichten der Tonminerale negative Ladungen, die durch Anlagerungen positiver Kationen kompensiert werden. Dadurch ergibt sich auch für größere, aus vielen solchen plättchenförmigen Teilchen aufgebaute Tonpartikel eine insgesamt negative Ladung und die Notwendigkeit, zur Wahrung der Elektroneutralität, positive Kationen anzulagern.

Da diese adsorbierten Kationen jedoch selbst wieder von einer Wasserhülle umgeben (hydratisiert) sind (vgl. Abb. 105), ist die elektrostatische Anziehung nicht stark genug, um die Kationen in einer starren Schicht an die Oberfläche zu binden. Vielfach ist auch nicht genügend Platz vorhanden, um die zur Ladungskompensation nötigen Ionen direkt an der Oberfläche anzulagern. Dadurch bildet sich eine der Abb. 109 entsprechende statistische Verteilung der positiven Ionen an der Oberfläche gegen freies Wasser aus. Als freies Wasser ist dabei jede Wasserschicht mit einer Dicke von mehr als einigen 0,01 μm zu betrachten: das bedeutet, daß die weiteren Überlegungen nicht nur für das Wasser rund um suspendierte bzw. kolloidal verteilte Tonteilchen gelten, sondern auch für das in mikroskopischen und submikroskopischen Bodenporen enthaltene Wasser.

7.2.2.4.1. Elektrolytische Doppelschicht

Entsprechend Abb. 109 kann man die angelagerte Schicht hydratisierter Ionen zumindest formal als aus zwei getrennten Teilen aufgebaut betrachten: eine innere, fest anhaftende, starre Schicht (in Abb. 109 bis zur gestrichelten Linie), die auch Helmholtz-Schicht genannt wird, und eine äußere Schicht, in der die höhere Konzentration der positiven Ionen allmählich bis auf die durchschnittliche Konzentration in der wässerigen Phase abnimmt. Dadurch entsteht

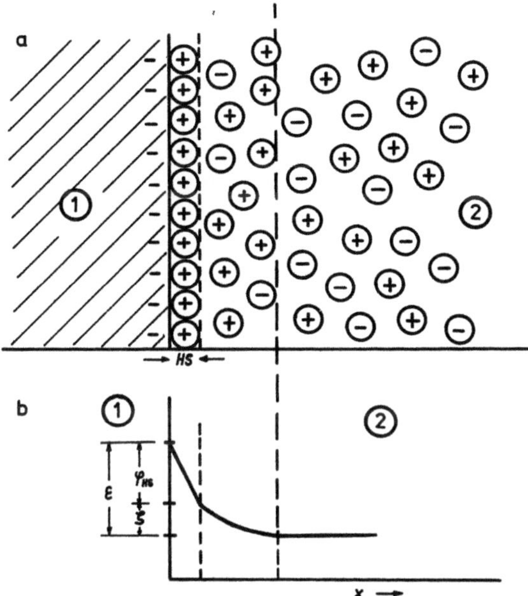

Abb. 109. Elektrolytische Doppelschicht. An das negativ geladene Tonteilchen (*1*) ist eine
Schicht hydratisierter positiver Ionen (die Kreise symbolisieren jeweils ein positives bzw.
negatives Ion samt seiner Wasserhülle) fest gebunden: in dieser sogenannten „Helmholtz-
schicht" *HS* fällt der größte Teil des elektrischen Potentialunterschiedes zwischen Tonteilchen
und Lösung φ_{HS} nahezu linear ab. Daran schließt sich ein weiterer Bereich, in dem die Konzentration der positiven Ionen allmählich (nach einer Exponentialfunktion) auf den Durchschnitts-
wert in der Lösung abnimmt; der Potentialabfall in dieser „diffusen Schicht" ist das elektrokinetische oder ζ-Potential. Diese Schicht trägt noch eine positive Ladung, ist aber bereits
beweglich. Abb. 109b stellt den Verlauf des elektrischen Potentials mit dem Abstand von der
Oberfläche x dar, ϵ ist die gesamte Potentialdifferenz zwischen Festkörper und Lösung

eine Verteilung des elektrischen Potentials wie in Abb. 109b. Die Dicke dieser
beiden Schichten hängt von der Art der angelagerten Kationen ab; Kationen mit
kleinem Durchmesser besitzen eine höhere elektrische Feldstärke, ziehen Wassermoleküle mit ihrem elektrischen Dipol stärker an und sind daher stärker hydratisiert, sie haben einen stärkeren Wassermantel. Dementsprechend ist diese
elektrolytische Doppelschicht, in der das elektrische Potential von dem negativen
Wert an der Oberfläche des Teilchens bis auf den positiveren Wert in der Lösung
abfällt, bei kleinen Ionen dicker als bei größeren Ionen. Die Dicke der Schicht
nimmt zu in der Reihenfolge

$$Cs^+ < Rb^+ < NH_4^+ < K^+ < Na^+ < Li^+.$$

Die absolute Schichtdicke bewegt sich in der Größenordnung von etwa 0,005 μm
bis zu 0,3 μm; der höchste Wert wurde bei Bentoniten mit Natriumionen
gemessen.

Für zweifach positiv geladene Erdalkalikationen ist wegen der stärkeren
Bindung an die Oberfläche der Tonminerale die Schichtdicke im allgemeinen
wesentlich geringer.

7.2.2.4.2. Elektroosmose

Das Wesentliche an den entwickelten Vorstellungen über die elektrolytische Doppelschicht ist die Tatsache, daß zwar die Ionen der inneren Schicht mehr oder weniger starr an die Oberfläche des Festkörpers gebunden sind, hingegen aber die der äußeren Schicht nur lose gebunden und nahezu frei beweglich sind. Dadurch entsteht eine Flüssigkeitsschicht, die eine elektrische Ladung trägt und sich auch in einem elektrischen Feld bewegen kann: die hier anwesenden positiven Ionen setzen sich im Feld gegen den negativen Pol in Bewegung und nehmen das anhängende Wasser mit. Wenn die Tonteilchen sich nicht bewegen können (wie das im festen Boden der Fall ist), wird sich also nur das Wasser dieser Schicht mit den enthaltenen Kationen in Bewegung setzen, so daß eine elektrolytische Wasserverschiebung zum negativen Pol hin einsetzt. Diese Wasserströmung zu dem in unserem Fall negativen Pol hin wird als *Elektroosmose* bezeichnet (im Fall einer positiv geladenen Festkörperoberfläche würde sich im Normfall eine Wasserverschiebung zum positiven Pol ergeben). Falls die negativ geladenen kolloiden Festkörperteilchen nicht räumlich fixiert, sondern frei beweglich sind (kolloide Lösung bzw. Suspension), bewegen sie sich in einem elektrischen Feld zur positiven Elektrode, während die positiven Kationen nach wie vor zur negativen Elektrode wandern; dadurch tritt eine Ansammlung ionenarmer Tonteilchen an der positiven Elektrode bei gleichzeitiger Entwässerung ein, eine Erscheinung, die bei der bekannten elektrophoretischen Reinigung von Kaolin und Ton ausgenützt wird.

Dieser Transport des Wassers durch feine Kapillaren wird offensichtlich durch Gegenkräfte gebremst: einerseits durch die Zähigkeit des Wassers, weil die unmittelbar an die Festkörperoberfläche anliegende Schicht nicht mitbewegt werden kann und daher in der Flüssigkeit eine innere Reibung auftritt, andererseits durch die elektrostatische Anziehung zwischen den Ionen und der entgegengesetzt geladenen Festkörperoberfläche, die bestrebt ist, die Ionen am Platz festzuhalten. Wegen der Abschirmungswirkung der starren Schicht in Abb. 109 ist diese Anziehung aber gering und kann für die Berechnung vernachlässigt werden.

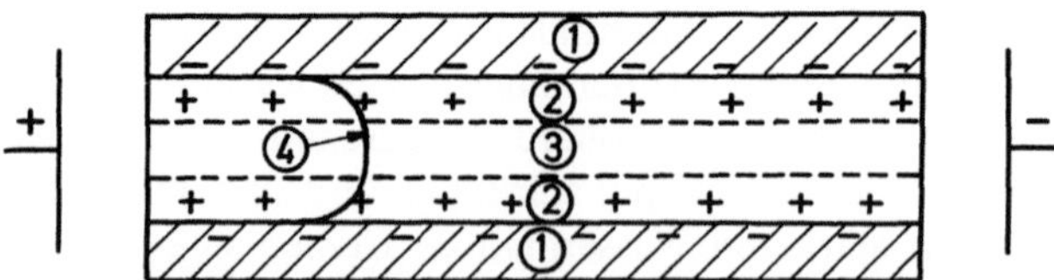

Abb. 110. Kapillare mit elektroosmotischer Strömung. *1* Kapillarenwand (negativ geladen), *2* bewegliche Flüssigkeitsschicht mit positiver Überschußladung (diffuse Schicht, vgl. Abb. 109), *3* unverändertes Kapillarwasser, das nur durch Reibungskräfte mitbewegt wird, *4* Strömungsprofil

Wenn sich in einer Kapillare nach Abb. 110 eine stationäre Flüssigkeitsströmung vom Pluspol zum Minuspol einstellt, so wird die treibende elektrostatische Kraft gerade kompensiert durch die Kraftwirkung der inneren Reibung der Flüssigkeit; es ist also

$$E \cdot \rho = \eta \, \frac{d^2 v}{dx^2} \; . \tag{13}$$

(E = elektrische Feldstärke, ρ = Ladungsdichte, η = Zähigkeit des Wassers, v = stationäre Geschwindigkeit der Flüssigkeit im Abstand x von der Oberfläche.) Durch Umrechnung der Ladungsdichte ρ auf das elektrische Potential ψ mit Hilfe der Poisson-Gleichung und unter Berücksichtigung, daß sowohl ψ als auch v nur von der Entfernung x senkrecht zur Festkörperoberfläche abhängen, erhält man in einer Flüssigkeit mit der Dielektrizitätskonstante ϵ

$$\frac{d^2 v}{dx^2} = \frac{\epsilon \epsilon_0 E}{4 \pi \eta} \cdot \frac{d^2 \psi}{dx^2} \, . \tag{14}$$

(ϵ_0 = Dielektrizitätskonstante des Vakuums.)
Integriert man diese Gleichung von $x = 0$ bis $x = \infty$ und mit den Randbedingungen, daß für $x = \infty$ auch $\psi = 0$, $d\psi/dx = 0$ und $dv/dx = 0$ sein müssen, erhält man die Helmholtz-Smoluchowski-Gleichung für die stationäre Strömungsgeschwindigkeit bei der Elektroosmose

$$v = \frac{\epsilon \epsilon_0 E \zeta}{4 \pi \eta} \, , \tag{15}$$

worin ζ (das elektrokinetische Potential) das elektrische Potential ψ in der Ebene zwischen starrer, unbeweglicher Schicht und der bewegten Flüssigkeit ist (diese Grenzfläche ist in Abb. 109 durch die gestrichelten Linien angedeutet). v ist die stationäre Strömungsgeschwindigkeit außerhalb der elektrolytischen Doppelschicht, wo bereits $\psi = 0$; daher ist die Gleichung auch nur für Kapillaren gültig, deren Radius wesentlich größer ist als die Dicke der elektrolytischen Doppelschicht; für sehr feine Kapillaren ergeben sich Abweichungen (Kortüm, 1966).

Die absoluten Werte des elektrokinetischen Potentials sind gering und liegen je nach Art und Konzentration der positiven Gegenionen zwischen 0,01 V und 0,1 V.

Im praktischen Experiment wird v indirekt über das pro Zeiteinheit transportierte Flüssigkeitvolumen gemessen (elektroosmotische Durchlässigkeit D)

$$D = v \, \pi \, r^2 = \frac{\epsilon \epsilon_0 \, \zeta \, r^2}{4 \, \eta} \, E \; [\mathrm{m^3/sec}] \tag{16}$$

für eine einzelne Kapillare vom Radius r bzw. für einen porösen Körper

$$D = v \sum_1^i \pi \, r_i^2 = \frac{\epsilon \epsilon_0 \, \zeta \sum^i r_i^2}{4 \, \eta} \, E \; [\mathrm{m^3/sec}] \tag{17}$$

mit Angabe der Größen in Meter, Sekunden und Volt.

Wie man aus der Gleichung erkennt, ist die transportierte Wassermenge proportional der elektrischen Feldstärke $E[\mathrm{V \cdot m^{-1}}]$ und dem Quadrat der Porenradien, aber unabhängig von der Länge der Kapillaren.

Gleichzeitig mit dem Wassertransport fließt wegen der wandernden positiven Ionen auch ein elektrischer Strom durch die Kapillaren oder das Kapillarsystem. Für diesen Strom gilt nach dem Ohmschen Gesetz

$$I = \frac{U}{R} = \frac{E \cdot l}{R} = \kappa \, \pi \, r^2 E, \tag{18}$$

worin κ die spezifische elektrische Leitfähigkeit der Flüssigkeit ist. Durch Kombination mit der vorhergehenden Gleichung ergibt sich

$$D = \frac{\epsilon\,\epsilon_0\,\zeta\,I}{4\,\pi\,\eta\,\kappa}\,, \qquad (19)$$

so daß D durch die experimentell leicht zugängliche elektrische Leitfähigkeit κ der Porenflüssigkeit und die fließende Stromstärke I bestimmt wird.

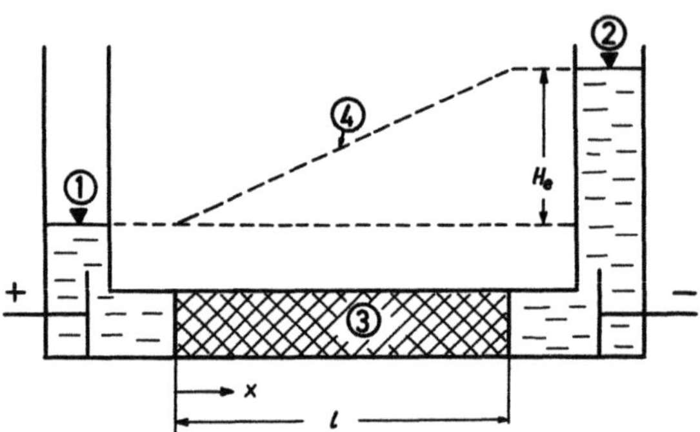

Abb. 111. Schema eines Gerätes zur Messung der elektroosmotischen Steighöhe H_e. *1* konstant gehaltener Wasserspiegel auf der Anodenseite, *2* Wasserspiegel auf der Kathodenseite nach Erreichung der maximalen Steighöhe H_e, *3* Bodenprobe, *4* Verlauf des Porendruckes gegen die Ortskoordinate *x* von 0 bis *l*

Für das behandelte Thema wichtig ist auch der *elektroosmotische Druck*, der sich beim Anlegen einer elektrischen Spannung zwischen den beiden Seiten eines Kapillarsystems entwickelt. Legt man in einer Apparatur wie in Abb. 111 an die beiden Elektroden eine Gleichspannung an, so wird zunächst Wasser auf die Seite der negativen Elektrode strömen, der Wasserspiegel hebt sich, während er auf der Seite der positiven Elektrode sinkt. Diese Bewegung des Wasserspiegels kommt aber nach einiger Zeit zum Stillstand, weil unter dem Einfluß der Druckdifferenz Δp (gegeben durch $\Delta h \cdot \rho \cdot g$; ρ = Dichte [kg $\cdot$ m^{-3}] der Flüssigkeit, g = Erdbeschleunigung, für Wasser also $\Delta h \cong \Delta p/g$) eine Rückströmung durch die Kapillaren einsetzt. Die Rückströmung folgt dem Gesetz von Poiseuille für laminare Strömung

$$v' = \frac{\Delta p\,\pi\,r^4}{8\,\eta\,l} \qquad (20)$$

(l = Länge der Kapillare). Der stationäre Zustand und damit der höchstmögliche Druckunterschied (bzw. die größte Steighöhe) ist erreicht, wenn die elektroosmotische Strömung und die Rückströmung gerade gleich schnell sind ($v = v'$) und Δp wird

$$\Delta p = \frac{2\,\epsilon\,\epsilon_0\,\zeta\,l}{\pi\,r^2}\,E = \frac{2\,\epsilon\,\epsilon_0\,\zeta\,l}{\pi^2\,r^4\,\kappa}\,I. \qquad (21)$$

Der elektroosmotische Druck bzw. die Steighöhe sollte also der angelegten Spannung U proportional sein, jedoch im Experiment der Abb. 111 nicht von der Dicke der Kapillarschicht abhängen (wegen $E = U/l$ fällt die Länge der Kapillaren heraus).

Die praktische Bedeutung der Elektroosmose liegt einerseits darin, daß man durch eine angelegte Gleichspannung eine Entwässerung von Tonböden und damit eine Verringerung der Rutschgefahr bewirken kann (Verfahren L. Casagrande, siehe 6.1.5.2.); auch eine Nutzbarmachung des Wassergehaltes in Tonböden ist durch „elektrisches Pumpen" möglich, d. h. man kann durch Einsetzen einer negativen Elektrode in einen Brunnen und von positiven Elektroden im Umkreis des Brunnens das Kapillarwasser von Tonböden (unter Aufwendung elektrischer Energie) in den Brunnen befördern; dieses Kapillarwasser ist auf andere Weise nicht gewinnbar, da es durch die Oberflächenkräfte im Boden festgehalten wird.

Andererseits kann durch natürliche Elektroosmose sich Wasser in bestimmten Bodenschichten stark anreichern, die Scherfestigkeit in der Schicht herabsetzen und so eine Gleitfläche für Rutschungen hervorrufen.

Es ist allgemein bekannt, daß durch die Kapillarkraft das Grundwasser in den Bodenporen hochsteigt. Dieses Aufsteigen entgegen der Schwerkraft ist eine Folge der niedrigen Oberflächenspannung zwischen Wasser und Boden und folgt der Beziehung

$$h = \frac{2\,\sigma}{g \cdot \rho \cdot r} \cdot \tag{22}$$

(h = Steighöhe, σ = Oberflächenspannung des Wassers, g = Erdbeschleunigung, ρ = Dichte des Wassers, r = Radius der Kapillare.) Die Steighöhen in Böden mit sehr engporigen Kapillarsystemen können beträchtlich sein. Für einen Kapillarenradius von 1 μm, $\sigma = 73 \cdot 10^{-3}$ N $\cdot$ m^{-1} und $\rho = 10^3$ kg $\cdot$ m^{-3} ergibt sich eine Steighöhe von

$$h = \frac{2 \cdot 73 \cdot 10^{-3}}{9{,}81 \cdot 10^3 \cdot 10^{-6}} = 14{,}9 \text{ m.} \tag{23}$$

So große Steighöhen treten durch die Elektroosmose unter dem Einfluß der *natürlich in Böden vorhandenen elektrischen Potentialdifferenzen* nicht auf. Natürlich bedingte elektrische Potentialdifferenzen haben etwa die Größe von 0,03 bis 0,1 V; in Ausnahmsfällen können Spannungen von 0,2 oder 0,3 V vorkommen. Selbst für einen Porenradius von nur 0,1 μm berechnet sich für $\zeta = 0{,}1$ V und eine Potentialdifferenz von 0,3 V nur eine Steighöhe von 1,73 m nach

$$p = \frac{V \rho g}{\pi\, r^2} = h\, g\, \rho = \frac{8\,\zeta\,\epsilon\,\epsilon_0\, U}{r^2} \tag{24}$$

$$h = \frac{8\,\zeta\,\epsilon\,\epsilon_0\, U}{g\, \rho\, r^2} = \frac{8 \cdot 0{,}1 \cdot 80 \cdot 8{,}85 \cdot 10^{-12} \cdot 0{,}3}{9{,}81 \cdot 10^3 \cdot (10^{-7})^2} = 1{,}73 \text{ m.} \tag{25}$$

Bei einer weiteren Verminderung der Porenradien würden sich nach der obigen Formel natürlich noch größere Steighöhen ergeben, doch wird bei sehr engporigen Kapillaren die Steighöhe unabhängig vom Porendurchmesser (Schmid, 1951).

Die Bedeutung der natürlichen Elektroosmose für Bodenrutschungen liegt also nicht darin, daß das Grundwasser in größere Höhen gefördert wird. Viel mehr bedeutsam ist eine starke Anreicherung von Wasser in eng begrenzten Bereichen, *z. B. an der Grenzschicht zwischen reduzierendem Boden (mit negativem elektrischen Potential) und oxidierendem Boden (mit positiverem elektrischen Potential). Da bei der Elektroosmose im Gegensatz zur Kapillaraszension die Porenflüssig-*

*keit nicht drucklos ist, sondern sich sehr merkliche Kapillarüberdrücke ent-
wickeln, kann auch gegen einen auflastenden Erddruck Wasser aufgenommen
werden und eine starke Herabsetzung der Scherfestigkeit und eine Quellung in
diesen Grenzschichten auftreten: das Kapillarwasser aus dem angrenzenden oxidierenden Boden strömt in die Grenzschicht und erzeugt hier eine Gleitfläche
(Abb. 112).*

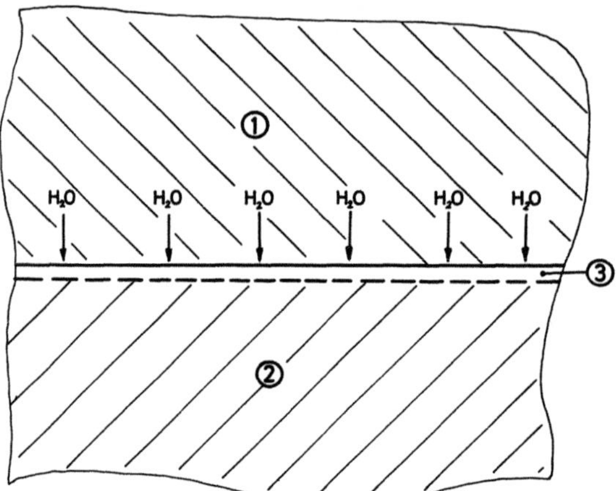

Abb. 112. Natürliche elektroosmotische Einströmung von Wasser in Pfeilrichtung aus einer
oxidierenden Bodenschicht (*1*) in die durch strichlierte Linien angedeutete Grenzzone (*3*)
zu einer reduzierenden Bodenschicht (*2*). In dieser Grenzzone (*3*) kann durch den elektroosmotischen Porendruck auch gegen auflastenden Erddruck eine Quellung und Festigkeitsverminderung und dadurch eine Rutschzone entstehen (vgl. Text)

Bei der elektroosmotischen Entwässerung durch angelegte Gleichspannung
hingegen können recht bedeutende Steighöhen bzw. Unterdrücke auftreten, da
hier viel höhere Spannungen (bis über 100 V) angewendet werden (vgl. 6.1.5.2.).
Die elektroosmotische Wasserverschiebung im praktischen Fall wird aus zwei
empirischen Kennziffern des Bodens abgeleitet. Wie oben dargelegt, ergibt sich
die elektroosmotische Wasserverschiebung bzw. die elektroosmotische Steighöhe
aus dem Zusammenspiel zweier gegensätzlicher Wirkungen: der durch ein elektrisches Feld in den Bodenporen bewirkten Strömung wirkt die Rückströmung
entgegen, die durch den Druck der elektroosmotisch gehobenen Wassersäule
entsteht. Die Rückströmung wird empirisch beschrieben durch das für hydraulische Grundwasserströmungen gültige Darcy-Gesetz

$$v_h = -k_h \cdot \mathrm{grad}\, H. \tag{26}$$

Dabei ist v_h die Geschwindigkeit der hydraulischen Strömung unter der Einwirkung des Gradienten der hydraulischen Druckhöhe H; k_h = hydraulische
Kennziffer des Bodenmaterials = Strömungsgeschwindigkeit bei einem Gradienten
von 1, d. h. im SI-Maßsystem bei einer auflastenden Wassersäule von 1 m Höhe
und einer durchströmten Länge von 1 m; H ist in Metern und v_h bzw. k_h in
$\mathrm{m} \cdot \mathrm{sec}^{-1}$ anzugeben. Diese Beziehung ist analog der bereits gebrachten Poiseuille-

Gleichung (20) für den eindimensionalen Fall, wobei anstelle von grad H der Quotient $\Delta p/l$ tritt.

Ebenso wie die hydraulischen Eigenschaften eines Bodens durch die empirische Kenngröße k_h beschrieben werden, kann man die elektroosmotischen Eigenschaften durch einen elektroosmotischen Durchlässigkeitskoeffizienten k_e beschreiben. Dadurch wird die Geschwindigkeit der elektroosmotischen Strömung v_e entsprechend Gl. (15) und analog der Darcy-Beziehung (26) zu

$$v_e = -k_e \cdot \text{grad } U \tag{27}$$

$$\text{bzw.} \qquad v_e = k_e \cdot E, \tag{28}$$

wobei k_e die Strömungsgeschwindigkeit bei einer Feldstärke $E = 1\ \text{V} \cdot \text{m}^{-1}$ ist und die Dimension $[\text{m}^2 \cdot \text{V}^{-1} \cdot \text{sec}^{-1}]$ hat. Wenn beide Arten von Strömungen gleichzeitig auftreten, wie im Normalfall der Praxis, so ist

$$v = v_h + v_e \tag{29}$$

und daher

$$v = -k_h \text{ grad } H - k_e \text{ grad } U \tag{30}$$

$$v = -k_h \text{ grad } \left(H + \frac{k_e}{k_h}\ U \right). \tag{31}$$

Die maximale elektroosmotische Steighöhe kann wie Δp in Gl. (21) dadurch berechnet werden, daß bei maximaler Steighöhe H_e die Geschwindigkeit der aufwärts gerichteten elektroosmotischen Strömung v_e gleich groß sein muß wie die Geschwindigkeit der entgegengerichteten hydraulischen Abwärtsströmung v_h unter dem Einfluß der erreichten Steighöhe H_e, so daß sich ein Gleichgewichtszustand einstellt. Für den eindimensionalen Fall ist

$$v_e = k_e \cdot \frac{U}{l}$$

$$\tag{32}$$

$$\text{und} \qquad v_h = k_h \cdot \frac{H_e}{l}.$$

(l = Länge der durchströmten Bodenprobe, z. B. in einer Apparatur nach Abb. 111.) Daraus folgt

$$H_e = \frac{k_e}{k_h} \cdot U. \tag{33}$$

Für $U = 1$ V wird eine weitere empirische Kennziffer definiert, die spezifische Steighöhe h_e

$$h_e = \frac{k_e}{k_h}. \tag{34}$$

h_e hat die Dimension $[\text{m} \cdot \text{V}^{-1}]$ und gibt an, ob in dem betrachteten Boden überhaupt eine nennenswerte elektroosmotische Wasserverschiebung auftreten kann. Bedingung für das Auftreten einer elektroosmotischen Wasserverschiebung ist die Möglichkeit des Auftretens einer elektroosmotischen Steighöhe H_e, und diese Möglichkeit besteht nach Gl. (33) offensichtlich nur, wenn k_e/k_h einen nicht zu

14*

kleinen Wert hat. Das bedeutet, daß der Porenradius im Boden hinreichend klein sein muß, da nur in engen Poren die elektroosmotische Strömung gegenüber der hydraulischen Strömung begünstigt ist. Üblicherweise wird als Kriterium

$$h_e = \frac{k_e}{k_h} \geqslant 0{,}1 \ [\mathrm{m} \cdot \mathrm{V}^{-1}] \tag{35}$$

angegeben. Bei Gültigkeit von (35) kann die elektroosmotische Entwässerung mit Aussicht auf Erfolg angewendet werden. Nach den vorliegenden Untersuchungen schwankt k_e bei bindigen Böden nur innerhalb relativ enger Grenzen und beträgt durchschnittlich $k_e = 5 \cdot 10^{-9}$ $\mathrm{m}^2 \cdot \mathrm{V}^{-1} \cdot \mathrm{sec}^{-1}$ (die größten Schwankungen treten bei Bentonit in Abhängigkeit vom Wassergehalt auf; größter und kleinster Wert verhalten sich etwa wie 15 : 1). Daher ist es vor allem der Wert von k_h, der die Anwendbarkeit der elektroosmotischen Entwässerung bzw. das Auftreten natürlicher Elektroosmose bestimmt, da die k_h-Werte bei verschiedenen Böden sich um den Faktor 10^5 unterscheiden können und k_h auch bei ein und demselben Boden durch bloße mechanische Verdichtung auf 1/10 verringert werden kann.

Bei der Elektroosmose kann sich ein Porenwasserdruck nur dann ausbilden, wenn $H_e > 0$ ist, d. h. wenn der Wasserspiegel bzw. die Nulldruckfläche an der Kathode über das ursprüngliche Niveau steigen kann. Wird die Nulldruckfläche an der Kathode konstant gehalten (z. B. durch einen Überlauf oder bei der praktischen elektroosmotischen Entwässerung durch Abpumpen) und entsteht an der Anode keine Absenkung, so steht die Reibungskraft des bewegten Wassers im Gleichgewicht mit der treibenden Kraft des elektrischen Feldes und es kann sich kein zusätzlicher Porenwasserdruck entwickeln. Eine derartige Situation mit $H_e = 0$ tritt in der Praxis so gut wie nie auf, weder bei natürlicher Elektroosmose noch bei der Anwendung der elektroosmotischen Entwässerung. In einer Apparatur nach Abb. 111 kann $H_e = 0$ leicht realisiert werden, indem man den Wasserspiegel rechts und links auf gleicher Höhe hält. Bereits durch eine Veränderung der Elektrodenanordnung wie in Abb. 113 erhält man aber ein Druckprofil wie eingezeichnet, auch wenn die hydraulischen Druckhöhen zu beiden Seiten der Bodenprobe gleich sind.

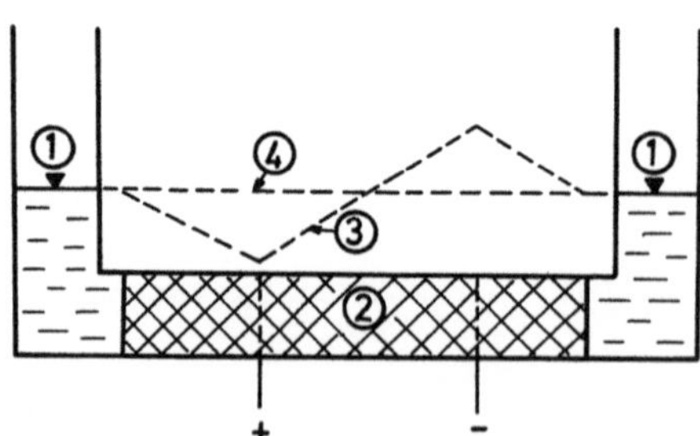

Abb. 113. Veränderung der Porenwasserdrücke durch Elektroosmose bei behinderter Zuströmung zur Anode (+) und behinderter Abströmung von der Kathode (−). *1* konstant gehaltene Wasserspiegel auf der Anoden- und Kathodenseite, *2* Bodenprobe, (+) und (−) durchlässige Anode bzw. Kathode (Netz), *3* Verlauf des Porendruckes bei Elektroosmose. *4* Porendruck ohne Elektroosmose. Trotz gleicher hydraulischer Druckhöhe rechts und links entwickelt sich an der Anode ein Unterdruck, an der Kathode ein Überdruck

Der Normalfall bei der Elektroosmose ist also das Auftreten von positiven oder negativen Porenwasserdrücken. Für den quasieindimensionalen Fall einer Apparatur nach Abb. 111 ist die Berechnung des Porendruckes einfach:

$$\frac{\Delta p}{dx} = \rho_{H_2O} \cdot g \, \frac{d\,H_e}{dx} \tag{36}$$

$$p(x) = \int_0^x \rho_{H_2O} \cdot g \, \frac{d\,H_e}{dx} \cdot dx = \rho_{H_2O} \cdot g \, \frac{H_e}{l} \cdot x$$

$$p(x) = 10^3 \cdot 9{,}81 \, \frac{H_e}{l} \cdot x [\mathrm{N \cdot m^{-2}}]. \tag{37}$$

Es ist keineswegs notwendig, daß p eine positive Größe ist; es können auch bei geeigneten Verhältnissen die entsprechenden Unterdrücke entstehen. So ist etwa in Abb. 113 der Druck in der Nähe der Anode beträchtlich niedriger als der Druck ohne angelegte Osmosespannung. Wenn man das Rohr an der Seite der Anode dicht verschließt, kann kein Wasser nachströmen und es kann keine Osmoseströmung stattfinden. Die Folge ist ein beträchtlicher Unterdruck in den Poren an der Anode, wodurch die Bodenprobe in diesem Bereich konsolidiert wird, während an der Kathode ein Überdruck bestehen bleibt und eine Quellung erfolgen kann.

Wichtig in diesem Zusammenhang ist, daß bei starker Behinderung des Wasserzuflusses zur Anode eine Austrocknung des Bodenmaterials stattfinden kann, so daß rund um die Anode auch der elektrische Widerstand des Bodens stark ansteigt; bei der praktischen elektroosmotischen Entwässerung wird diese Austrocknung durch die entwickelte Stromwärme verstärkt. Als Konsequenz daraus ergibt sich für die elektroosmotische Entwässerung, daß die Stromstärke nur so hoch sein darf, daß das Porenwasser durch die kapillare Steigwirkung noch zur Anode nachgeliefert werden kann und daß die Erwärmung im Bereich der Anode nicht mehr als maximal 5° C (Erfahrungswert) beträgt.

7.2.2.5. Elektrische Bodenpotentiale, reduzierende und oxidierende Böden, Korrelation von Bodenpotentialen mit Rutschungen

Wie in Abschnitt 7.2.2.4 ausgeführt, können im *Boden vorhandene elektrische Potentialdifferenzen* elektroosmotische Wasserverschiebungen auslösen, die zur Wasseranreicherung und Festigkeitsverminderung bestimmter Bodenschichten und damit zu Rutschungen führen können. Es ist offensichtlich, daß solche elektrischen Potentialdifferenzen nur durch verschiedene chemische Beschaffenheit des Bodens an verschiedenen Orten entstehen können und daß sie nur durch den *Ablauf energieliefernder Vorgänge* aufrechterhalten werden können. Jede elektrische Potentialdifferenz verursacht bei endlichem Widerstand einen Stromfluß, der die Potentialdifferenz abzubauen bestrebt ist; da der Widerstand der Bodenmaterialien zwar meist hoch, aber nicht unendlich ist, fließt ein Strom zwischen den Bereichen verschiedenen elektrischen Potentials (der eine Wasserverschiebung bewirken kann), *die Leistung I · U dieses Stromflusses muß durch den Ablauf chemischer Reaktionen aufgebracht werden.*

Die Existenz elektrischer Potentialdifferenzen insbesondere zwischen verschiedenartigen Bodenschichten ist einwandfrei experimentell nachgewiesen (über die Messung vgl. 5.1.8.1.). Zu untersuchen ist daher die Entstehung und die Auswirkung dieser elektrischen Spannungen im Boden.

Als den grundlegenden chemischen Unterschied zwischen verschiedenen Bodenschichten kann man den verschiedenen Gehalt an oxidierenden und reduzierenden Substanzen betrachten (Veder, 1963). Jeder Bodenkundige kennt stark reduzierende Böden wie etwa Faulschlammböden, Moorböden oder blauen Lehm, bei denen oft die reduzierenden Eigenschaften durch einen typischen faulen Geruch kenntlich sind; dieser Geruch verschwindet, wenn die Böden längere Zeit belüftet und dabei durch den Luftsauerstoff oxidiert werden. Alle diese Böden haben eine dunkle bis blaue Färbung, die teilweise von organischer Substanz, teilweise von Sulfiden und Oxidhydraten des zweiwertigen Eisens herrührt. Im Gegensatz dazu haben oxidierende Tonböden eine gelbe bis braunrote Farbe, die von Oxidhydraten des dreiwertigen Eisens stammt.

Bei Luftzutritt werden die reduzierenden Substanzen des Bodens durch den Luftsauerstoff oxidiert:

$$4\,(FeO \cdot H_2O) + O_2 \rightarrow 4\,(FeO \cdot OH) + 2\,H_2O, \tag{38}$$

wobei aus Eisen(II)oxidhydrat das Eisen(III)oxidhydrat entsteht

$$FeS + 6\,H_2O + 9\,O_2 \rightarrow 4\,(FeO \cdot OH) + 4\,SO_4^{2-} + 8\,H^+, \tag{39}$$

wobei aus Eisen(II)sulfid das Eisen(III)oxidhydrat, Sulfationen und Wasserstoffionen entstehen. Umgekehrt, von rechts nach links, laufen die beiden Reaktionen ab, wenn bei Luftabschluß das Eisen(III)oxidhydrat und das Sulfat durch organische Stoffe reduziert werden, zum Teil unter Mithilfe von Bakterien, wobei der Sauerstoff allerdings nicht wieder als Gas frei wird, sondern mit der organischen Substanz reagiert, wobei letztlich Kohlensäure und Wasser entstehen. Diese Reaktionen lassen sich nicht exakt formelmäßig erfassen; in dieser Erörterung genügen die beiden Gl. (38) und (39), um den prinzipiellen Zusammenhang darzustellen. Man erkennt aus ihnen, daß die Energie zur Aufrechterhaltung der elektrischen Potentialdifferenzen im Boden hauptsächlich aus zwei chemischen Reaktionen stammt: einerseits die Reaktion des Luftsauerstoffes mit reduzierenden Bodenbestandteilen, andererseits die Reaktion reduzierender organischer Stoffe bzw. von anaeroben Bodenbakterien mit Eisen(III)oxidhydrat und Eisensulfat. Beide Reaktionen bewirken, daß in den entsprechenden Bodenschichten ganz verschiedene Konzentrationen insbesondere an Eisen(II)- und Eisen(III)-verbindungen vorhanden sind; wenn man annimmt, daß die reichlich vorhandenen Eisenverbindungen im Gleichgewicht mit den anderen Stoffen stehen, so kann man die Eisen(II)ionenkonzentration und die Eisen(III)-ionenkonzentration als bestimmend für die reduzierende bzw. oxidierende Wirkung des Bodens betrachten.

Kennt man die Eisen(III)ionenkonzentration und die Eisen(II)ionenkonzentration, so kann man nach der Nernstschen Formel das örtliche elektrische Potential des Bodens berechnen:

$$U = 0{,}771 + \frac{RT}{F} \ln \frac{c_{Fe^{3+}}}{c_{Fe^{2+}}} \quad . \tag{40}$$

(0,771 = Standardpotential der Reaktion $Fe^{3+} + e^- \rightleftarrows Fe^{2+}$, R = Gaskonstante = 8,31 J·K^{-1}·mol^{-1}, T = absolute Temperatur in K, F = Faraday-Konstante = 96490 C, $c_{Fe^{3+}}$ bzw. $c_{Fe^{2+}}$ = Konzentrationen von Eisen(III)ionen bzw. Eisen(II)-ionen in mol/l des Porenwassers.) Die Gesamtkonzentrationen an Eisen(III)verbindungen und an Eisen(II)verbindungen im Boden sind für diese Berechnung nicht brauchbar, da elektrochemisch wirksam nur die gelösten Stoffe sind; daher müssen die schwieriger zu bestimmenden Konzentrationen im Porenwasser verwendet werden. Aus zwei nach (40) berechneten Werten kann dann die elektrische Spannung U zwischen Punkt 1 und Punkt 2 berechnet werden

$$U_{1,2} = U_1 - U_2 = \frac{RT}{F} \left(\ln \frac{c_{Fe^{3+},1}}{c_{Fe^{2+},1}} - \ln \frac{c_{Fe^{3+},2}}{c_{Fe^{2+},2}} \right) . \tag{41}$$

Die nach (41) berechneten Werte sind immer höher als die praktisch gemessenen, da einerseits (41) streng gültig nur für den stromlosen Zustand (Widerstand = ∞) ist und andererseits sich durch den Stromfluß noch zusätzlich ein entgegengerichtetes Diffusionspotential im Boden ausbilden muß.

Die Entstehung und Größe dieser elektrischen Spannung kann in einem Experiment sehr anschaulich demonstriert werden. Füllt man in einer Anordnung wie in Abb. 114 in das linke Gefäß eine Lösung, die Eisen(III)ionen und Eisen(II)-ionen im Konzentrationsverhältnis 1 : 100 enthält (also nach Gl. (40) eine reduzierende Lösung) und in das rechte Gefäß ebenfalls eine Lösung, die Eisen(III)- und Eisen(II)ionen, aber hier im Verhältnis 100 : 1 (nach Gl. (40) eine oxidierende Lösung) enthält, so kann man an dem pH-Meter, das zur Messung der Spannung zwischen den beiden Platinelektroden dient, recht genau den nach Gl. (41) berechneten Wert von

$$U = 0,059 \left(\lg \frac{1}{100} - \lg \frac{100}{1} \right) = -0,236 \text{ V}$$

ablesen (der Faktor $\frac{RT}{F}$ · 2,303 beträgt für 25° C gerade 0,059 V, wobei 2,303 der Umrechnungsfaktor für dekadische Logarithmen ist). Diese Meßanordnung entspricht jedoch nicht den tatsächlichen Verhältnissen im Boden, da der Stromkreis nur über den sehr hohen ($\sim 10^{12}$ Ω) Widerstand des Meßgerätes geschlossen ist, also praktisch kein Strom fließen kann. Bringt man wie in Abb. 114b zwei weitere über einen Widerstand R verbundene Elektroden in die beiden Gefäße, so ist dem Strom über diesen Widerstand ein Weg geöffnet, und der fließende Strom erzeugt sowohl in R als auch in der Lösung selbst einen Spannungsabfall.

Bezeichnet man den elektrischen Widerstand in den beiden Lösungen mit R_L, so ist der Ohmsche Spannungsabfall

$$\Delta U = I \cdot R + I \cdot R_L ,$$

wobei R_L in der Messung von Bodenpotentialen angenähert dem Widerstand des Bodens zwischen den beiden Meßpunkten entspricht. Der Wert ΔU ist der Spannung U entgegengerichtet, so daß (bei Vernachlässigung des Diffusionspotentials) die gemessene Spannung U_{eff} kleiner als der stromlose Wert U sein muß

$$U_{eff} = U_{1,2} - \Delta U = U_{1,2} - I \cdot R - I \cdot R_L . \tag{42}$$

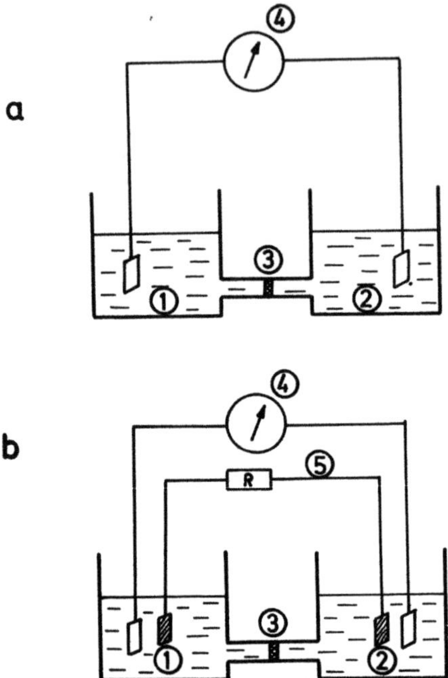

Abb. 114. Demonstration der Entstehung und Größe von Redoxspannungen im Boden.
In Abb. 114a tauchen 2 über das *pH*-Meter (*4*) verbundene Platinelektroden in die reduzierende
Lösung (*1*) und die oxidierende Lösung (*2*). An der Berührungsfläche der beiden Lösungen
verhindert eine poröse Glasfritte (*3*) die Vermischung. Der am *pH*-Meter abgelesene Span-
nungswert entspricht Gl. (41), da kein Strom fließen kann (der Widerstand des *pH*-Meters ist
größer als $10^{12}\,\Omega$). In Abb. 114b sind zusätzlich 2 Kurzschlußelektroden (*5*) eingebracht, so
daß Strom über den Lastwiderstand R fließen kann

Für eine genauere Behandlung, die hier übergangen werden soll, müssen von
$U_{1,2}$ noch die sogenannten Überspannungen und die Diffusionspotentiale sub-
trahiert werden. Praktisch ist das jedoch nicht verwertbar, da Überspannungen
und Diffusionspotentiale im Boden nicht bekannt sind.

Tatsächlich kann man im Experiment eine lineare Abnahme von U_{eff} mit
Verkleinerung von R feststellen, wenn $R \gg R_L$. Umgekehrt wird U_{eff} durch R_L
bestimmt, wenn $R_L \gg R$ ist; in diesem Fall ist

$$\Delta U \cong I \cdot R_L \tag{43}$$

und die meßbare Spannung zwischen den beiden Elektroden verschwindet fast zur
Gänze. Der Zusammenbruch der Spannung durch einen derartigen äußeren Kurz-
schluß ist im Zusammenhang mit der Kurzschlußleitermethode zur Sanierung von
Rutschungen wichtig, da dabei auch (unter anderem) die treibende Kraft für
elektroosmotische Wasserverschiebungen wegfällt. Siehe Veder (1957 etc.) und
Kapitel 6.1.4.4.

Ein sehr wesentlicher Parameter für die im Porenwasser vorhandenen
Konzentrationen von Fe^{3+} und Fe^{2+} ist der örtliche *pH*-Wert des Porenwassers
(der durch Einsickern von Regenwasser, insbesondere aber durch Abwasser stark

beeinflußt werden kann, vgl. auch Abschnitt 7.2.2.3.2). Im Boden sind immer feste, in diesem Zustand elektrochemisch inaktive Eisen(III)- und Eisen(II)oxidhydrate im Überschuß vorhanden. Die Löslichkeit dieser Verbindungen und damit die aktiven Konzentrationen von Eisen(III)- und Eisen(II)ionen sind nun Funktionen des pH-Wertes, weil die Verbindungen durch Hydroxylionen OH^- ausgefällt, durch Wasserstoffionen H^+ gelöst werden:

$$FeO \cdot OH + 3\,H^+ \rightarrow Fe^{3+} + 2\,H_2O$$
$$FeO + 2\,H^+ \rightarrow Fe^{2+} + H_2O \tag{43a}$$

$$Fe^{3+} + 3\,OH^- \rightarrow FeO \cdot OH + H_2O$$
$$Fe^{2+} + 2\,OH^- \rightarrow FeO + H_2O \tag{43b}$$

Allgemein ist die Löslichkeit von ionogenen Verbindungen in Wasser durch das sogenannte Löslichkeitsprodukt L bestimmt, das für $FeO \cdot OH$ bzw. FeO die Form annimmt:

$$L_{FeO \cdot OH} = c_{Fe^{3+}} \cdot c_{OH^-}^3 = 10^{-37,4} \tag{44a}$$
$$L_{FeO \cdot H_2O} = c_{Fe^{2+}} \cdot c_{OH^-}^2 = 10^{-16,5}. \tag{44b}$$

Da man nach Abschnitt 7.2.2.3.2. die Hydroxylionenkonzentration c_{OH^-} in die Wasserstoffionenkonzentration c_{H^+} und diese wieder in den pH-Wert umrechnen kann, kann man auch die Abhängigkeit der Eisen(III)- und Eisen(II)ionenkonzentration vom pH-Wert berechnen, wenn überschüssiges, festes $FeO \cdot OH$ bzw. $FeO \cdot H_2O$ vorhanden ist:

$$c_{Fe^{3+}} = 10^{4,54} - 10^{-3\,pH} \tag{45a}$$
$$c_{Fe^{2+}} = 10^{14,56} - 10^{-2\,pH} \tag{45b}$$

Aus (45a) und (45b) erhält man durch Einsetzen in (40) und Umformung die Gleichungen für das Bodenpotential in Abhängigkeit vom lokalen pH des Porenwassers:

$$U = 0,186 - 0,059\,pH. \tag{46}$$

Mit diesen Annahmen ergeben sich trotz der oben gebrachten Einschränkungen recht gute Übereinstimmungen mit den Ergebnissen praktischer Messungen im Boden, wie aus Tab. 4 hervorgeht.

Eine derart gute Korrelation läßt sich allerdings nur bei relativ geringen Potentialunterschieden und bei Abwesenheit von Schwefelwasserstoff, Sulfiden und größeren Mengen an organischer Substanz erwarten. Bei höheren Potentialdifferenzen werden, wie sich theoretisch zeigen läßt, die in Gl. (42), (43) und (46) nicht berücksichtigten Korrekturterme (vgl. oben) größer und damit auch die Abweichungen zwischen experimentellen und nach Gl. (46) berechneten Werten. Bei größeren Mengen von Schwefelwasserstoff H_2S bzw. Sulfiden und organischer Substanz kann (46) die Meßwerte nicht richtig wiedergeben, weil einerseits Eisen(III)ionen durch Schwefelwasserstoff zu Eisen(II)ionen reduziert werden, andererseits die Löslichkeit von Eisen(II)sulfid in (46) nicht berücksichtigt ist.

Tabelle 4. *Experimentelle und berechnete Potentiale für einen geschichteten Lehmboden* (Steiermark)

Schicht	pH des Porenwassers	ΔU_{exp} [mV] (gegen oberste braune Schicht = 0)	ΔU_{ber} [mV] (nach Gl. (46))
oberste braune Schicht	9,55	0 (Bezugspunkt)	0 (Bezugspunkt)
obere blaue Schicht	9,10	+17	+ 26
mittlere braune Schicht	9,40	+6	+8
untere blaue Schicht	9,30	+18	+14
unterste braune Schicht	9,45	+13	+ 5

Korrelation von Bodenpotentialen mit Rutschungen. Wie in Abschnitt 7.2.2.4. ausgeführt, wandert das Wasser in Tonböden bei der Elektroosmose vom Pluspol zum Minuspol. Durch dieses unter Druck zuwandernde Wasser verliert konsolidierter Ton durch Quellung seine Festigkeit. Es läßt sich also demnach erwarten, daß Gleitflächen bevorzugt dort entstehen werden, wo ein besonders negatives lokales Bodenpotential vorherrscht. Daß diese Vorhersage zutrifft, kann experimentell durch Messungen an Rutschhängen bestätigt werden (Abb. 115). Nach Gl. (46) wird das lokale Bodenpotential mit steigendem pH-Wert negativer, woraus sich ergibt, daß in den Gleitflächen der pH-Wert in der Regel höher liegen sollte als im umgebenden Boden; auch diese Schlußfolgerung wird durch das Experiment bestätigt, wie die Abb. 116 erkennen läßt. Insbesondere in der unmittelbaren Nähe der Gleitfläche sind die Potentialgradienten hoch, wodurch auch der stark vergrößerte Wassergehalt und die dementsprechend verringerte Scherfestigkeit bedingt sind. Die Auswirkungen solcher elektrischer Potentialdifferenzen müssen um so stärker sein, je geringer der Wasserdurchlässigkeitskoeffizient k_h des Bodens (vgl. Abschnitt 7.2.2.4.) ist, da die durch Elektroosmose entstehenden Porenwasserdrücke annähernd verkehrt proportional k_h sind. Böden mit großem Anteil sehr feinkörniger Tonminerale, insbesondere Montmorillonit, neigen also am meisten zu dieser Art von Rutschungen, können aber umgekehrt auch mit der größten Aussicht auf Erfolg durch Kurzschlußleiter stabilisiert werden (vgl. Abschnitt 6.1.4.4.).

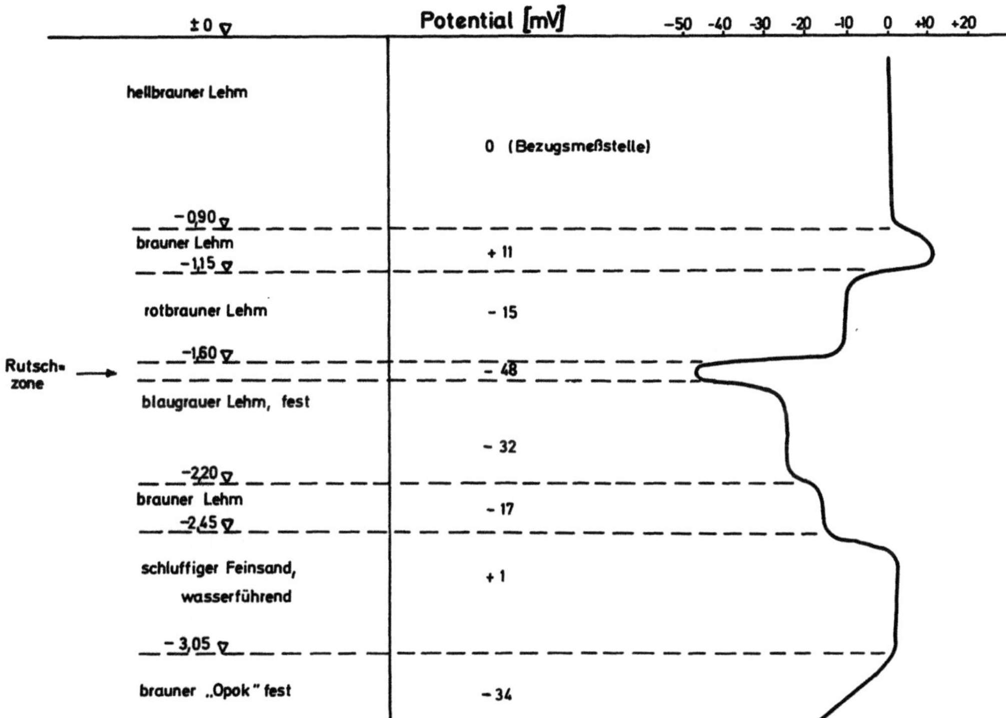

Abb. 115. Potentialmessung in einer Baggerrösche in einem Rutschhang in der Weststeiermark unmittelbar nach Öffnung der Rösche (nach Gsellmann, 1974). „Opok" = regionale Bezeichnung in der Steiermark für einen stark überkonsolidierten Schluff mit wechselnden Anteilen von Sand und/oder Ton

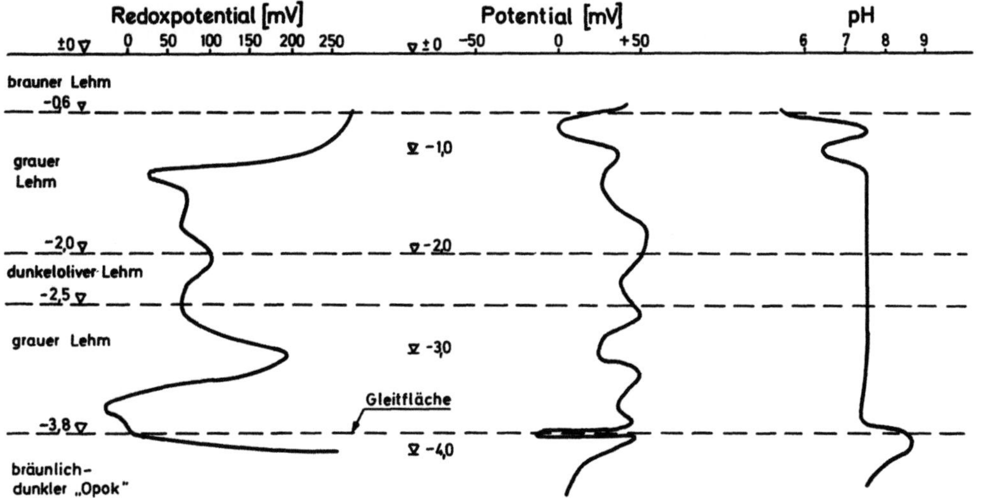

Abb. 116. Bodenprofil und Verlauf des gemessenen Redoxpotentials, elektrischen Potentials und des Boden-*pH* bei einem Rutschhang in Sarukuyoji, Japan. „Opok": s. Anmerkung bei Abb. 115

8. Schlußwort

Es soll noch einmal betont werden, daß in diesem Buch eine zwar breite, aber regional bedingt durchaus nicht vollständige Bestandsaufnahme der Rutschungen und ihrer Sanierungsmöglichkeiten vorliegt.

Hier, wie in allen Teilgebieten der Wissenschaften im allgemeinen und der Ingenieurwissenschaften im besonderen, ist nichts vollständig, nichts endgültig. Vielmehr bietet sich die Möglichkeit, sich einerseits der bisherigen Erfahrungen und Erkenntnisse zu bedienen und sie andererseits zu vervollständigen und weiterzuführen.

Literaturverzeichnis

Austrobohr: Interner Bericht, 1978.

Badura, G.: Beton-Zyklopen für Hangsicherungen — nicht nur im Eisenbahnbau. Tiefbau, Ingenieurbau, Straßenbau 18. Jg., H. 2, 84—86 (1976).

Bentz, A.: Lehrbuch der angewandten Geologie, Band 1. Stuttgart: Ferd. Enke Verlag 1961.

Bhandari, R. K., Gurdev Singh: On the Formation of Rilled-Earth-Buttresses in Boulder Conglomerate Formation of Upper Siwalkis, Bull. of Indian Geological Association, Vol. 5, 47—49, 1972.

Biczysko, S. J., Starewski, K.: Daventry Bypass Landslip. A Lesson for Road Engineers. Ground Engineer H. 1, 23—25 (1977).

Bishop, A. W.: Progressive Failure With Special Reference to the Mechanism Causing It. Proc. Geotechnical Conf., Oslo 1967.

Bjerrum, L.: Geotechnical Properties of Norwegian Marine Clay. Géotechnique 4, 49—69 (1954).

Bjerrum, L.: Progressive Failure in Slopes of Over-Consolidated Plastic Clay and Clay Shales. A.S.C.E., Journal of the Soil Mechanics and Foundations Division, Vol. 93, SM 5, pp. 3—49, 1967.

Bjerrum, L.: Stability of Natural Slopes and Embankment Foundations, Main Session 5. 7th Intern. Conference on Soil Mechanics and Foundation Engineering Mexico, Vol. 3, p. 411, 1969.

Blight, G.: Slopes and Excavations in Residual Soils. Proceedings of the 9th Intern. Conference on Soil Mechanics and Foundation Engineering Tokyo, Vol. 2, 1977.

Borowicka, H., sen.: Der Wiener Routinescherversuch. Mitteilungen des Institutes für Grundbau und Bodenmechanik der Technischen Universität Wien, H. 5 (1963).

Borowicka, H. R., jun.: Die Rutschungen an der Autobahn Salzburg-Wien. Dissertation, Universität Wien, 1968.

Brandl, H.: Stabilization of Slippage-Prone Slopes by Lime-Injections. 8th Intern. Conference on Soil Mechanics and Foundation Engineering Moscow, Vol. 4.3, pp. 300—301, 1973.

Brandl, H.: Böschungssicherung und Sanierung von Rutschungen. Straße und Autobahn 27. Jg., H. 5, 179—204 und H. 6, 234—240, 1976a.

Brandl, H.: Die Sicherung von hohen Anschnitten in rutschgefährdeten Verwitterungsböden. Konferenzberichte der 6. Europäischen Konferenz für Bodenmechanik und Grundbau, Wien, Band 1.1, 19—28, 1976b.

Brinch Hansen, J., Lundgren, H.: Hauptprobleme der Bodenmechanik. Berlin-Göttingen-Heidelberg: Springer 1960.

Broms, B., Boman, P.: Stabilization of Deep Cuts With Lime Columns. Konferenzberichte der 6. Europäischen Konferenz für Bodenmechanik und Grundbau, Wien, Band 1.1, 207—210, 1976.

Broms, B.: Translationary Slips in Soft Clays. (Slides in Göta River Valley). Nicht veröffentlicht (1978).

Casagrande, A., Shannon, W. L.: Research on Stress-Deformation and Strength Characteristics of Soils and Soft Rocks Under Transient Loading. Harvard Soil Mechanics Series Nr. 31, 1947/1948.

Casagrande, A.:,Liquefaction and Cyclic Deformation of Sands. Harvard Soil Mechanics Series No. 88, 1976.

Casagrande, L.: Electroosmosis in Soils. Géotechnique 1, Nr. 3, 159–177 (1949).

Casagrande, L.: Electroosmosis and Related Phenomena. Revista Ingeneria Mexico 32, Nr. 2, 1–62 (1962).

Colleselli, F.: Considerazioni sui metodi di verifica della stabilità dei pendi e sulla determinazione del coefficiente di sicurezza. Memorie e studi dell'istituto di construzioni marittime e di geotecnica No. 128, Università di Padova, Facultà di Ingegneria, 1977.

Costa Nunes, A. J., da: Landslides of decomposed rock due to intense rainstorms. Proceedings 7th Intern. Conference on Soil Mechanics and Foundation Engineering Mexico, Vol. 2, pp. 547–554, 1969.

Cotecchia, V., Melidoro, G.: Some Principal Geological Aspects of the Landslides of Southern Italy. Bull. Int. Assoc. Eng. Geol. Nr. 9, 23–32, 1974.

Eigenberger, K.: Standsicherheit von Böschungen. Mitteilungen des Institutes für Bodenmechanik, Felsmechanik und Grundbau der Technischen Universität Graz (Veder, Ch., Hrsg.), H. 2, Teil I und II (1972).

Enderli, M., Llorca, I., Muzás, F.: Landslide Stabilization by Means of Anchorages. Proceedings 9th Intern. Conference on Soil Mechanics and Foundation Engineering Tokyo, Vol. 2, pp. 59–62, 1977.

Fröhlich, O. K.: Anwendung von Palisadenwänden zur Übertragung von Seitenschüben auf den Untergrund. Mitteilungen des Institutes für Grundbau und Bodenmechanik der Technischen Universität Wien, H. 2, 3–8 (1959).

Fritsch, V.: Geoelektrische Baugrunduntersuchungen. Berlin: VEB Verlag für Bautechnik 1960.

Fritsch,V.: Chemische Bodenverfestigung mit Hilfe der Elektrokinese. ÖIZ Jg. 19, H. 1, 1–7 (1976).

Gottstein, E.: Two Examples Concerning Underground Sliding Caused by Construction of Embankments and Static Investigations on the Effectiveness of Measures Provided to Assure Their Stability. 1st Intern. Conference on Soil Mechanics and Foundation Engineering, Cambridge, Vol. 3, G 17, pp. 122–128, 1936.

Grabowski, Z., Wolski, W.: Efficiency of the Structures Supporting Tresna Slip. Proceedings 9th Intern. Conference on Soil Mechanics and Foundation Engineering Tokyo, Vol. 2, pp. 79–82, 1977.

Griffin, F.: Power House Slope Stabilized by Electro-Osmosis. Heavy Construction News. Wellpoint Corp. of New York, 1972.

Gudehus, G., Kolymbas, D., Leinenkugel, H. J.: Zeitverhalten von Böschungen und Einschnitten in weichem und steifem Ton. Konferenzberichte der 6. Europäischen Konferenz für Bodenmechanik und Grundbau, Wien, Band 1.1., S. 51, 1976.

Hamdi Peynircioglu, A.: Investigation of Landslides on a Natural Slope and Recommended Measures. Proceedings 7th Intern. Conference on Soil Mechanics and Foundation Engineering, Mexico, Vol. 2, pp. 645–651, 1969.

Höller, H., Homann, O., Kolmer, H., Wirsching, U.: Natürliche Gesteinsveränderungen – Probleme beim Straßen- und Tunnelbau. Rock Mechanics 10, 73–80 (1977).

Homann, O.: Einige Anwendungsmöglichkeiten von Bodenstabilisierungen im steirischen Straßenbau. Sonderdruck aus Mitteilungen der Abteilung Geol., Paläont., Bergbau, Landesmuseum Joanneum Graz, H. 35, 1975.

Hutchinson, J. N.: Assessment of the Effectiveness of Corrective Measures in Relation to Geological Conditions and Types of Slope Movement. Symposium of Landslides and Other Mass Movements. Prag, September 1977.

ICOS 3/a: The ICOS Company in the Underground Works Nr. 3, 256–258. Herausgegeben durch die Firma ICOS, Mailand, Via L. Manara 1.

ICOS 3/b: S. 354-356, loc. cit.

ICOS 1958: Deutsches BRD Patent 1059846 (Erfinder Veder, Ch.) Italienisches Patent 589885 (Erfinder Veder, Ch.)

Imai, K., Nakao, K., Aoto, H., Iihoshi, S., Kaneko, S., Suzuki, A.: Report on the Use of Steelbars in Sarukuyoji Landslide. Interner Bericht der Firma Taisei, 1977.

Janbu, N., Kjekstad, O., Senneset, K.: Slide in Overconsolidated Clay Below Embankment. Proceedings of the 9th Intern. Conference on Soil Mechanics and Foundation Engineering, Tokyo, Vol. 2, p. 95, 1977.

Jedelhauser, A.: Durchquerung des Hanges Sonnenberg im Abschnitt Angst-Sissach der Nationalstraße N2. Bericht der Schweizerischen Gesellschaft für Bodenmechanik und Fundierungstechnik, Nr. 80, 1970.

Kézdi, A.: Handbuch der Bodenmechanik, Nr. 4 (a) Dunaújváros, S. 157, b) Ziegelgrube Budapest, S. 147, c) Vermont, S. 17). Berlin: VEB Verlag für Bauwesen, Budapest: Verlag der Ungarischen Akademie der Wissenschaften 1976.

Kortüm, G.: Lehrbuch der Elektrochemie. S. 402 f. bzw. 413 ff. Weinheim/Bergstr.: Verlag Chemie 1966.

Ludwig, W.: Draukraftwerk Rosegg − St. Jakob, Geotechnischer Bericht. ÖZE, Jg. 28, H. 1, 101−105 (1975).

Maluche, E.: Stützkonstruktionen aus bewehrter Erde. Funktionsprinzip und Anwendungsbeispiele. Vorträge der Baugrundtagung in Nürnberg, 653−669, 1976.

Maugeri, M.: Analisi della rottura di un rilevato costrutto su un pendio. Atti del 8. Convegno Nazionale di Geotecnica Merano, 1.−4. 6. 1978, 249−262, 1978.

Morgenstern, N.: Slopes and Excavations in Heavily Overconsolidated Clays. Proceedings of the 9th Intern. Conference on Soil Mechanics and Foundation Engineering. Tokyo, Vol. 2, p. 567, 1977.

Müller, L.: The Rock Slide in the Vajont Valley. Felsmechanik und Ingenieurgeologie 2, 148−212 (1964).

Oyagi, N., Fujita, H., Nakamura, H.: Sarukuyoji Landslide. 9th Intern. Conference on Soil Mechanics and Foundation Engineering, Tokyo, Guide Book for Excursions of Landslides in Central Japan. The Japan Society of Landslides, 16−19, 1977.

Prinzl, F.: Elektrische Spannungspotentialmessungen im Tunnel Las Planas, Frankreich (N. 770). Mitteilungen des Institutes für Bodenmechanik, Felsmechanik und Grundbau der Technischen Universität Graz (Veder, Ch., Hrsg.), H. 4, 50−57 (1977).

Pötscher, R.: Gipszellenversuche. Mitteilungen des Institutes für Bodenmechanik, Felsmechanik und Grundbau der Technischen Universität Graz (Veder, Ch., Hrsg.), H. 4, 27−31 (1977).

Raschka, H.: Die Rutschungen in dem Abschnitt Ziersdorf − Eggenburg der Kaiser Franz Josefs-Bahn (Hauptstrecke). Zeitschrift des Österreichischen Ingenieur- und Architektenvereines, September 1912.

Redlich, K. R., Terzaghi, K., Kampe, K.: Ingenieurgeologie, S. 436. Berlin: Springer 1929.

Schubert, K.: Böschungen, Dämme, Halden, Kippen. Leipzig: VEB Deutscher Verlag für Grundstoffindustrie 1972.

Schultze, E., Muhs, H.: Bodenuntersuchungen für Ingenieurbauten. Berlin-Heidelberg-New York: Springer 1967.

Schindler, J.: Untersuchung der Wirkungsweise einer mehrfach verankerten Wand in kohäsionslosem Erdmaterial. Mitteilungen der Versuchsanstalt für Wasserbau und Erdbau, Nr. 83. Eidgenössische Technische Hochschule Zürich.

Schmid, G.: Zur Elektrochemie feinporiger Kapillarsysteme. II. Elektroosmose. Elektrochemie 55, 229−237 (1951).

Schmid, G., Schwarz, H.: Zur Elektrochemie feinporiger Kapillarsysteme. III. Elektrische Leitfähigkeit. Elektrochemie 55, 295−307 (1951).

Seltenhammer, U.: Ankermauer an der Brennerautobahn. ÖIZ Jg. 11, H. 6, 1968.

Skempton, A. W.: Horizontal Stresses in an Over-Consolidated Eocone Clay. 5th Intern. Conference on Soil Mechanics and Foundation Engineering, Paris. Vol. 1, pp. 351–357. 1961.

Skempton, A. W.: Long-Term Stability of Clay Slopes. Géotechnique **14**. 77–100 (1964).

Skempton, A. W., Hutchinson, J.: a) State of Art Report p. 321. b) State of Art Report p. 309. c) State of Art Report, p. 296. 7th Intern. Conference on Soil Mechanics and Foundation Engineering, Mexico, 1969.

Skempton, A. W.: a) Slope Stability of Cuttings in Brown London Clay (Special Lectures) a) p. 26, b) p. 29, c) p. 28. 9th Intern. Conference on Soil Mechanics and Foundation Engineering Mexico, 1969.

Smoltczyk, U.: Anmerkungen zum Gleitkreisverfahren. Festschrift zum 70. Geburtstag von Herrn Prof. Dr. Ing. H. Lorenz. Berlin: Universitätsbibliothek der Technischen Universität 1975.

Sommer, H.: Kriechender Hang im Tertiärton – Bodenmechanische Probleme. 9th Intern. Conference on Soil Mechanics and Foundation Engineering, Tokyo, Speciality Session 10. Nicht veröffentlicht, 1977.

Soos, P.: Standsicherheit von Böschungen. VDI Berichte Nr. 142, 45–53. 1970.

Stocker, M., Bauer, K.: Bodenvernagelung. Vorträge der Baugrundtagung in Nürnberg. 639–652, 1976.

Ter-Stepanian, G.: Depth Creep of Slopes. Bull. Int. Assoc. Eng. Geol. Nr. 9, 97–102. 1974.

Terzaghi, K.: The Shearing Resistance of Saturated Soils. Proc. 1st Intern. Conference on Soil Mechanics and Foundation Engineering. Cambridge, Mass., Vol. 1, pp. 54–56. 1936.

Terzaghi, K.: Critical Height and Factor of Safety of Slopes Against Sliding. Proceedings of the 1st Intern. Conference on Soil Mechanics and Foundation Engineering. Cambridge, Mass., Vol. 1, p. 156, 1936.

Terzaghi, K., Peck, R.: Bodenmechanik in der Baupraxis. a) S. 190–201. b) S. 194. Berlin-Göttingen-Heidelberg: Springer 1961.

Terzaghi, K., Peck, R.: Soil Mechanics in Engineering Practice, 2. Aufl. Berlin-Heidelberg-New York: Springer 1967.

Veder, Ch.: Considerazioni sulla possibilità che fenomeni elettro-osmotici siano all'origine della formazione di particolari tipi di frane. Geotecnica **5**, 3–11 (1957).

Veder, Ch., Finzi, D.: Stabilizzazione di una frana mediante infusione di elettrodi nel piano di scivolamento. Geotecnica **5**, 2–8 (1962).

Veder, Ch.: Die Bedeutung natürlicher elektrischer Felder für Elektroosmose und Elektrokataphorese im Grundbau. Der Bauingenieur H. 10, 378–388 (1963).

Veder, Ch.: Stabilisierung von Rutschungen, die durch Elektroosmose entstanden sind, mittels Aufhebung natürlicher elektrischer Felder. Baugrundtagung Berlin, S. 91–113, 1964.

Veder, Ch., 1966: Moderne Rutschungssicherung. Vorträge anläßlich der Hauptversammlung der Forschungsgesellschaft für das Straßenwesen im Österreichischen Ingenieur- und Architektenverein, Wien, 25. November 1966.

Veder, Ch.: Bodenstabilisierung durch Ausschalten von Grenzflächenerscheinungen. Felsmechanik und Ingeniergeologie, Suppl. IV, 9–24, Wien-New York: Springer 1968.

Veder, Ch.: Landslides Stabilised by Using Electrodes. Ground Engineering, January 1968.

Veder, Ch.: Grenzflächenerscheinungen in der Bodenmechanik. Der Bauingenieur H. 3, 80–89 (1972).

Veder, Ch.: Origin of Groundwater Particularly in Landslides. Lecutre given in Kyoto at the Japanese Landslide Commission, October 1972.

Veder, Ch.: The Phenomenon of Contact Zones of Soil Mechanics. Ground Engineering, Vol. 6, Nr. 5 (1973). (Entspricht etwa Veder 1972: Der Bauingenieur, H. 3.)

Wagner, H.: Grenzflächenrutschungen. Dissertation am Institut für Bodenmechanik, Felsmechanik und Grundbau der Technischen Universität Graz, 1974.

Watari, M.: For the Relationship Between Large Scale Earthwork and the Occurrence of Land-
slide in Natural Slope. 8th Intern. Conference on Soil Mechanics and Foundation Engineering
Moscow, Speciality Session 1, p. 347, 1973.
Wenzel, K., Fenz, M.: Die Luegbrücke im Zuge der Brennerautobahn. ÖIZ Jg. 13, H. 1, 67–76
(1970).
Zaruba, Q., Mencl, V.: Landslides and Their Control. Amsterdam-London-New York:
Elsevier 1969.

Sachverzeichnis

MIX
Papier aus verantwortungsvollen Quellen
Paper from responsible sources
FSC® C105338

If you have any concerns about our products,
you can contact us on
ProductSafety@springernature.com

In case Publisher is established outside the EU,
the EU authorized representative is:
Springer Nature Customer Service Center GmbH
Europaplatz 3, 69115 Heidelberg, Germany

Printed by Libri Plureos GmbH
in Hamburg, Germany